本书出版承蒙广东省高校人文社会科学重点研究基地

——"华南师范大学系统科学与系统管理研究中心"资助

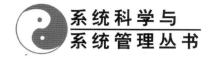

系统科学与
系统管理丛书

*M*oral Philosophy and the
*A*nalysis of Economic Systems

道德哲学与
经济系统分析

张华夏 著

人民出版社

总　序

　　我们正生活在一个大转变的年代。这一转变的重要标志是人与社会、人与自然之间展开了一场新的对话。这场对话的内容之一是系统科学的产生和复杂性探索的兴起。

　　20 世纪 40 年代以来,以系统科学和复杂性探索为主要代表的新兴学科的产生,标志着人类科学研究又进入了一个新的历史时期,科学发展正经历着一场历史性转变。和以往几次重大科学革命一样,这次科学变革也将改变世界的科学图景,革新传统的科学认识和方法,引起科学思维方式的重大变革。

　　系统科学和复杂性探索相生相伴、共同发展,成为当今世界科学发展的前沿和热点,甚至被称为"21 世纪的科学"。这一领域的研究目前已是硕果累累,一片繁荣。各种系统理论不断发展成熟,新的复杂性探索正在逐步深化。在这群雄并起、学派纷争的系统复杂性探索中,我们认为,其研究进路大致在四个层面展开:第一,在各门具体科学层面或特定领域中的系统复杂性研究,这既是各门具体科学研究的重大课题,也是系统复杂性研究的重要阵地。第二,以跨学科、交叉性的研究进路,探讨不同复杂系统之间的共性,建构系统复杂性突现和演化的一般性理论和思维范式。这不仅是系统复杂性研究的核心目标和宗旨,而且也代表了整个科学发展的一个重要趋势。第三,从哲学的层面对系统复杂性的一般理论进行提升和抽象,以期建构一个相对形而上的概念体系和逻辑框架,为认识客观世界提供一种新的视角。由此,系统科学的哲学研究是科学哲学的一个具有挑战性的新课题。第四,将系统复杂性理论和方法应用于解决现实的复杂问题,特别是组织管理系统问题,是系统复杂性研究的一个重要领域和进路。系统复杂性与系统管理相交叉的综合研究,不仅为管理科学带来范式性的变革,而且也为系统复杂性研究提供独特的发展资源。

事实表明,系统复杂性研究乃是一个生机勃勃、纷繁复杂、充满挑战和机遇的领域。有人认为,正如伽利略为牛顿建立简单系统理论铺平了道路一样,目前,建立复杂系统理论的研究纲领和统一范式正处于一个需要"牛顿"出现的"伽利略"时代。因此,我们要在这个领域开展有效的研究,逐步形成一个具有相对共识的研究纲领,就需要"立足本土、紧盯前沿,海纳百川、继承创新,扎扎实实、默默耕耘",用系统复杂性方法来指导系统复杂性研究。我们以为,首先,要切实追踪和把握系统科学和复杂性探索的前沿和趋势,系统搜索和重点研读国内外相关理论著作,特别是得到国际学界认可的重要著作和教材,并对其中某些学科、学派的观点进行深入研究和推介。其次,在这一基础上力图按上述四个层面的进路,对包括系统思想、系统理论、系统方法、系统哲学、系统应用等展开扎扎实实的研究,特别要把构建一个与当代这一领域研究成果相适应的、有我们自己特色的关于系统科学和复杂性的理论框架及其应用作为奋斗目标。第三,加强与国际国内学术界同行的合作与交流,加强学术对接与对话,逐步形成具有共识的研究纲领和统一范式,进而形成这一领域的研究共同体和"学派"。人们期待并相信,复杂系统理论的"牛顿"终将会出现。

为了反映近年来我们这一小小的研究共同体在这一领域耕耘的成果,我们组织编辑了《系统科学与系统管理丛书》。这批著作以系统科学和复杂性探索前沿理论研究为核心,既有推介国外有影响的系统复杂性研究的翻译著作,也有我们自己的研究成果和心得;既有适用于高等学校的系统科学教材,也有我们对系统复杂性的理论和应用进行研究的学术性专著;既有复杂性探索的基础理论,也有复杂性方法的应用研究。无论是哪个层面的研究成果,我们都要求它们既坚持理论性和学术性,又顾及普及性和读者群;既具有国际性和前瞻性,又保持特色性和创新性。我们打算以此《丛书》建构自身的生长基点,探求进一步的发展形式;我们也期望本《丛书》是一个开放的学术平台,能得到国内同行的关注与支持。坚持下去,渐成规模,形成特色,产生效应,为中国的系统科学研究和复杂性探索贡献绵薄之力!

感谢研究共同体中的学长、同仁及我的学生们的积极参与!

感谢人民出版社的鼎力支持!

颜泽贤

2004 年 6 月于羊城

目　录

道德哲学与经济系统分析

道德哲学与经济系统分析

前　　言

　　我的学术专业在"文革"前是马克思主义哲学和自然辩证法,在"文革"后是科学技术哲学。我对道德哲学的兴趣,起源于某种好奇心和对现实的科学伦理问题的关怀。1988—1990 年,我曾作为访问学者到英国苏格兰阿伯丁大学学习哲学。其中有几门课程使我觉得特别新奇,那就是"科学家的社会责任"、"生命伦理"和"生态伦理"。原来我是一个有科学主义情结的人,很后悔年轻的时候由于某种不由自主的原因未能进入数学物理学之门,所以"文革"前自己还花了不少时间业余学习数学和自然科学,并因偶然的机会还教过三年高等数学。因此,在自己的思想深处便不自觉地具有一种可以用科学解决一切问题的信念。连科学哲学也被我理解成类似于逻辑那样的东西。怎么在这里"科学家的社会责任"会是一门重要课程呢?"生命伦理"讨论诸如人的胚胎要在多少时间内才允许拿出来做科学实验这样的问题。在英国,这样的问题居然由政府委派了一名哲学家主持一个小组进行研究以提交政府立法,研究的结果是只能在精子和卵子结合后的两个星期内才允许科学家进行实验处理,否则便有一个侵犯人权的问题。"生态伦理"则要讨论,动物怎么居然也可以有生存权利? 有一天阿伯丁大学宣布停课,原来有动物解放阵线的成员打来恐吓电话,说已经在阿伯丁大学教学大楼安装了定时炸弹,如果他们再用兔子和白鼠进行生物实验,就要炸毁他们的生物实验室。这真是有点类似恐怖活动的事情。不过据了解,动物解放阵线成立几十年,从来没有惹出过伤及人命的事。不知道这个消息是否准确,那次阿伯丁宣布停课,警察局派人检查教学大楼,结果没有发现定时炸弹。当时正值我国改革开放政策实行之初,我们这些在书斋里度过大半生、孤陋寡闻的学者,由于很好奇,便研究起这些问题来。有一件事还使我感触很深:有次参观访问创建于 1413 年的苏格兰最古老的大学圣安佐大学(University of St. Andrews)的哲学系,还没有进门就看到那两边对称的古典建筑物的对称的两扇大门各挂有一块牌子,一块写着"道德哲学系",另一块写着"逻辑与形而上学系"。我一下子被难住了。我们研究科学哲学的人到底要进哪个门呢? 这使我联想起苏格兰的大哲学家大卫·休谟有个二分法,就是事实与价值的二分:事实在左边,价值在右边。休谟是在圣安佐大学讲授过哲学的,这个传统仍保留下来,那两扇门就是一个物证。我不自觉地从左边上了门阶。果然不错,科学哲学专业就在这里。我写这个前言的时候正是 2008 年的元

旦,我查找了圣安佐大学的网页,从它档案的几千张照片中幸运地查找出来左面一幅图片,"逻辑与形而上学系"改为"逻辑与科学哲学系"了,照片中左边和右边各有一个门牌是清清楚楚的,只是照片像素不够,放大了也看不清"逻辑与科学哲学系"是在左边还是在右边。

这件事情真的对我触动很大,如果我只进入逻辑与科学哲学之门而不进入道德哲学之门,我岂不是丢掉了哲学的一半? 所以自从从英国进修回国后,我便很重视道德哲学或伦理学的学习与研究了。我是从

图"前言".1　圣安佐大学的道德哲学系和逻辑与科学哲学系

科学伦理、生命伦理和生态伦理切入这门学科的,也包括当时对成为热点问题的克隆人和人类基因组的伦理道德问题的讨论。

恰好在我到英国进修十年后,即 1998 年,中国科技大学研究生院李醒民教授约我为"中国科学哲学论丛"写一本书,于是我就决定写一本有道德哲学内容的科学哲学或有科学哲学内容的道德哲学。这本书写了一年多,终于以《现代科学与伦理世界——对道德哲学的探索与反思》为书名出版了。① 这本书分上下两篇,上篇是"现代科学视野中的价值与伦理",主要讨论规范伦理学及其价值论基础。我力图运用进化博弈论来解释规范伦理和契约伦理的起源,论证功利主义伦理原则和道义论的原则在某些方面的实质上的相容性。下篇是"现代伦理视野中的科学与技术",主要讨论当代科学家的社会责任、核伦理、生命伦理、生态伦理等应用伦理问题,事实上是对上篇的一些理论课题的推广和验证。通过这种科学与价值交叉视野的分析,我进一步认识到,在各种应用伦理中,当伦理难题出现时,人们多半采取某种"实用主义"的处理方法来对待不同学派提出的"最高"伦理原则。例如对"应不应该堕胎"、"可不可以安乐死"或"如何处理植物人"等问题,实际上人们是依不同的情景有时将功利原则(是否合乎最大多数人的最大利益或相关人们的最大利益)置于优先地位,有时则将道义论的"平等的个人自由权利原则"置于优先地位。因此当代规范伦理学的两个派别功利主义和道义论的基本观点是有可能调和的,甚至当代生态伦理和某些宗教伦理的原则也是有可能调和的。因此,在《现代科学与伦理世界》一书中我便提出了调和这几种不同伦理学派的一个方案。这个方案的基本观点如下:

现代的、由独立自由的个人组成的社会,应该由下列四项基本伦理原则组织成一个社会价值体系,以保持社会生活的稳定性和促进社会繁荣发展:

R_1 有限资源与环境保护原则:一个调节社会基本结构的原则以及政府与公民的行为是正当的,它就必须趋向于保护生物共同体的完整、稳定和优美,否则就是不正当的。这个原则被称为利奥波德原则。②

① 张华夏:《现代科学与伦理世界》,湖南教育出版社 1999 年版。
② Leopold,Aldo(1966). *A Sand Country Almanac*. New York:Oxford University Press. 中译本见《沙乡年鉴》,奥尔多·利奥波德著,侯文蕙译,吉林人民出版社 1997 年版,第213 页。

R_2功利效用原则:一个调节社会基本结构的原则,以及调节个人与集体的行为的准则是正当的,它就必须趋向于增进全体社会成员的福利和减轻他们的痛苦,否则就是不正当的。这个原则被称为边沁、穆勒功利主义原则。①

R_3社会正义原则:所有的社会基本价值,包括自由和机会、收入和财富、自尊的基础,都要平等地分配,除非对其中一些价值的不平等分配大体上有利于最不利者。一种调节社会基本结构和人们行为的原则是正当的,它就必须符合这个原则,否则就是不正当的。这个原则称为康德—罗尔斯作为公正的正义原则。它包括平等的自由原则、机会均等原则和适度差别原则三者。对于他们的适度差别原则,即最不利者也受益原则,我们加以弱化,并不要求毫无例外地执行,只要求"大体上"如此。

R_4仁爱原则:一种调节社会基本结构和人们行为的原则是正当的,它就必须促进人们的互惠和互爱,并将这种仁爱从家庭推向社团,从社团推向社会,从社会推向全人类,从人类推向生态系统,否则它就是不正当的。我们可以将这个原则称为孔、孟博爱原则,因为它最早是由孔子提出来的。孔子的"仁者爱人","泛爱众而亲仁","己欲立而立人,己欲达而达人",以及孟子的"老吾老以及人之老,幼吾幼以及人之幼"和后来儒家道德家所说的"先天下之忧而忧,后天下之乐而乐",就是仁爱原则的很好的表述。

这四项基本原则起着约束与调整人们的行为、调节人们之间的利益关系、使之有序化的作用。R_1使人与自然关系协调发展;R_2使人们的行为朝着一个共同目标,增进社会成员共同福利;R_3调节共同福利的分配,使之公平,达到减少摩擦的作用;R_4的作用也是如此。所以 $R_1 \sim R_4$ 的作用是导致社会的内稳态(Homeostasis)和外部环境的协调。所以,用系统科学的语言来说,这四项基本原则就是社会系统的四个序参量。这四个序参量既是协同的又是竞争的,由此而决定社会的自稳定、自组织的状态。这样,在我们面前就有四种伦理价值:生态价值、功利价值、正义价值与仁爱价值;有四种衡量行为与决策的价值标准:生态标准、福利标准、正义标准和仁爱标准;有四类人权:环境权、生存与福利权、自由与平等权、仁爱权。这些都应该被整

---

① 边沁:《道德与立法的原理结论》。转引自周辅成编《西方伦理学名著选辑》下卷,商务印书馆 1996 年版,第 211 页。

体地推进和均衡地处理。这可以算做是一个整体论的观点了。从元伦理的
观点看,它可以叫做整合多元主义。

当然,一种行为(准则和制度也是一样)能全部满足 $R_1 \sim R_4$,即能从
$R_1 \wedge R_2 \wedge R_3 \wedge R_4$ 以及相关的真事实命题推出,它就具有强的正当性,具有
较高的伦理价值;而一种行为不能全部满足 $R_1 \sim R_4$,即只能从 $R_1 \vee R_2 \vee R_3$
$\vee R_4$ 加上相关的真事实命题推出,它就只有弱的正当性,具有较弱的伦理
价值。而当一种行为很符合 R_i 而不很符合 R_j 时,我们就要对因符合 R_i 而带
来的伦理价值与因符合 R_j 而带来的伦理价值进行权重,而当我们面临对行
为 X 与 Y 进行选择时,就要对 X 与 Y 的伦理价值进行比较。这样,一种行
为的总伦理价值公式便可以由下给出:

$$V(A) = \alpha V_a(R_1) + \beta V_a(R_2) + \gamma V_a(R_3) + \delta V_a(R_4)$$

这里 $V(A)$ 表示行为 A 的总的伦理价值; $V_a(R_1)$ 表示该行为的生态价
值,即该行为因符合环境保护要求而带来的伦理价值;同理, $V_a(R_2)$ 表示该
行为的功利价值, $V_a(R_3)$ 表示该行为的正义价值,而 $V_a(R_4)$ 表示该行为的
仁爱价值。系数 $\alpha, \beta, \gamma, \delta$ 分别表示这四项价值在总伦理价值中的权重。
它们对于不同的人和不同的情景有不同的数值,对于不同的社会发展水平
也有不同的数值。

以上所做的分析,只是一种静态的分析,尚未能从动态上对一个社会与
个人是怎样逐步地、不断地满足以上四项要求、达到以上四项标准的进行讨
论。同时,该书所做的研究也没有能够用以解释社会经济的发展,也就是说
未能做出一个实证的动力机制的研究。

作者在该书出版后逐渐地认识到这些问题需要进一步研究,但这时我
已经快 70 岁了,苦于精力和能力不足,只好将问题搁置起来。反正连这四
项基本原则都未被我国的大多数同行接受,有些学者认为它们只是一些随
心所欲的东西。今天有个张华夏提出这四项,明天又有一个陈华夏提出另
外一项或几项。这样无休止地争论下去是很可怕的。他们不明白,这四项
原则是近几百年来规范伦理学或道德哲学研究到今天所得到的结果。我已
经有名有姓地列举了四项原则各自源自何人,贯以类似于"牛顿三大定
律"、"达尔文进化论"那样的一些提法。当然,这并不是说这四项基本原则

是不可以随道德与社会理论和实践的发展而发展的。甚至是否存在着支配人类行为的共同的基本伦理规范,是不是应该存在着一些支配人类行为的共同的基本伦理规范,即有无和应否有所谓普适伦理或普适价值问题,其本身仍是道德哲学研究和价值哲学研究中颇有争论的问题。如果说存在(或应该存在)这样一些基本规范,那它们是什么？对于这些问题,人们可能无限期地争论下去,但这并不可怕,永恒的哲学问题就是永恒的争论问题。对于已被哲学家们做了充分论证的四项基本原则,我只做了一些综合概括工作,并指出可以从复杂系统科学的角度以及博弈论的角度对它们进行论证,而当着其中发生伦理原则之间的价值冲突时,协调解决这些价值冲突的形式就是上述的协调公理和情景推理①。至于进一步的工作,我似乎确实无能为力了。幸好,我这个赋予不同价值原则以不同的权重的主张与著名经济学家和伦理学家、1998 年诺贝尔经济学奖获得者阿玛蒂亚·森的见解相同。他在 1999 年出版的《以自由看待发展》一书中写道:"有很强的方法论的理由来强调,需要对生活质量的各个组成因素明确地赋予评价性权数,然后把这些选定的权数提供给公众进行讨论和批评审视。"②他所说的"生活质量"是个广义的概念,包括政治自由、经济条件、社会机会等。可见我的权重观也不是胡思乱想的产物。

在我的那本书出版后一年,即 2000 年,中山大学岭南学院王则柯教授主持了岭南学院经济系的一个双学位班,这是一个毕业时既获得经济学学士又获得数学学士的尖子班。王教授想扩展学生的视野,要我给这班学生开设一门选修课,课程的内容和名目由我来决定。我很快接受了这个要求,这是因为我本来就是学经济学出身的,而且也是在中山大学学的,1954 年毕业。对于经济学,我一直念念不忘,并对于在大学时代未能学到数理经济学一直甚感遗憾。我之所以在研究生阶段转行去学哲学,就我来说,是因为我总觉得经济学的根源应该从哲学上和数学中去寻找。1957 年,在我研究生快要读完的那一年,《经济研究》(1957 年第 1 期)还发表了我的一篇与于光远进行讨论的论文《马克思扩大再生产公式的哲学分析和数学证

---

① 张华夏:《现代科学与伦理世界》,湖南教育出版社 1999 年 6 月版,第 136 页。
② 阿玛蒂亚·森:《以自由看待发展》,任赜、于真译,中国人民大学出版社 2002 年版,第 67 页。

明——对丁肖迤①"从马克思扩大再生产公式来研究生产资料优先增长的原理"一文的意见》,发表时只用了副标题。此后对经济学我一直有间断的学习与研究。我真的好像还有一个经济学情结还没有解开,给学生上课正好可以整理一下我在这方面的学习与研究心得。于是我确定了这门课程的名称:《道德哲学与经济分析》。这类课程,国外也有,而且许多国家(例如美国许多学校)还将它设置为必修课,因为经过教育学家们的一些调查,发现学经济学的学生,由于整天和"效用"、"最大效用"这些概念打交道,毕业时变得比较自私,于是为了平衡身心的发展,要求学生必修一门属于伦理学类的课程。本书就是在我给学生上课的讲授内容基础上修改而成,从上课讲稿到修改出版一转眼又经过了差不多十年的时光。我对我的讲稿做了重大的修改,几乎扩展了一倍,写成既是教材又是专著的形式。

本书的目的:(1)从学科来说是旨在讨论道德哲学与经济学的关系。在18世纪以前,经济学本来是属于道德哲学的一部分,用亚里士多德的话来说,就是研究什么是人类的善、人类应该怎样生活才是幸福的这样一个问题。后来,经济学因专门研究财富的生产和分配而从道德哲学中分化出来,成为一门实证科学。当然没有财富就没有幸福,但有了财富并不等于就有了幸福、有了好的"生活质量"、有了"至善"。因此经济学讲不讲伦理,经济学与伦理学或道德哲学的关系到底如何,便成了一个重大的跨学科的课题。这也就是本书要讨论的对象,这是第一编的任务。(2)从公共政策方面来说,本书旨在研究社会的一组伦理价值或伦理价值体系是怎样影响公共政策并通过公共政策以及其他途径影响人们的经济行为甚至社会的经济制度的,这是本书第二编想要解决的问题。(3)从价值哲学的角度来说,本书旨在构造一个复杂整体论的价值学说来解释什么是价值以及它在人类社会生活以及人类经济行为中的地位,这是第三编想要解决的问题。总之,本书的中心问题就是一组社会伦理价值在人们的经济理念、经济生活和经济发展中的作用与地位。现在我想说一说我自己研究这三个问题的心路历程。

首先,在第一编中,我们的主题是道德哲学与经济分析的伦理层面。刚才说过,经济学曾经是道德哲学的一个组成部分。道德哲学研究的初衷是研究人应该怎样活着才是幸福的、至善的。围绕这个问题的研究便组成了

---

① 丁肖迤为于光远所用笔名。

社会的价值体系理论,由对社会生活各个方面的价值研究组成一个整体;作为研究财富的生产和分配的经济学,只是这个整体的一个组成部分。但是随着科学技术的进步和公民社会的出现,对于财富的生产和分配的研究变得越来越重要,运用自然科学方法与数学的方法来研究经济现象和经济问题,使得经济学的研究从道德哲学中分离出来,成为一种实证的科学。这是18世纪末和19世纪初的事,这时古典经济学家们使用当时自然科学普遍使用的分析、抽象方法,建立了"经济人"的概念。其基本理论主张是:"经济人"是利己的,而且是在一定约束条件下最大限度地利己的。他们用这种观点观察和解释经济现象,力图抓住经济生活中最为重要的东西。到了20世纪初,新古典经济学形成,边际效用说兴起,解释了许多经济现象,于是"经济人"便被理解成了最大限度地满足自己偏好、实现自己期望效用最大化的人。在完全竞争假说、信息完备性假说等理想化条件下,运用数学分析、微分方程、博弈论等工具,能从"经济人"的假说中演绎地推出主流的微观经济学、宏观经济学和福利经济学的主要原理。这种研究经济问题的分析方法称为"经济分析",主要是效用分析。它的效用概念、福利概念、均衡概念以及帕累托最优概念,都是在这个基础上建立起来的。

但是,由于采取科学的分析抽象法和数学分析方法而从道德哲学中独立出来的经济学,事实上并没有也不可能与道德哲学完全分离开来。应该将经济学的概念与原理放回社会价值和伦理价值的整体中来进行考察:一方面承认经济分析在方法论上的必要性以及它在经济研究中所取得的成绩的重要性,另一方面又要分析经济分析及其基本概念,如"经济人"的概念、用效用定义的"福利概念"等的局限性,只有同时对这些概念及其推理进行伦理分析才能克服这种局限性。第一编即以这样一种整体论视野来分析道德哲学和经济学,分析道德哲学和经济分析的相互关系。为了说明这种关系,在第1章(道德与道德推理)中,我们首先说明什么是道德哲学以及经济学是怎样从道德哲学中分离出来的。然后,着重探讨道德推理和一般行为决策推理的结构。第2章运用一些典型案例,利用第1章的推理结构来说明经济分析和经济决策的道德前提和道德结论,指出在从经济学过渡到经济决策的过程中必定出现伦理命题,因而经济学判断和伦理判断总是相伴随而产生,甚至相缠结而出现的。第3章(利己主义与经济人)着重分析"经济人"概念的必要性和局限性,指出现实的人不是单纯的经济人,而是经济人、伦理人、政治人和生态人这四面整全的人,而且这四个侧面是不可以截然分开的。所以在分析简化之后必须有一个综合突现过程,才能反映社会复杂整体的运作和发展。第4章(价值、善的生活和福利)是本编的重点,从整体主义价值学的观点分析效用定义的主观福利概念,指出用主观效用度量的福利概念的信息基础是不完备的,它丢失了福利的许多重要特征。因此,作者提出可客观度量的福利概念,建立一个三维度四层次的动态的客观福利模型,力图较全面地反映福利概念的客观基础。最后作者分析了马克思——阿玛蒂亚·森的自由能力福利概念或生活质量福利概念,并介绍了阿玛蒂亚·森如何将这个自由能力福利概念运用于发展经济学。作者认为在马克思和阿玛蒂亚·森研究的基础上可以开发出一种被称为全面自由的发展观,即以人为本的科学发展观,它构成发展经济学的新视野。

第二编的主题是研究社会伦理价值体系怎样通过公共政策和其他途径影响经济系统的运作和经济制度的建立、完善与发展。这样,经济系统分析的概念就不仅包含经济问题的效用分析和经济概念的伦理分析,而且包含经济政策的综合分析和经济系统的控制论分析。社会和国家以及特定社群的公共政策首先来自道德哲学所讨论的伦理原则,特别是政治伦理原则。因此,我们在本编第5、6、7章中首先介绍道德哲学的两大基本学派功利主义和道义论,它的内容、意义和方法。功利主义主张决定人们行为与社会政策的对错准则是"最大多数人的最大幸福",是"提高社会成员的效用总量"。它侧重于以事情的后果、效用和它们的总量来定"对"、"错",忽略了个人的权利、以效用看福利的不完备性和福利总量的分配(是不是平等)这样一些问题。道义论主张在制定人的行为和社会政策时,是否尊重和维护个人的自由权利是绝对优先的,然后才是平等与功利。它的缺点是忽略了行为后果、个人收入和利益这些因素对确定行为与政策"对""错"的作用。这两个学派各自追求自己的概念统一性与理论的融贯性,因而在对概念(如福利、自由、环境等)的理解上好像只是差之毫厘,但却在公共经济政策的决策主张及其产生的效果上谬以千里。在理论上好像尚未能找出一个解决方案去协调这两个不同伦理范式之间的矛盾性和不可通约性,我的权重公式只是一种抽象的设想,阿玛蒂亚·森的全面自由能力观在实际操作上虽然有较大进展,被联合国采用来作为研究贫困问题、发展问题、福利问题的工作假说,并做了许多表格在全球进行社会学的调查研究,但也遇到许多操作性的问题。由于我个人在这个问题的研究上没有取得什么新进展,我的观点与十年前写《现代科学与伦理世界》时相比没有多大差别,所以本书第二编就不在比较两种伦理范式的优缺点上多费笔墨。于是本编的目标便转向经济政策分析,在学理上研究由功利主义和道义论发展出来的当代世界三大政治伦理思潮,即自由主义、社会主义和生态主义各有什么不同的经济政策,以此来考察社会的一组伦理价值体系怎样强烈地影响社会经济系统的运作,回到伦理学与经济学、道德哲学与经济系统分析的关系,即本书的主题上来。这就是为什么本编接着要安排 3 章的原因:第 8 章新自由主义及其经济政策,第 9 章民主社会主义及其社会经济政策以及第 10 章生态主义及其经济政策。其中生态主义提出来的经济政策很有意思,它将经济系统看作整体生态系统的一个组成部分(从而服务于生态系统稳定、完整和完美的目的),而不是像新古典经济学那样,将生态系统看作是劳动对象而成为生产力的一个组成部分。这样便提出了提高自然资源生产力而不是劳动生产力和资本生产力,将资源→生产成品→消费与废品的直线性生产技术改变为仿生态循环生产技术。将"消费主义"的需求改变为提高生活质量的要求,这个生活质量的提高当然应理解为个人自由和全面发展能力的提高。这样全面自由、以人为本的发展观和生态科学的发展观正好连接了起来,给我们提供生态的和人本的发展观或科学的和伦理的发展观以一个完整的图景。

从复杂系统整体论的观点看,自由主义强调自由市场的自组织机制,社会主义强调以社会主义伦理原则对自由市场的调控,反映了复杂系统的多层级集中控制机制,而生态主义强调对生态环境的适应性机制,恰好应该从复杂系统三大机制(自组织机制,多层级控制机制和对环境的适应性机制)的整体论观点来看待它们①。第 8 章到第 10 章想要表明,三种不同的伦理原则各导出不同的经济政策和经济制度,使我们能充分看出伦理对经济的调控作用。那种认为经济学与伦理学应该井水不犯河水的分离观点恰好是割裂了一个系统整体各部分的相互缠结和相互作用。于是在第 11 章《经济系统运行机制与伦理调控的作用》中,我构造了一个整体主义的控制论

---

① Yan Zexian. "A New Approach to Studying Complex Systems". In *Systems Research and Behavioral Science Syst. Res.* 24. 2007, pp. 403 – 416.

模型来解释伦理对经济的作用。当然我没有反过来去论证经济生活对伦理观念的作用。这是因为,社会存在决定社会意识,经济基础决定上层建筑的主流观念早已深入人心,我无意对这个主流思想多加讨论,也不想去讨论我的这个观念是不是马克斯·韦伯的观点。

但是,研究工作总应该溯本求源,"哲学问题要就不解决,要就一揽子解决",曾经是我一个常挂在嘴边的口头禅。我当然没有能够达到这个目的,但它总应该是我的一种追求。在本书第一编和第二编中我到处涉及价值问题,而且是整体价值问题。当我对八年前的讲义动大手术、企图将它修改成一本专著时,我就像一个外科医生给人开刀而收不了口似的。我只好举起双手,不是投降,而是让护士抹去我的满头大汗。原因就在于我没有能够构造一个复杂整体论的价值学说来解释上述两编所讨论的内容,于是我便利用了近年来对复杂系统科学的学习和研究的心得补写了第三编《整体主义的价值哲学》,才大体上做完手术,可以给刀口缝线了。至于手术是否成功,我很想找我国价值哲学专家冯平教授为本书写个序言来评价一下。本编包括三章:在第 12 章《事实与价值》中,我借用普特南《事实与价值二分法的崩溃》(2002)的理论观点,首先攻破了休谟事实与价值二分的论题和穆尔的"自然主义谬误"的顽固堡垒,研究了事实命题与价值命题之间相互推出的条件。普特南的最重要成果在于提出事实与价值的缠结(entanglement)命题。缠结概念起源于量子力学,爱因斯坦和玻尔为此而大动干戈,进行了旷日持久的大论战。这个论战迄今仍未结束,它是当代非还原主义物理学同时也是科学整体主义的一个重要支柱,运用它来讨论系统组成要素的关系以及整体出现的突现性质是很恰当的。同样运用它来讨论事实与价值的关系、各种不同类型的价值关系以及伦理学与经济学的关系也是十分恰当的。由此再前进一步,我在第 13 章《整体主义的价值理论和控制论的价值模型》中建构了一个复杂整体论模型来重构事实与价值的区分,讨论它们之间在行为系统中的相互关系,在此基础上重新定义价值,讨论手段价值、目的价值、内在价值和整体价值之间的关系,说明价值适当性的检验和评价的标准,并以此来解释当前有关人类社会伦理价值的一些争论问题。在第 14 章《广义价值论和生态价值论》中,我将这个模型推广到生命系统和生态系统,以此来解释当前有关生态伦理的热点争论。这个价值理论之所以是复杂整体论的,是因为它主张当研究复杂系统时,系统的所有基本性质不能完全由研究它的组成部分及其局域相互关系来加以解释和确定;反之,系统作为整体却以非常重要的方式决定它的组成部分的行为,给它们规定功能。所以分析与还原的方法虽是必要的,但却是很不充分的。因此,当我们研究事实、价值、评价、检验之间的区别与联系时,当我们研究手段价值、目的价值、内在价值与福利以及它们之间的区别与联系时,当我们研究个人所珍惜的生活价值、社会伦理价值、公共政策以及经济生活的运作的区别与联系时,必须将这些范畴放进一个有目的的多层级的行为控制系统中进行,放进一个更大的环境大系统中进行,才能确定它们是什么,它们的功能是什么,以及它们是怎样转换和进化的。我自认是采取这种复杂整体论的观点来研究价值理论的。因此,我在某种程度上更愿意将本书定名为《复杂整体论视野中的道德哲学与经济系统分析》。

本书初稿完成后,上海复旦大学冯平教授通读了全书并提出了许多修改意见,张志林教授也参加了本书写作过程的讨论。我还特别要感谢华南师范大学颜泽贤教授和范冬萍教授,他(她)们将本书列入"系统科学与系统管理丛书",并与我进行了详细讨论,使它成为本书重构体系的动力。最后我还要感谢中山大学王则柯教授,是他邀请我讲授课程。感谢十年前听过我的课的中山大学经济系学生和最近几年与我一起讨论问题的华南师范大学公共管理学院的研究生。例如本书第12章就是与郑林同学共同讨论的结果。这种师生互动促进了我的思考,也促进了本书的完成。

最后,感谢人民出版社的鼎力支持!

张华夏　2009年,元旦

第一编

道德哲学与经济分析的伦理层面

第 1 章
道德、道德推理与道德哲学

本编的目的是要讨论道德哲学与经济学理论问题特别是与经济分析的概念与方法问题的关系,所以首先要讨论清楚什么是道德哲学。

道德哲学(moral philosophy)又称为伦理学(ethics),它是哲学的一个分支,旨在对道德、道德问题、道德判断和推理进行哲学的探索与思考。所以要弄清什么是道德哲学,就要弄清什么是道德和道德问题,什么是道德评价或道德判断,什么是道德推理或道德辩护。

▶▶ 1.1 道德和道德问题

所谓道德,就是人们在相互关系中,其行为与品质的好坏、善恶的现象。所以道德首先是牵涉人们相互关系的问题。人们的行为,如果完全不关涉他人和他人利益或他人的福利,就不发生道德问题,例如我今天上课穿的是红衣服还是蓝衣服,我上完课之后回家是喝一杯咖啡还是喝一杯茶,这些行为和行为的选择不关涉他人利益,因而不发生道德问题。当然也并不是一切与他人有关的行为都是道德行为。如果我穿一件背心或穿一双拖鞋来上课,就与大家发生一种礼仪的关系,这里发生了一个礼貌问题,而不是发生道德问题。这种行为没有伤害别人利益,也没有增进别人福利,不发生善恶问题,所以不发生道德问题。但是如果我酒后开车或上课不负责任乱讲一通,就发生了道德问题。

所以,道德问题就是在人们的相互关系中,其行为的是非善恶问题。当着一种行为或一种行为的选择影响到他人的福利(well-being)——增进他人的福利或者伤害他人的福利,从而产生了"应不应该做"的问题,这时道德问题或伦理问题就产生了。至于什么是福利,这是伦理分析的核心问题,要留到本书第4章进行详细分析,这里仅指明道德问题是基于人们之间的福利关系而产生的。

一个国家的领导人常常面临一些重大道德问题,即 political ethics(政治伦理)问题,因为他们常常要处理涉及许多人的利益或命运的问题,而发生一个应不应该干的问题。例如1945年7月美国总统杜鲁门就面临一个重大道德问题:应不应该决定使用原子弹来轰击日本? 即使不是国家领导人,而是一个普通的老百姓,也常常甚至可以说每日每时都会发生道德问题,需要表态,需要处理。首先是对一些公共政策的态度。如我们是否支持男女同工同酬,是否支持劳动保险制度,是否支持计划生育,是否支持环境保护,是否支持救济灾民,是否支持全民保健制度等,都涉及道德问题。其次是处理人际关系,也充满道德问题。例如我们是否遵守诺言,是否遵守交通规则,是否酒后开车,是否偷税漏税,是否贪污受贿,是否考试作弊……当然并不是行不道德之事才出现道德问题,做好事也是一种道德问题、道德课题。我们的行为与道德的关系,通常有三种形式:(1)做道德要求的事;(2)做道德允许的事;(3)做道德禁止的事。所以任何一个人都回避不了道德问题。人类是有目的的、有意识、有意向的群居动物,必须有道德原则来调节人们之间的相互关系,才能有人类的文明。所以道德对于人类生活是非常重要的。

道德问题是不断发生、发展的;特别是随着科学技术的发展而发展,随着经济的发展而发展。科学技术的发展使原来不能做的事情现在能够做了,而科技与经济的发展又使可能做到的事变成可行的(经济上可能的)了,这就产生了一个问题:我们应不应该做。随着核物理学的发展,人们现在能够掌握控制像太阳般的能量。这就产生了一个问题:我们应不应该使用原子弹或者大量建设和使用核电站? 这是一个道德问题。随着生命科学的发展,人们现在可以克隆人或者叫做用无性繁殖的方法复制人。这也就产生了一个问题:我们应不应该克隆人? 这个问题也是道德问题或伦理问题。随着经济的发展,原来不能做的事,没有经济力量做的事,现在能够做了,这同样产生了应不应该的问题,因而涉及伦理问题。美国的内华达州多是沙漠,原来无水也无电;随着经济的发展,建设了胡佛水电站后,有水也有电,就使在拉斯维加斯市建立世界上最豪华"最伟大"的大赌场变得可行了。这就产生了一个问题:我们应不应该在那里建立一个赌城? 至于怎样建赌城的问题,就由工程师、经理们去解决罢! 但这个"应不应"问题就包含伦理问题或道德问题。这里我们不是要给出这些问题的答案,或者进行一系列的道德说教,说什么赌又如何如何,红灯区又如何如何,脱衣舞又如何如何。在科学技术和市场经济发展的大潮中,道德说教有时总是苍白无力的。

我们在这一节中只是说,道德问题无处不在。人类面临的问题不但有经济问题,而且有道德问题。而在本书以下各章节中,我们将围绕这样一个主题展开:经济问题有道德负荷(moral load),经济分析有伦理维度,连一些被认为是经济系统的事实分析也常常免不了带有道德伦理的含义。在经济决策和经济措施中,不同的道德观念或政治伦理通过经济决策和经济措施,甚至对经济制度产生重大的影响。不过本章着重从经济理论、经济概念、经济分析方法来讨论经济学与伦理学的关系。至于人们的经济生活和经济制度怎样受伦理价值的影响,则留到第二编进行讨论。

▶▶ **1.2 道德评价和道德判断**

当道德问题出现时,它关系到人的行为与品质,人们就会按照一定的道德观点去评价它。我们自己和别人的行为以及潜在的行为和动机,都会受到评价,被评价为好或坏(good or bad),善或恶(virtue or vice),正当或不正当(right or wrong),道德上可接受或是道德上不可接受(morally acceptable or morally unacceptable)。例如救济灾民这个行为就被评价为是好的、善的、正当的、道德上值得赞扬的,是应该做的、尽责任的、正义的,而抢劫银行的行为则被评价为是坏的、邪恶的、不正当的和道德上不可接受的,应该受到谴责,是不正义的。当然,读者可以说,你在这里对抢劫银行的评价不够分量,抢劫银行不是道德不道德的问题,而是犯罪、犯法的问题。这里涉及道德评价与法律评价的关系,道德与法律的关系。当然,一般说来,从社会运作来讲,讲法律比讲道德更有分量、更有威力。道德要求社会舆论的监督和自觉的遵守,而法律是带有强制性的要求或强制性的禁止。所以经济学家们比较强调那带实力政策和物质力量的东西。当市场正常运作之时要求健全法制的保护,当市场失败之时要求行政与法律加以宏观调控和政府干预,所有这些当然是没有问题的。当发生抢劫银行时,应该追捕逃犯,将其捉拿归案,严加惩处,这也是没有问题的,因为此事坏透了,不是一般的坏。不过从学理上来讲,道德比之政治与法律更加根本,因为一种法律如果是不合乎道德的,它就应该被推翻。例如过去的法律允许蓄奴,允许一夫多妻制,这是不道德的,剥夺妇女的平等权利,剥夺奴隶的人权,所以应该推翻。一种政治制度如果是不道德的,这种政治制度也应加以推翻或改革,而且事实上它是不会长久的。所以从学理上说道德比法律更加根本,法律不过是将某些被道德评价为好的、善的、正当的东西强制地加以执行,而将某些被道德上评价为不好的、恶的、不正当的东西强制地加以禁止。所以政治与法律的根本道理,存在于伦理学和道德哲学之中。许多经济界和经济学界的人不重视道德和道德哲学的研究,就在于他们看不到道德原则和道德评价的这种根本性质。我们在第 2 章将会看到,经济学中许多被认为不言而喻的前提和基本概念,许多被认为是没有问题的经济结论和政策建议,要在道德哲学中进行反思与研究。而在社会科学的历史上,经济学、政治学都曾经是道德哲学的一个组成部分。随着科学的发展,它们从哲学中分离出来,进行实证的和规范的研究,取得了很大的进步。但它们的基本原则仍然与道德哲学密切相关,被道德哲学用语词的、逻辑的、思辨的、反思的和学科际的思路来加以考察。经济分析与道德评价密切联系着,所以我们首先还是要弄清道德评价问题。

在道德评价中,我们用了意思大体相似的定语形容词来说明某种行为的性质是好的还是坏的、善的还是恶的、正当的还是不正当的。这里有一个关键词就是 Right,它被理解成"正当的"。在英语中,Right 有三种不同的意义:(1)Right as truth,这里 Right 被解释成"真的",真与假相对立,truth or falsehood。(2)Right as justice,这里 Right 被解释成"正当的"或"正义的"、"公正的","正当的"与"不正当的"相对立,英文是 right or wrong。(3)Right as claimant,这里 Right 的含义是"有某种权利","权利"与"义务"相对立,英文是 right or duty。我们这里评价一种行为及其动机以及人品在道德上的是非、善恶、好坏等用的是 Right 的第二种含义。两者不要搞混了。说一种行为正当不正当,说的是它是不是正义的,是不是应当做的,此事无所谓真假问题,即这里不是一个区分真假的问题,并不是善的好的就是真的,坏的恶的就是假的。善恶与真假是两对不同范畴,应首先注意加以区别。至于好坏问题怎样与真假问题、事实判断与伦理或价值的判断怎样缠结在一起,这要到本书第三编中才加以分析,到那时我们有一种灵活的看法,将道德评价的"真值"视作一种"约定真",以与科学中的"事实真"和数学中的"分析真"区别开来。

人们对行为的道德评价,除了对个人特殊行为进行道德评价之外,还常常要对某一种行为的种类进行道德评价。例如李小二 1989 年 3 月 10 日抢劫香港汇丰银行是罪恶的,这是对特定行为的道德评价;而抢劫银行本身是罪恶的,这是对一般行为种类的道德评价。对特定具体行为的道德评价组成道德判断,而对一般行为种类的道德评价除了组成道德判断外,还体现着道德原则。

以上我们讲了许多道德判断。我们可以将它们分为两种:

A. 特殊道德判断:

　　1. 李小二某日抢劫汇丰银行是道德上的罪恶;

　　2. 张小三某日捐款救济某省水灾灾民是一种善行;

　　3. 陈小五在本学期经济学考试中作弊是不应该的、不正当的行为。

B. 一般道德原则(或一般道德判断):

　　1. 抢劫银行是一种罪恶;

　　2. 救济灾民是一种善行;

　　3. 目前克隆人在道德上是不能接受的;

　　4. 卖假冒伪劣商品是一种不道德行为;

　　5. 考试作弊是行为不当。

▶▶ **1.3 道德论证和道德推理结构**

现在的问题是,对于同一个问题,人们作出的道德判断和所接受的道德原则往往不同。有人认为"克隆人在道德上是不能接受的",有人则认为"克隆人在道德上是可以接受的";有人认为"安乐死是一种善行",有人则认为"安乐死就是谋杀,是自己谋杀自己或医生谋杀病人,是一种罪过"。到底谁是谁非?这不能由权威说了算。因为权威说得没有道理也不能算数。这也不能由法律来决定,因为法律也要根据道德原则,也要讲道理。所以不同的道德判断到底谁是谁非、谁对谁错,就要看谁的道德判断和所主张的道德原则更有道理(more reasonable)。而所谓更有道理,就是更好地得到辩护(better justified),即有更好的辩护理由和证据去支持这个道德判断。这就是所谓道德论证(moral arguments)或道理推理(moral inference)的问题,同时也是一个道德判断或评价判断的经验检验问题。关于道德判断的经验检验问题比较复杂一些,我们留待第 13 章进行详细讨论,不过这里的讨论可以为该章的讨论奠定基础。

道德论证或道德推理和一切论证或推理一样,它是一组陈述命题的集合。其中一部分陈述是论证的前提,而另一部分陈述是论证的结论,前提是结论成立的理由,它支持结论、为结论辩护。例如我们怎样来为"鲸鱼不是鱼"这个论断作辩护呢?下面就是推理的结构:

    1. 所有的鱼都有鳃;

    2. 鲸鱼没有鳃;

----

    3. 所以,鲸鱼不是鱼。

但是,上述的论证不是道德论证,上述三个命题都不是道德判断,而是事实判断或事实命题。所谓事实判断,是指对某种客观事实是或不是什么、将会是或不是什么或总会是或不是什么的判断,是一种关于世界的事实内容的描述;而道德判断或道德命题指的是对错、好坏、善恶,它表明人的行为应该怎样,不应该怎样,它是一种关于人对有关事物的态度或善恶情感的说明。18 世纪英国哲学家 D. 休谟(Hume)发现一个原理,就是从"是"不能推出"应该"(You cannot get an "ought" from an "is")[①]。例如从"吸烟是有害健康的"这个事实命题,能不能演绎地推出"我们不应该吸烟"呢?不行!从"吸烟有害健康",加上"我宁愿提高一点死亡率也要满足我的嗜好"这个

---

① 休谟:《人性论》(下册),关文运译,商务印书馆 1997 年版,第 509 页。

价值命题,似可得出"我们应该吸烟"这个价值判断。世界上有这么多吸烟的人,难道他们的这种行为都是非理性的吗?他们有些人或者质疑"吸烟有害健康"这个命题是否成立或者是否对于他成立,或者理性地权衡某种生活的乐趣在整个人生福利中所占的地位,只是很少有人将这件事说出来罢了。不过价值分析能帮我们理清这件事。道德判断也是如此,我们能不能从"核武器杀伤力巨大"这个事实判断推出"我们不应使用核武器"这个道德判断呢?不行,必须加上一个道德前提"我们不应杀害千千万万无辜的平民百姓",或加上"我们不应破坏地球的生态环境"一类属于道德判断的前提,才能推出"我们不应使用核武器"的道德结论。所以道德判断不能单独从事实判断推出,不能单独由事实命题来做辩护或论证。一般说来,道德推断的结论,要由一组属于道德原则的前提再加上一组事实判断的前提二者共同推出。请看下面几个道德推理或叫做道德辩护(用道德原则来为道德行为辩护)的实例:

A.

    1. 我们必须信守诺言　　　　　　　　　　　　(道德原则命题)

    2. 我约好今晚和 A 君一起去看电影　　　　　　(事实判断)

---

    3. 所以,我今晚应该和 A 君一起去看电影　　　(道德推理的结论)

B.

    1. 我们应该保护生态环境　　　　　　　　　　(道德原则命题)

    2. 将污水排入珠江就是破坏珠江生态环境　　　(事实判断)

---

    3. 所以,我们不应将污水排入珠江　　　　　　(道德推理的结论)

C.

    1. 安乐死就是自杀　　　　　　　　　　　　　(事实判断)

    2. 自杀就是自我谋杀　　　　　　　　　　　　(事实判断)

    3. 谋杀是不道德的　　　　　　　　　　　　　(道德原则命题)

---

4. 所以,安乐死是不道德的 　　　　　　　　　　（道德推理的结论）

以上展示的就是道德推理、道德论证或道德辩护的结构。从这个结构可以看出,一个道德论证的理由是否充分取决于三个条件:(1)价值条件;(2)事实条件;(3)词的意义和使用。

所谓价值条件,就是你的道德论证所依据的道德原则是不是好的道德原则。

所谓事实条件,就是指你的道德论证所依据的事实命题是不是真的,或者说你关于有关事实的判断的信念(beliefs)是否是理性的、有根据的;也就是说,你的事实判断是否有足够的证据支持,是否无强有力的证据加以否认;这些事实判断是否内部协调一致,是否与其他事实判断的信念协调一致。

所谓词的意义与使用是否恰当,指的是在不同的情景下用同一个词有不同意义,你使用这些词来构成判断进行推理时是否恰当。如例 C 中"谋杀"一词用在自杀、自己谋杀自己这个用法中是否恰当。如果不恰当,那么"安乐死是不道德的"就得不到有力论据的支持,甚至可以说这个论证不能成立。

现在我们看到,在这三个条件中,我们对第一个价值条件的分析仍然是不够清楚的。因为道德判断所依据的道德原则是不是好的,又拿什么做标准、拿什么来为它辩护呢? 它同样应该追溯到一个高层次的价值条件和事实条件。例如"我们必须信守诺言"这个道德原则(R_1)要如何得到辩护或论证呢? 我们需要从一个或一组高层次的道德原则(R_2)加上一个或一组高层次的事实判断(C_2)将它推出。

例如:

A. 按社会契约论的推论:

　　1. 我们不应伤害人们之间的社会合作 　　　　　　　　　　　　　　　(R_2)

　　2. 不信守诺言就是伤害人们之间的社会合作 　　　　　　　　　　　(C_2)

----

　　3. 所以,我们必须信守诺言 　　　　　　　　　　　　　　　　　　　(R_1)

B. 按康德主义的推导：

1. 你必须遵循那种你能同时意愿它成为普遍的准则的原则来行动

$$(R_2)$$

2. 你不愿意别人对你不信守诺言，所以不信守诺言不能成为普遍准则

$$(C_2)$$

----

3. 所以，我们应该遵循信守诺言的准则 $\quad\quad\quad (R_1)$

这样，在道德推理链条或道德辩护链条中，向上追溯，如果不导致循环论证或无穷倒退，最终就必须要终止于某些基本的道德原则，它的被接受并不是由更基本的道德原理推出，而是作为公理被接受的。这些公理是道德推理的出发点，又是道德辩护的终点。

这个道德推理、道德辩护或道德判断的证立结构可以图 1.1 列示。

在图 1.1 中，$R_k \wedge C_k \rightarrow R_2$，$R_2 \wedge C_2 \rightarrow R_1$，$R_1 \wedge C_1 \rightarrow R_0$。可见，人类的行为评价与行为决策与基本伦理原则有逻辑联系和逻辑通道，而人类的行为是价值定向和道德相关的。行为的道德决策以及行为的其他条件便决定了人类的行为 A。但是，从人类道德行为的效果到社会基本伦理原则是没有逻辑通道的，它只存在着一种社会的、心理的和直觉的联系。

对于道德哲学的初学者来说，了解到图 1.1 指示的逻辑推理的结构已经基本够用了。但是，从学理上讲，如果要深究下去，大概还有下列几个大问题，在这里我们提而不议，议而不决：（1）这里的推理是一般意义的演绎推理吗？可能不全是，因为这里介入了一个人的自由意志。它是不能逻辑地演绎出来也不能通过逻辑而归纳得到的。在图 1.1 的由下面向上数的倒数第二层中"人类道德行为 A"就不是完全演绎推出的。这是一个意愿（我意愿达到目标 x 或我意愿遵守道德原则 y）信念（我相信如果具有条件与手段 C 就会达到目标 x 或 y）推理，是属于实践推理，不属于一般演绎推理[①]。（2）在具备事实条件的情况下，道德原则只能从道德原则中推出：目标只能从目标中逻辑地推出，不能由事实知识推出，一张火车时刻表不能逻辑地推出你应该到达那个目的地。情况是否是这样呢？（3）人类道德行为后果可

---

① 张华夏、张志林：《技术解释研究》，科学出版社 2005 年版，第 48—52 页。

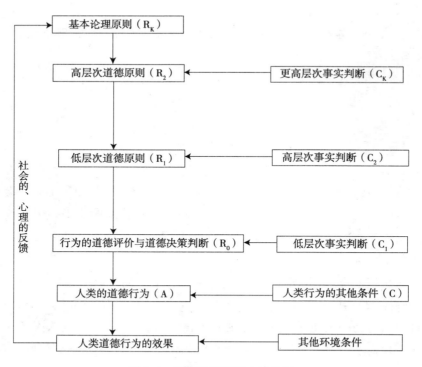

图 1.1　道德推理的基本结构图

以为检验道德原则提供经验证据,但不能证实也不能确定地证伪一个道德原则。而在检验的过程中,或在检验的程序中,它必须依靠一个检验标准,这个标准不同于科学认知的检验标准。情况是否是这样呢?(4)这样看来,科学与伦理是不是没有办法逻辑地联结在一起呢?不!广义的进化论将它们联结起来,那些最基本的道德原则是进化的。这个进化可以由科学的进化论来进行解释,这种系统进化论的伦理观是否会得到大家的赞同呢?我不知道,不过我知道世界上大多数道德哲学家都不赞成这种观点。

▶▶　1.4　道德论证的冲突和道德原则的冲突

上面我们讲了道德论证的结构以及一个有道理的、好的道德评价和道德判断怎样由事实命题、事实证据以及基本伦理原则获得支持、获得辩护、获得论证。不过我们的讲法似乎有点简单化了。在道德世界里,到处充满着价值的冲突,伦理上的两难;有时似乎同样都是很有道理的道德论证,却得出了不同的道德评价和道德决策。

例如,假设有德国盖世太保来询问我的邻居是不是犹太人。我明知他们是犹太人,但是不同的道德原则导致我应该作出不同的回答:

A. 我构造的第一个道德论证:

   1. 我们不应说谎   (R)

   2. 告知盖世太保我邻居是瑞士人就是说谎   (C)

- -

   3. 所以,我们应该如实告诉盖世太保我邻居是犹太人   (E)

B. 我构造的第二个道德论证:

   1. 我们应该解救受难者   (R)

   2. 告诉盖世太保我的邻居不是犹太人就是解救受难者   (C)

- -

   3. 所以,我们应该隐瞒事实,报告我的邻居不是犹太人   (E)

在数学和自然科学中,如果对同一个问题的两个论证的答案相反,必有一个论证的前提存在错误。例如根据惠更斯的光波动说,光在空气中传播的速度一定大于在水中传播的速度;而根据牛顿的光的微粒说,光在空气中传播的速度小于在水中传播的速度。两个结论相反,不是波动说错了就是微粒说错了。但在上面 A、B 两例中,两个道德结论发生矛盾,并不说明其中必有一个道德原则应该被抛弃。我们的问题只是如果道德原则发生冲突应如何解决。又如"不要偷盗"是一个道德原则,但是当一个手提原子弹落入恐怖组织手里时,为了解救受难者,我们应该将它从恐怖分子手里偷出来。这是"解救受难者"的道德原则与"不要偷盗"的道德原则发生冲突的情形。珠江三角洲办了许多污染企业,根据保护生态环境的伦理原则,我们可以推出应不办这些企业的结论。但是根据"应使本地居民脱贫致富"即"为了大多数人的利益"这个功利原则,这些企业还是要办的。这就发生了功利伦理原则和环境伦理原则的价值冲突。不仅不同伦理体系之间会发生伦理原则的冲突,而且同一伦理体系的伦理原则、甚至基本道德原则之间都会发生冲突。在这种伦理原则之间发生冲突的情况下有几种不同解决方法:(1)选择一个伦理系统,放弃另一个伦理系统。如我们可以选择功利主义伦理系统,放弃生态主义伦理系统。(2)在不同道德原则之间,甚至基本道德原则之间,确定它们的优先次序。例如我们可以将解救受难者的原则放在优先于"不要说谎"、"不要偷盗"的原则之上,"救人一命,胜造七级浮屠",就是这个意思。(3)在不同情景下对各种不同道德原则赋予权重,给它们派出不同的权重值,全面、综合、系统地考虑它们的作用。我已经在本书的前言中申明,我支持这个观点。

无论从哪种方法来看,我们都应看到,一般说来,道德原则,包括基本道德原则,虽然是普遍适用于所有人的,但它本身却不是绝对的,而是相对的,只相对于一定的条件才能成立。"我们不要偷盗","我们不要说谎","我们要解救受难者","我们不要杀人","我们要保护环境","我们要最大限度地提高人民的福利",所有这些道德原则,严格地说来,都要用条件语句的形式来表达。即"如果存在着条件 C,则我们不要说谎";"如果存在着条件 C_i,则我们不应……"。可是社会生活太复杂了,我们一般不能明确地说出这个条件 C,需要我们灵活地加以处理,根据不同的情况,有重点地应用不同的道德原则。

讲到这里,我们应该可以明白道德哲学的对象和任务是什么了。道德哲学就是对道德问题、道德评价和判断、道德推理及其结构进行哲学的思考。它的首要任务就是发现道德的最基本的原则,从而提供一个规范伦理的理论框架,来决定什么是善的、正当的行为,以便为了人类的共同利益,发扬善良战胜邪恶,发扬正当行为克服不正当的社会制度、不正当的人际关系和不正当的人类行为。

以上就是我对道德哲学的研究对象和思考方式的看法。柏拉图的著作中有一篇叫做克力同(CRITO),讲到苏格拉底临终前与克力同的一个对话,充分展示了苏格拉底对道德哲学的思考方式,对于理解我们上面所讲的道德问题、道德判断、道德论证的结构甚有帮助。

苏格拉底是一个伟大的思想家,他努力按他那个时代的道德准则行事。他支持雅典城邦公民本位民主制,但对有些选民不去关心公共事务、只热衷于抽签当官和跟着起哄的现象提出了尖锐雄辩的批评。他进行他的教育事业,对同胞、对青年做了许多有益的事情。不幸由于政治上的原因,他被看作是妖言惑众、歪理邪说、腐蚀青年、危害社会的人,被雅典政府判处死刑。他的一个朋友克力同在他行刑前一天给他安排了一个越狱逃跑的机会,让他和他的一家人逃亡国外,并且已经准备好一笔钱买通了监狱的上上下下,他的逃跑绝不会有危险。如果他逃跑了,他和他的妻子自然处境好一些,而且他的儿子也会受到很好的教育,而不会变成一个苦难的流浪儿童。那么苏格拉底应不应该逃跑呢?这是一个道德判断和道德论证的问题。苏格拉底的回答是:无论如何他不应逃跑。问题不在于苏格拉底回答得对不对,而在于问题的回答方式是一个典型的道德哲学回答方式。

首先,苏格拉底表明下面几点一般立场:

1. 我们不能以普通人想问题的方式来想问题,要有独立思考,以尽力找到自己认为是正确的解答。克力同是苏格拉底的好朋友,弄到一大笔钱,尽可以收买那些狱卒和狱长。如果苏格拉底不逃,许多人会埋怨克力同,说他舍不得花钱,克力同会蒙受很大的压力。还有如果苏格拉底不逃,家庭会是多么苦难。苏格拉底认为,这是常人考虑问题的方式。做一件事情要有自己的答案,不能跟常人跑,和常人一般见识。

2. 我们不能凭感情、按照热情来办事,而要按严格的冷静的理性思维来办事。苏格拉底说:"你的热情可嘉。如果你的热情是对的,当然是宝贵的;但是如果你的热情错了,热情越大,危险越大。因此,我们必须考虑我应不应做你所提议的我逃跑的事。我是一个而且永远是一个用理性来指导(guided by reason)行动的人。我始终要忠于原则,除非我找到更好的原则。"①

3. 我们绝对不应该做道德上不正当的事情。我们需要回答的问题只是我做的事是正义的还是不正义的,是好的还是坏的,是诚实的还是不诚实的,是善的还是恶的,是伤害了他人还是没有伤害他人,而不是我将会有什么后果,别人将对我怎样看等。不是生命具有最高的价值,而是好的、正义的、诚实的生命具有最高的价值。

从这几个前提出发,苏格拉底提出三个理由来论证他为什么不应逃跑:

① Martimer Adler et al. (ed.) *Great Books of the Western World.* Vol. 7, Chicago: Encyclopedia Britannica, Inc., 1952, p. 214.

1. 我们绝不应该伤害任何人,而我越狱逃跑将损害国家和破坏国家的法律。试想,如果一个国家的法律决定毫无效力,被人抛弃和践踏,它怎样不受损害? 如果人人都去破坏法律,法律本身怎能存在?

2. 如果一个人本来能够自由离开这个国家,到别的地方、别的国家去,他却没有离去,相反在这个国家生活了七十年,除了出国做学术访问和参军去打仗之外,一直生活在这个国家,这就等于许诺了服从这个国家的法律。如果我逃跑了,就等于背叛了自己的诺言。

3. 社会和国家实际上等于一个人的父母,没有社会和国家的帮助与保护,你父母不能在这里结婚,不能生你;没有社会和国家的帮助和保护,你不能在这里受教育。所以社会与国家等于父母与师长,我们应该服从父母与师长。这个论证当然有点像中国封建社会的"君要臣死,臣不得不死",不过苏格拉底的理由充分一些。他的意思是说:法与个人之间有相互的责任,既然个人受惠于国家和法律,他就有服从国家和法律的责任。所以我们应该服从国家,即使为此而牺牲生命。例如为保卫国家要你去打仗,死于战场,是因服从国家而死;而现在因为法庭判决,死于刑场,也是因服从国家而死。

这里第 0 层的论题是:"我不应该越狱逃跑",相当于以上图 1.1 的 R_0;为此他提出的第一个层次的论证,如"我不应该损害国家和法律"、"我不应该背叛自己对国家的承诺"、"我应该服从国家"等,相当于前面图 1.1 的 R_1 中的 $R_{1,1}$;$R_{1,2}$;$R_{1,3}$。对于每一个道德理由和原则,苏格拉底还提出一个更高层次的道德准则来为它辩护。这三个高层次原则是:

1. 我们不应该伤害任何人 $\hspace{4cm}$ ($R_{2,1}$)

2. 我们应该信守诺言 $\hspace{4.5cm}$ ($R_{2,2}$)

3. 我们应该服从父母与师长 $\hspace{3cm}$ ($R_{2,3}$)

$R_{2,1}$;$R_{2,2}$;$R_{2,3}$ 相当于图 1.1 的 (R_2) 的层次。

那么为什么我们不应伤害别人、为什么我们要信守诺言、又为什么我们要服从父母与国家呢? 苏格拉底没有明说。从别的地方可以看出,他还有一个更高的基本道德原则,就是"这是神的命令"或"这是达到雅典人民的最大利益所必需的",这就相当于图 1.1 的 R_k。

以上的结论是从上述三条道德准则 $R_{2,1}$、$R_{2,2}$、$R_{2,3}$ 中推出的。但是道德原则间有时会导致道德价值的冲突。柏拉图在另一篇对话中谈到苏格拉底曾经说过,如果国家以不准他讲学为条件赦免了他的死刑,他应不应该服从国家呢? 苏格拉底的回答是不同意这个条件,因为他还有其他道德原则需要遵守。这就是:

4. 阿波罗神已经委派了我进行讲学,我应服从神的意志($R_{k,1}$)。
5. 我的讲学是为了人民的真正利益($R_{k,2}$)。

苏格拉底之所以决定宁死也不放弃讲学的责任,是因为他认为道德准则(4)与(5)对道德原则(1)、(2)、(3)具有优先的地位。

苏格拉底如此地忠于自己的理念,在行刑之前安安稳稳地熟睡了一大觉,第二天行刑前的几个小时继续与朋友讨论哲学问题:灵魂是不是不朽的。直至行刑队送来了毒药,他一饮而尽。他死得理性、安详而镇定,无愧于伟大哲人之一生。

这里苏格拉底的整个论证构成了本章所说明的问题的一个很好的范例。如果读者不同意他的论证的结论,认为他应该越狱逃跑,可以按他的道德论证的理论结构进行一个重新论证,但必须有高层次的道德理由。

▶▶ 1.5 道德哲学与经济学

我们已经明白了什么是道德和道德问题,什么是道德推理和道德评价以及它们的基本原则。所谓道德问题,就是关系到他人的福利、幸福和善的问题;而所谓道德原则,就是关系到和支配着人类福利、人类幸福、人类的善的价值原则。所谓道德哲学就是从研究和反思这些问题开始的。

最早和最经典的道德哲学,除中国孔子的"论语"之外,当推亚里士多德的伦理学。其中有一本书是亚里士多德死后由他的儿子尼可马克所编,后人称为《尼可马克伦理学》。在这本书中,亚里士多德说,有一门科学是"学科中最有权威、并占主导地位的学科",它就是伦理学和政治学,指的是我们今天所说的道德哲学的东西,它研究人类的最高的目的,"这种目的,就是善,而且是至善(终极的善)";其他的学科,"甚至最受尊重的学问,如战事学,经济学(理财学),修辞学,皆附属于其下"。它"既然应用了一切其他科学,既然又规定我们该做什么和不该做什么,于是这门科学的目的,便包括了一切其他科学的目的,而这种目的,必然是人类所求的善"。特别是"为了一个民族,或一些城邦而去获得的善,则是更好更神圣的事"①。关于经济学,亚里士多德将它定义为"目的在于财富"的科学,对于道德哲学来说处于从属地位。他说:"挣钱是不得已而为之,财富显然不是我们真正要追求的东西,只是因为它有用或者因为别的什么理由。"②可见,在亚里士多德那里,经济学是从属于道德哲学的,它必须从道德哲学中吸取最高的原则:什么是最高的善,"一个人应该怎样活着"才是善的、幸福的;一个社会应该取得怎样的成就才是最好的和神圣的。对这些问题的解答,一直到现在仍然是我们孜孜以求的东西。

公元 1240 年左右,西欧重新发现亚里士多德。于是在所有的神学院、哲学学院以及后来的各大学中,经济学(以亚里士多德经济学论著为基本教材)始终是道德哲学的一个组成部分。这种情况一直延续到 18 世纪末。我们不妨翻开亚当·斯密的老师、18 世纪英国格拉斯哥大学的 F. 哈奇逊(Francis Hutcheson)的《道德哲学简论》(A Short Introduction to Moral Philosophy)这本讲义来看看。它有两篇,上篇讨论"美德"(virtue);下篇讨论"自然法"(the law of nature),包括个人权利、经济学和政治学。现在尽管有人认为,亚当·斯密的《国富论》标志着作为价值中立的以个人自我利益为关注中心的"事实"科学即实证经济学的诞生,使经济学从道德哲学中分离出来;但仔细的研究表明,亚当·斯密的经济学仍然是作为道德哲学的一个组成部分的,并与道德哲学紧密地联系着。首先,亚当·斯密在接替他的老师哈奇逊出任格拉斯哥大学的道德哲学教授时,他的道德哲学课程类似于他的老师的体系,有四个组成部分:1. 自然神论;2. 伦理学(其讲义《道德情操论》于 1759 年出版);3. 正义论(其讲义身后出版,取名为《法学讲座》);4. 行政管理(主要内容就是他在 1776 年出版的《国富论》)。在这

① 亚里士多德:《尼可马克伦理学》,载于周辅成编《西方伦理学名著选辑》上卷,商务印书馆 1996 年版,第 281—291 页。

② 阿玛蒂亚·森:《伦理学与经济学》,王宇、王文玉译,商务印书馆 2000 年版,第 9 页。

里,经济学(他名之为行政管理,即 political regulation)仍然是道德哲学的组成部分。其次,亚当·斯密绝没有让事实与价值严格分家以及经济学与伦理学绝对分离。他的《道德情操论》要求的美德或善行(virtue)从低级到高级可以划分为三类:第一类是精明审慎,勤俭与节欲(prudence,frugality,temperance),类似于马克斯·韦伯所说的新教伦理的东西;第二类是正义与博爱(justice and humanity),要求人们互利、互惠地相处,"不伤害他人,不伤害我们的邻居";第三类是最高的美德要求,就是"仁爱心"(benevolence),要求"舍己为人,克服自私自利,热心公益,使人性尽善尽美"。他的《国富论》讲的政治经济学是对应于实现这几种美德的。例如他提倡资本积累,发展经济财富,并不是一种理性地对个人利益的最大化的计算,而是将之作为一种勤俭、精明的美德进行讨论的。他的自由贸易理论,也不是单纯从经济利益推出,而是作为一种互惠的公平、正义的道德,联系在一起的。他把克己、节俭、自由、文明与礼貌这些伦理原则看作是经济发展的伦理前提和伦理效果。所以,尽管《国富论》是一本经济学的经典著作,但它是充满着伦理精神的。

但是随着科学与哲学的发展,随着工业革命和经济生活的重要地位日益显示出来,政治经济学开始成为一门独立科学,从道德哲学和伦理学中分化出来,有自己的专业,有自己的社团,有自己的学位和独立研究对象。在这方面起了重要作用的是发生在 19 世纪初的马尔萨斯和里卡多(David Ricado)的著名的经济学方法论之争。马尔萨斯尽管是一个数学天才,但他仍然认为经济学是道德哲学——即他称为的道德科学的一部分,坚持它的"人道科学的传统";而里卡多,作为英国第一个专业经济学家,尽管在将数学应用于经济学方面没有做出多大成绩,但他在 1817 年出版的《政治经济与课税原理》中,认为经济学对于目的来说是中立的,它要像数学一样严格,要从不现实的抽象前提中导出结论来讨论地租、利润、工资的财富分配等问题。这是一场"经济科学方法论的革命"。他的立场影响了穆勒(Mill)。穆勒强调经济学要讨论的是"是什么"的问题,而不讨论应该怎样做的问题。他首先明确提出"经济人"的概念,认为"经济人"是追求财富最大化的人,是不服务于道德目标的。不过他仍然认为"低工资"是一种社会罪恶,他想通过勤俭投资和节制生育来解决这个问题。这仍然是他的经济学的一种社会关怀。应该说,独立的古典经济学及其基本方法,是由他建立起来的。

真正使经济学与伦理学彻底分家的是 19 世纪末 20 世纪初的边际革命。有两股思潮严重地影响了政治经济学,一股是实证主义思潮,主张价值判断与事实判断彻底分家。正如 20 世纪 30 年代罗宾斯(Lionel Robbins)在《论经济科学的性质和意义》的论文中写道:"除了把这两种研究(经济学与伦理学)并列,以其他任何形式把它们结合起来的企图,在逻辑上似乎都是不可能的。"①这里的一个关键问题是对"偏好"(preference)与"效用"(utility,即偏好的满足)的人际间的比较。他们认为这是"主观的",是经济学范围以外的事,偏好是"给定的",经济学家是不问偏好的形成的,于是伦理道德的评价要通过福利、集体福利、公平分配进入经济学的路就被堵死了。另一股思潮是数学在经济学中的应用。这时劳动价值学说已为边际效用说和自利机制论所代替,后者可以完全用数学分析、用微分方程来处理。边际效用论者杰文斯说:"经济学,如果要完全成为一门科学,则它必定是一门数学科学。"②就这样,经济学在取得伟大的成就的同时,彻底排除了道德价值的命题,而"政治经济学"的名称被他彻底更换了,变成了"经济科学",它被看作是一门应用数学;尤其是一些新的经济学二级学科如博弈论、信息经济学、计量经济学,基本上可以看作是一些数学学科或准数学学科。

20 世纪整个主流的经济学完全离开伦理学和道德哲学扬帆远去了。它真的走上了一条不归之路吗? 本书要解决的正是这个问题。我们将在第 2、3、4 各章中进行分析,指出经济学的概念尽管已经抽象化和数学化了,但仔细地分析还可以发现,它的伦理前提与伦理结论始终蕴涵在其概念、判断和推理中。这是实证主义经济学家们始终挥之不去的东西。

重申一下,本章所讨论的,主要是道德哲学的研究对象和道德理论与道德推理的逻辑结构。道德哲学就是对道德和道德问题、道德评价和道德判

---

① Robbins, L.(罗宾斯)*An Essay on the Nature and Significance of Economic Science*. 2nd edition. London: Mcmillan, 1935, p. 148. 转引自阿玛蒂亚·森《伦理学与经济学》,王宇、王文玉译,商务印书馆 2000 年版,第 8 页。

② Jevons, W. S(1970, orig. Pub. 1871). *The Theory of Political Economy*. Black, R. D. C.(Ed). Penguin, London, p. 78.

断、道德推理和道德辩护进行哲学的思考,探索人类行为的最基本原则,分析可供选择的各种伦理的理论框架,以图决定什么是善的生活,什么是善的、正当的行为,为了人类的共同利益,扬善除恶,发扬正当的行为,克服不正当的社会制度、社会政策、人际关系和人们的行为。

在讨论道德理论和道德推理的结构时,我们应该特别注意:1. 从学理上,道德评价比法律评价、政治评价或经济评价更为根本。2. 事实判断和价值判断有严格的区别,不能单独由前者推出后者,但是它们在决定人的行动时又总是联合起来使用的。3. 道德评价和道德决策的辩护和推理,有一个多层次的演示系统,可一层一层地追溯到基本道德原理(道德公理),这种辩护的正确性不仅取决于事实的条件,而且取决于价值的条件以及情景条件(如词在不同情景下的不同应用)。4. 道德理论结构与数学、自然科学的理论结构不同,它允许道德原则之间不可避免的价值冲突和规范冲突;消除这种冲突的方法,就是在不同的道德原则和基本道德原则之间进行优先性的排序或依不同情景赋予它们不同的权重。因此,道德公理系统中必须包含一个调节公设,即优先性假说或权重假说。5. 经济学起源于道德哲学,是从道德哲学分化出来的一门经验科学和形式科学,但是经济学的最基本原则和目标以及价值评价的最基本的标准都来源于道德哲学的研究,因而不能与道德哲学脱节。

第 **2** 章

经济分析的道德前提和道德结论

上一章我们讨论了道德问题和道德推理。凡是关系到人们的利益、对人们的利益有伤害或可以使人受益、从而产生了应不应该做的行为选择的问题，都是道德问题。人们的经济行为只要牵涉他人的利益之得失从而发生应不应该做的问题，都牵涉道德问题。所以，在现实生活中，经济问题与道德问题常常缠结在一起。人不仅是经济人，而且是道德人，只不过由于研究上的分工，经济学家撇开道德问题来研究经济问题，便给人一种关于经济学家应该不关心道德问题的错觉和假象。事实上，许多经济问题、经济分析和经济推理，有道德的前提和道德的结论，因此经济学家、经济系和管理系的学生要学点道德哲学，以避免片面性和局限性。本章的目的是要举出一些案例，以说明经济分析中存在的道德前提和道德结论，或叫经济分析的道德预设与道德蕴涵。

▶▶ ## 2.1 世界银行首席经济学家对污染工业
迁移的经济分析

世界银行首席经济学家，在当时即将成为克林顿政府的财政部长的罗伦斯·萨默斯（Lawrence Summers）于 1991 年 12 月 12 日写出并于 1992 年 2 月《经济学家》杂志中发表了一份关于向不发达国家输出环境污染的备忘录。请看他在其中是怎样进行经济分析的吧：

"我们只在私下里说，我们和你们难道不应该鼓励世界银行将那些重污染的肮脏的工业更多地迁移到不发达国家去吗？我可以为此列举出三大理由：

（1）关于损害健康的环境污染成本之测量，依赖于对由此造成的疾病与死亡的增加的预先了解。从这个观点出发看，有关特定的有害健康的污染量的成本在最低工资水平的国家中是最低的。我想，将有毒的垃圾大量倒进这些低工资国家，做这件事情背后的经济逻辑无懈可击。我们将面临这件事情，要面对这件事情。

（2）对于很可能是很低成本的初始污染增量来说，污染成本的增加很可能是非线性的。我常常想，在非洲人口稀少的国家，有大量低污染的东西；比起美国的洛杉矶和墨西哥的墨西哥市来，它们的空气质量的使用效率也许是很低的。只是令人痛心的事实是，有如此多的污染是来自非贸易性的工业（运输、发电），而保证世界福利有所增加的空气污染和废料的迁移贸易所需的固体垃圾的单位运输费用又是如此之高。

（3）基于美学与健康的理由，对清洁的环境的需要似乎有很高的收入弹性。在一些发达国家，对能引起百万分之一的前列腺癌症病变者的关注似乎大大高于那样一些国家，那里 5 岁以下的儿童死亡率高达千分之二百。另外，在发达国家人们关心工业气体的这样一些释放，这些释放是关于损害可见度的微粒的释放，其实这些释放是很少直接影响人们健康的。很显然，体现美学污染的物品的贸易将会使大家的福利增加。生产是可以移动的，而良好空气的消费是不可以贸易移动的。

反对将更多的污染移向不发达国家的建议会引起争议（权利问题、道德理由、社会关怀、缺乏市场等），人们会对银行的这种建议做出或多或少的有效的反对，反对世界银行的各种自由化计划。"[1]不过，L. 萨默斯认为污染的东西或污染的工业还是应该向不发达国家迁移的。他开头的那句话"难道不应该鼓励世界银行将重污染的肮脏的工业更多地迁移到不发达国家去吗？"就说明了他的态度。

现在我们的问题是：世界银行首席经济顾问要做出是否应该鼓励将污染工业和污染废料向不发达国家迁移的经济决策时，他应不应该和能不能

---

[1] Summers, Lawrence. "Memorandum". *The Economist*, February 8, 1992. p. 66. In D. M. Hansmand & M. S. Mepherson, *Economic analysis and moral philosophy*. Cambridge university press, 1998, pp. 9 - 10. 这个报告的中译文可参见戴斯·贾丁斯《环境伦理学》（第三版），林官明、杨爱民译，北京大学出版社 2002 年版，第262—263 页。

够只从经济上、只从"最大偏好"上、只从成本效益分析上得出结论呢？当然直觉上我们立刻可以得出结论：单从经济上考虑问题是不够的，向别的国家输出垃圾无疑涉及道德问题；即使这个国家很缺美元、你补偿美元给它、它很愿接受这件事也是如此。不过我们还是要从哲学上和经济学上仔细分析萨默斯的备忘录，按我们上一章所说的事实推理和道德问题推理的逻辑，将在他的备忘录中被混在一起的事实判断和价值判断、经济事实判断和道德价值判断区分开来。

萨默斯怎样得出我们应该鼓励将污染工业和污染废料迁移到第三世界的结论呢？我们现在不妨从经济学和哲学上重构这个推理。

他首先有一个经济事实推理：

1. 理性人假定：理性人是利己的，要寻求实现自己偏好或利益最大化的选择。（这个前提对于作为经济学家的萨默斯来说是不言而喻的，即将它看作是一个事实判断真命题）

2. 不发达国家增加污染的经济成本大大少于发达国家减少污染所带来的经济效益。（这是一个经济事实判断）

----

3. 所以，只要补偿价钱适中，为了减少自己的污染，发达国家的理性人偏好于愿意贴钱售出污染废料和迁出污染企业，而不发达国家的理性人愿意（偏好于）接受污染废料和污染企业。（这也是一个事实判断）

4. 一笔交易，如果是交易双方都偏好的（Willing to do），就是对交易双方有好处的，它能增加双方的福利。（这是一个价值判断，对一件事情的好坏、祸福进行价值评价）

----

5. 由命题3与命题4得出：将污染从发达国家迁移到不发达国家对双方都有好处，都有福利。（这是一个价值判断）

6. 凡是在经济上对大家有好处有福利的事，就是应该做的事。（这又是一个道德前提）

----

7. 所以，从命题5与命题6得出：污染从发达国家向不发达国家的转移是应该鼓励做的事。

萨默斯的备忘录中有三个重大原则问题——从而有三个重大假说——是秘而不宣的。我们通过逻辑分析将它找出来：

1. 命题 1："人是理性的"。这是一切经济学的前提，我们在这里不准备讨论它，而将在下一章讨论这个问题。

2. 命题 4：简单地说就是"凡是人们偏好的（preference to），就是对他们有好处（better off）的，就是增加他们的福利（well-being 或 benefit）的"。

这是一个道德哲学和价值哲学的根本问题，就是价值是主观的还是客观的问题。"偏好"是主观的，而"好处"、"福利"可以是客观的。人们的偏好得到满足，是不是就是增加他们的好处或增加他们的福利呢？命题 4 的回答就是：是。对于是不是这样，我们还要在第 4 章和第 5 章中加以讨论。这里只举两个事例供大家思考。我很偏爱抽烟，那抽烟是不是给我带来了福利？东莞某制石厂在通风很差、没有安全措施的车间里锯开大理石，这车间石粉横飞，乌烟瘴气，但外地劳工很偏爱这个工作，因为每月工资 1,000 元。几年之后这些工人就得矽肺病了。这个偏爱给他们带来福利了吗？

3. 命题 6："在经济上有利的就是我们应该做的"。萨默斯认为，这是一个硬道理，不做也得做，经济发展的逻辑迫使我们去做。是不是这样，这里关系到一个环境伦理或生态伦理问题，或经济发展与环境伦理的关系问题。在第 11 章和最后一章中，我们将要讨论这个问题。

▶▶ 2.2 博弈分析和制度的选择

现在，人们对将博弈论应用于经济学评价很高，王则柯教授称之为"经济学中的博弈论革命"；张培刚教授认为"对于社会科学而言，博弈论可以称得上是一种具有高度概括力的'统一场论'"[1]；汪丁丁博士认为"纳什的均衡理论，我敢断言，迟早成为不仅经济学、政治学、社会学的分析基础，而且成为一切社会科学在处理实证性命题时的分析基础"[2]。我个人觉得博

---

[1]　张培刚：《微观经济学的产生和发展》，湖南人民出版社 1997 年版，第 417 页。
[2]　汪丁丁：《在经济学与哲学之间》，中国社会科学出版社 1996 年版，第 21 页。

弈论革命最有试探性意义的是两点:(1)以博弈论为基础,重构微观经济学理论体系,逐渐代替"优化论"的方法。[①] (2)用博弈均衡的分析来分析社会制度的起源和社会制度的演进。根据汪丁丁的介绍,斯科特尔(A. Schotter)在他的著作《社会制度的经济理论》(*The Economic Theory of Social Institution.* Cambridge University Press,1981)中将社会制度定义为博弈的一组达到均衡的规则。[②] 这里我不敢评价这种革命性变革的前景,我只想说明运用博弈论解决经济问题和经济制度的选择不纯粹是经济问题,而有道德的评价与选择介入其中。

例如博弈论中有所谓情侣博弈(battle of the sexes games)。王则柯教授对之做了一个最为通俗和最为恰当的解释。他说:情侣博弈说的是,即使是热恋的情侣,双方的爱好也是不相同的。大海是个超级球迷,丽娟最喜欢芭蕾,但是分开各自度过难得的周末时光,才是最不乐意的事情。下面是他们的博弈矩阵。

		丽娟	
		足球	芭蕾
大海	足球	2,1	0,0
	芭蕾	-1,-1	1,2

一起看球,大海最高兴得2,丽娟也高兴得1;一起欣赏芭蕾,丽娟最高兴得2,大海也高兴得1。分开大海看球,丽娟看芭蕾,大家都不那么高兴,各得0。最糟糕的是大海去看芭蕾而丽娟去看足球,各得-1。[③]

各得-1怎么可能呢?我想有一种可能,就是假设这场球赛和这场芭蕾舞剧,都有重要政治人物前往观看,为了做好保安工作,票上签有观看者的名字,凭身份证入场。而大海与丽娟,事先又没有交流,却采取一种利他主义态度,都牺牲自己的偏好,投对方之所好来买自己的票,结果大海只好看芭蕾而丽娟只好去看足球了。博弈论分析出来的结果只告诉你有几个可能

①　张培刚:《微观经济学的产生和发展》,湖南人民出版社1997年版,第420页。
②　汪丁丁:《在经济学与哲学之间》,中国社会科学出版社1996年版,第100页。
③　王则柯:《博弈论平话》,中国经济出版社1998年版,第13页。

性,有几个均衡。在上例情侣博弈中,有两个纳什均衡:(2,1)与(1,2)。至于它的现实结局以及如何选择,还需要加上"别的因素"才能决定。这别的因素就包含了道德因素或所谓道德传统。汪丁丁说,对于这个情侣博弈,"如果传统就是'男尊女卑',那么看足球就是最可能实现的均衡。如果传统是'女权主义',则另一个均衡最可能实现"[①]。如果利己主义结果就是(0,0),而如果利他主义,结果便是(-1,-1)。所以对情侣博弈可以有一种道德传统和道德选择的含义或诠释:

		丽娟	
		足球	芭蕾
大海	足球	男尊女卑	利己主义
	芭蕾	利他主义	女权主义

这个例子说明,从抽象的博弈分析到实际的经济决策和经济制度选择之间有道德的背景和道德的评价与选择。人们对行为与制度的选择除了理性的选择之外,还有伦理的选择。

▶▶ **2.3 医疗福利的伦理问题**

世界上有许多国家,无论是姓"资"姓"社",姓"东"姓"西",还是姓"南"姓"北",都实行了公费医疗制度。例如在英国看病吃药不要钱,即使付了钱也可以向国家报销(take the money back)。羊毛出在羊身上,政府这个开支是从纳税人那里收税得来的。既然是从收税得来,是不是可以将这笔钱发回纳税人自己掌握呢? 或至少有一部分由自己掌握呢? 我国曾有人建议并在部分地区已经实行的医疗改革措施就有这个意思,即看病逐渐要由自己付钱。有人建议取消现在的公费医疗制度,每个原来享受公费医疗的人每年付给 800 元,由他们自己掌握去。我不知道读者对这个问题有何看法,我站在多病老人的立场,就个人的看法而论,当然反对这样做。这不

---

① 汪丁丁:《在经济学与哲学之间》,中国社会科学出版社 1996 年版,第 24 页。

道
德
哲
学
与
经
济
系
统
分
析

完全是个经济问题,而包含有伦理问题;即使当它被作为一个经济问题来分析时,也隐含着伦理问题。

有许多经济学家,对这样的医疗改革措施甚至取消公费医疗持支持态度,构造出下面一个无差异曲线的分析图【这类无差异曲线分析的意义,在萨缪尔森《经济学》(第 14 版)第 6 章附录中已作了详细说明】。

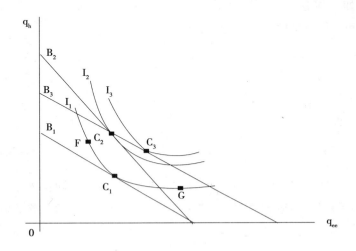

图 2.1　公费医疗及其改革

在上图中纵坐标 q_h(quantity of health care)表示医疗保健服务的数量,横坐标 q_{ee}(everything else consumed)表示除医疗服务中的消费之外的其他消费数量。I_1、I_2 或 I_3 表示某个人(X 君)医疗保健消费和非医疗保健消费组合的无差异曲线(indifference curves)。沿无差异曲线向左上行(例如行到 F 点),表示某人的医疗保健费用增加,而非医疗保健费用减少;反之,沿无差异曲线向右下行(例如行到 G 点),表示医疗服务的数量减少而非医疗的其他消费增加。这里 I_1、I_2、I_3 不相交,由 I_1 进到 I_2,或由 I_2 进到 I_3,表示消费水平的提高。直线 B_1、B_2、B_3 表示 X 君的三种不同的预算约束。在预算线 B_1 上,这个人的消费组合 C_1,在 B_1 与 I_1 的切点上,达到了该预算线上的最优消费组合,即 X 君的偏好得到最大的满足。现在实行公费医疗,等于医疗保健药品与服务平均价格便宜了许多。于是 X 君的预算线由 B_1 移至 B_2,而他的最优消费组合变成了 C_2 点。医疗保健中药品的数量大大增加,每人家里有许多公费医疗药品,用不完就向垃圾箱里倒。

假定政府进行公费医疗改革,将你用去的那笔医疗服务的费用,当成工资附加给你,如果你愿意将这些钱用于日常医疗消费并购买医疗保险,恰好够你买回 C_2 点所处的纵坐标值所代表的医疗服务质量。于是这时,X 君的预算线由 B_2 变成 B_3。没有公费医疗,医疗药品和医疗服务恢复原来的价格,所以 B_3 与 B_1 是平行的,并通过 C_2 点。但这时,C_2 点并不是 X 君的最佳消费组合;他的最佳消费组合,即他的偏好得到最大满足的点是 C_3。它是 B_3 与可能达到的最高无差异曲线 I_3 相交的 C_3 点。所以改革公费医疗制度,直至取消公费医疗将那笔钱交回个人,会达到每个人偏好(及其医疗保健与非医疗保健的消费比例上)的帕累托最优。况且公费医疗制度增加医疗的消费,并造成许多官僚主义、资源浪费、腐败与受贿等。所以,公费医疗制度非改不可。

但是支持实行公费医疗的人立即提出这样的论据:帕累托优化所达到的只是偏好满足最大,但是偏好的满足不等于福利。为了保证人民的福利,政府要进行指导。这就是所谓主观价值还是客观价值的争论问题,公民权利和国家与社会的责任问题,是价值哲学和道德哲学最根本的问题之一。反对公费医疗制度者反驳道:个人选择在自己的开支中将多少钱用于医疗保健,多少钱用于购买其他生活用品,这是一个个人自由的问题,无需别人说三道四。这就是隐藏在"帕累托最优"中的自由主义的伦理观点。经济学家对此秘而不宣,现在将它发挥出来,就成了一个道德价值问题。支持公费医疗者对此作出了自己的回答:自由不是绝对的,自由需要指导;况且,一个社会中有许多低收入者,他们有生存和享受福利的平等权利。公费医疗保障了这种平等权利,所以是公正的。主张改革公费医疗制度的经济学家则反驳道:自由需要指导,但不能从经济上强迫别人接受指导。这是一个有关自由的价值问题,保障人有病能得到很好的医疗服务则是一个社会保险问题,而不是要搞平均主义的公费医疗。这里涉及自由主义与平等主义的争论,又是一个道德哲学问题。

所以,从经济分析的前提到经济分析的论据,以及从经济分析到经济决策的论证,其中包含许多道德论题;在从经济学过渡到经济决策的过程中,伦理命题一定要出现,必须加以研究。美国前总统克林顿有次请了大批经济学家、经济顾问来讨论国家经济问题,最后他说了这样一句话:因为经济问题太重要了,所以不能只听经济学家的意见。他是很明白从经济分析到经济决策,其中必有社会伦理命题的。道德哲学与经济学是关系密切的,经济学家有必要研究相关的道德问题,不能对与经济决策相关的道德问题耸耸肩了事。这就是为什么我们要学习道德哲学的理由之一。

▶▶ 2.4 马克思的论述

马克思按他那个时代德国学者的习惯,称古典经济学为国民经济学。马克思毕生的工作之一是对古典经济学进行批判的考察。《资本论》的副标题就叫做"政治经济学批判"。不过因为他继承了古典经济学创始人如亚当·斯密和李嘉图的劳动价值说,所以广义地亦有人将马克思的经济学列入古典经济学的范围。但我个人认为,由于马克思对市场经济持一种否定的态度,还是不将马克思的经济学说列入古典经济学为好。

马克思在他的《1844年经济学哲学手稿》中,对国民经济学(即古典经济学)与道德的关系有一段很好的论述。他和我们一样认为,国民经济学本身就有道德的内涵,它用"自己的方式表现了道德规律",并从而与其他一些道德原则发生矛盾,需要我们认真研究。

马克思说:国民经济学告诉我们,"你必须把你的一切变成可以出卖的,就是说,变成有用的。如果我问国民经济学家:当我靠失去贞操、出卖自己的身体满足别人的淫欲来换取金钱时,我是不是遵从经济规律(法国工厂工人把自己妻女的卖淫称为 X 劳动时间,这是名副其实的),而当我把自己的朋友出卖给摩洛哥人时,我是不是在按国民经济学行事呢?于是,国民经济学家回答我:你的行为并不违反我的规律;但请你看看道德姨妈和宗教姨妈说些什么;我的国民经济学的道德和宗教对你无可非议,但是——但是,我该更相信谁呢,是国民经济学还是道德?国民经济学的道德是谋生、劳动和节约、节制,——但是,国民经济学答应满足我的需要。——道德的国民经济学就是富有良心、美德等;但是,如果我根本不存在,我又怎么能有美德呢?如果我什么都不知道,我又怎么会富有良心呢?每一个领域都用不同的和相反的尺度来衡量我:道德用一种尺度,而国民经济学又用另一种尺度。这是以异化为根据的……例如,米歇尔·舍伐利埃先生责备李嘉图撇开了道德。但是,李嘉图让国民经济学用它自己的语言说话。如果说这种语言不合乎道德,那么这不是李嘉图的过错。何况,国民经济学和道德之间的对立也只是一种外观,它既是对立,又不是对立。国民经济学不过是以自己的方式表现道德规律。"①这就是说,国民经济学不是价值中立的,它有自己的道德内涵和道德结论,这就是"国民经济学的道德和宗教"。它认为,为了生存,卖淫是道德的,而嫖娼,只要有这种需要,也是天然地合理的,合乎商品世界的规律,它以自己的语言说出自己的道德,它与道德姨妈和宗教姨妈说得不同。这就需要在经济学范围之外,与其他学科协同解决和协商解决。我们的办法就是对市场经济进行伦理调控,但马克思有更根本的解决方案:消灭私有制,从而消灭"异化和异化关系"。

---

① 马克思:《1844 年经济学哲学手稿》,中共中央编译局译,人民出版社 2000 年版,第125 页。

第 **3** 章
利己主义与经济人

　　构造一种道德理论来解释人的道德行为,并构造一个人性论来为这种道德理论和道德行为作辩护,这样就产生了许多道德学说。心理学上的利己主义和道德上的利己主义不失为历史上存在的和当今可供选择的一个道德学说。由于这个学说与经济学上的"经济人"概念有密切的关系,所以在评价其他伦理学理论之前,我们首先分析利己主义。请看下面的一个案例:

　　李小姐是香港兴隆玩具公司的公关部负责人。她得到一个内部消息说,这家玩具公司要关闭,迁出香港,迁入东莞。那里有大量北方南下的"打工仔"、"打工妹"。这些"北仔"、"北妹"只需很少的工钱,每月几百元人民币就可以雇到了。于是劳动成本可以降低90%。不过公司现在有香港工人1,000人,他们就都要失业了,其中有些人为该公司干了几十年。这样,对这些工人及其家庭的生活将会带来很大打击。这对于香港已经低迷的经济又无异于雪上加霜。因为迁出工厂,香港特区政府的税收减少,而又增加了失业,社会救援金将会增加。如果工厂工人提早一年知道自己即将失业,他们会提前各找门路,而政府也可以及时做好一些安排工作。但是厂方对迁厂决策绝对保密,以防工人怠工与闹事,影响工厂的收入。于是谣言四起,人们议论纷纷。公关部李小姐接到厂方的通知,要她进行辟谣,以稳定人心。李小姐很不高兴,因为:第一,公司倒闭,她也失业了。第二,公司倒闭,搞的是黑箱作业,突然袭击,事先没有知会工会,共同协商善后工作。这是信息封锁,侵犯工人的知情权。第三,要她当众撒谎。她将她的不满向公司总经理郑先生说了。可是这个资深的郑经理却向她说了这样一番哲理:李小姐,请您注意,经济决策的最高原则,是最大限度地获取自己的利益。人们只关心自己,他只做一些对自己有利(self-interest)的事,无论投资者、经理或工人都是一样。所有的人都只关心自己,用英语来说,就是 Every one is only looking out for number one。

水往低处流,人往高处走。如果工人今天在别的工厂能找到有更高工资的工作,他明天就 bye-bye 了,这是他自己的利益所在。各人按自己利益办事有什么错呢? 我们的世界是个生存竞争的世界。关闭工厂而不事先通知,或如你所说的"突然袭击",是工厂自身利益之所在,有何不可? 向工人辟谣或如你所说的"当众撒谎",又有何不可呢? 为自己的利益是最高的原则,如果说是要歪曲真相那就歪曲真相罢。别这么书呆子气了,小姐!

郑姓总经理强调人们只关心自己的利益,只做对自己有利的事。如果关心别人,归根结底也是为了自己。这里讲的是一种人性论,是心理上的利己主义(psychological egoism)。而他讲我们只应按自己利益来办事,不应做不利于自己的事,这里讲的是道德原则,是道德上或伦理上的利己主义(moral egoism)。这里我们讲的利己主义不仅是一个个人的行为特征或个人处世的品德,而是一种伦理学的理论,用以解释、评价与论证人的道德行为和道德决策。近代许多唯物主义者和启蒙思想家如拉美特利、爱尔维修、伏尔泰、霍尔巴赫都是主张利己主义的。在现代,德国的尼采和美国的爱因·兰德(A. Rand)也都是主张利己主义的。所以对于利己主义我们不要采取不屑一顾的态度,也不要采取理所当然的看法,而应从理论上加以探讨。本书作者在此并不想进行批判利己主义的道德说教,也不想做弘扬利己精神的道德教唆,我个人只想从理论上将问题分析清楚。

▶▶ ## 3.1 心理利己主义

西方中世纪的基督教主张无私地爱上帝,爱任何人,无私地奉献,这是利他主义的。中国封建社会的儒家也主张"仁者爱人","泛爱众而亲仁",也是主张利他主义的。佛教讲普度众生,也有利他主义的色彩。因此有许多反对宗教神学和反对封建主义、主张发展资本主义的思想家反其道而行之,主张自利、自爱和利己主义,并认为这是一种人性。霍布斯说:"人类一切自愿的行动都是倾向于要实现自己个人的利益","所有自愿行为的目标,就是要实现他们自己的善",[①]而其关心别人爱护别人的行为只是达到

———————

① 霍布斯:《利维坦》,黎思复、黎廷弼译,商务印书馆 1985 年版,第 114、118 页。

自己目的的手段。利己主义者认为,人性是自私的、自利的(self-interest)或自爱的,是恐惧使他们成为社会化的人的。人们唯一的最后动机,即自利的冲动,并不坏。社会福利实际上就是依赖于它的成员的自利动机与自利行为。孟德维尔说:"贪婪、挥霍、嫉妒、野心和竞争心是各种能获得冲动的根源,它们比起仁慈和节制来,对公共利益贡献更大。"[1]经济专家亚当·斯密对此也有极为精辟的论述,即认为"看不见的手"会将人类的利己行为调整为最为有利于公共福利。他说:"人人想方设法使自己的资源产生最高的价值。一般人不必去追求什么贡献,他只关心自己的安康和福利。这样,他就被一只看不见的手引导着,去促进原本不是它想要促进的利益,在追求自身利益时,个人对社会利益的贡献往往要比他自觉追求社会利益时更为有效。"[2]

读者请注意利己行为和利己主义有区别。利己主义将利己看作是人们行为唯一的和最终的目的与动机。所以在这个利益冲突的世界里,利己主义就必然会导致为了实现和保护自己的利益而损害他人的利益。前面说到,由于资本家和管理阶层与工人利益有冲突,兴隆公司总经理便毫不犹豫地以牺牲工人的利益来保护和增加自己的利益。同样,利他行为与利他主义也有区别。利他行为可以不损害自己的利益。例如市场交换,买卖公平,商人不仅利己而且利他。而利他主义行为则是即使损害和牺牲自己的利益也要去帮助别人的行为。例如消防员为了公众利益冒着生命危险去救火;在战争时期,为了祖国与人民,冒着敌人的炮火冲锋陷阵,等等,不仅是利他的行为,而且是利他主义的行为。

现在,心理利己主义不仅可以从弗洛伊德的心理学上找到根据,而且可以从威尔逊的社会生物学中找到根据。心理利己主义说,人性是自私的,弗洛伊德的心理学说主张,个人的本我(Id)是极端自私的,为了满足自己的欲望与需要,可以不顾一切。这是一种满足眼前欲望的本能驱动力,构成了一种本能的潜意识。例如男孩在潜意识中就有恋母情结(Oedipus

---

[1] 孟德维尔:《蜜蜂寓言,或个人劣行即公利》(1714)。转引自弗兰克·梯利《伦理学概论》,何意译,中国人民大学出版社1987年版,第172页。

[2] 亚当·斯密:《国民财富的性质和原因的研究》下卷,郭大力、王亚南译,商务印书馆1996年版,第27页。

complex），发展到一定阶段，为此想要把他的父亲杀了。而威尔逊说，不仅人性是自私的，而且最重要的事情是，那个决定人们行为的基因是自私的。大家知道，有一本非常著名的介绍社会生物学的书，书名就叫《自私的基因》，是英国生物学家 R. 道金斯写的。

为了研究这些问题，让我们对从 20 世纪 70 年代兴起的社会生物学做些介绍和探讨吧。有必要查看一下人类社会行为以及人类的社会伦理价值的生物学基础。社会生物学，按它的创始人 E. O. 威尔逊的定义，"是对一切动物（包括人类在内）的社会行为的生物学基础进行系统研究的科学"。① 社会生物学认为，自然选择的基本单位（也就是自我利益的基本单位）是基因，有机体只是 DNA 制造更多 DNA 的工具或运载体。个体完成这个职责后，很快就要死亡；相比之下，基因则是不朽的。基因的另一个天然的特点就是自私（Selfish，亦可译为自利或利己）。威尔逊说："这是因为基因为争取生存，直接同它们的等位基因发生你死我活的竞争。等位基因就是争夺它们在后代染色体上的位置的对手。在基因库中能牺牲等位基因而增加自己生存机会的任何基因都会生存下去；反之，如果它不利己，而是利他主义者，它把生存机会让给其他基因，自然就被消灭了。所以，生存下来的必定是利己的基因而不可能是利他基因。因此从本质上讲，利己才有基因，基因就是利己，是利己行为的基本单位，也是发生在生命运动各层上的利己行为的原因。在社会生物学的理论中，利己，是生命的本性之一。"② 植物总是要争夺阳光、水分和其他物质，各种动物则总是竭尽全力去寻找或捕获食物，人们总是为自己的利益而奋斗。趋利避害，生存与繁衍，就是由这些自然选择下来的利己基因或自私基因决定的。从社会生物学来讲，人们的一切奋斗都是"为了保存和发展人类的基因"，只是许多人没有认识到这一点或无需认识到这一点罢了。③ 因此人性是利己的，这是由自然选择和基因决定的。

---

① Wilson, E. O., *On Human Nature*. Cambridge, Mass：Harvard University Press, 1978, Chap. 1.
② 威尔逊：《新的综合——社会生物学》，阳河清编译，四川人民出版社 1985 年版，第 40 页。
③ 同上书，第 52 页。

▶▶ **3.2 对心理利己主义的批评和心理利己主义的辩护**

心理利己主义者认为,追求自己的利益是人的唯一的愿望、唯一的目标,或者在任何情况下都是人类行为的根本动力。这种见解从人性论上说,未免有点极端和片面了。首先,人们常常会做一些明知对自己不利、甚至对自己有害的事。例如抽烟,过量喝酒,过量饮食,偷懒不做运动,有病不看医生,等等。其次,更为重要的是,人类是社会的动物,特别是在文明时代,人与人之间的关系如此密切,以致于人类的大多数行为从动机来说,或至少从效果上说,是利己的同时又是利他的。例如关心自己的健康既是为自己着想,也是为家庭着想,而其结果,对自己有利,对家庭有利,对整个社会也有利。例如我努力工作,努力备课,不仅是为自己着想、实现我的价值之所在,而且也是为学生着想,不要误人子弟;而结果是对个人、对学生、对整个社会都有利。至于一些企业家,即使他的动机首先是、主要是利己的,但是就其结果而论,如果企业办得好,对社会的贡献就非常巨大。一旦其行为对社会贡献非常巨大,反馈到他的动机中,就可以说其动机也包含有利他的因素。所以个人品德和行为在效果上的纯粹利己主义很可能是一个虚构。比如著名企业家霍英东,其经营动机和行为可能既不是纯粹利己的,也不是纯粹利他的,而很可能既是利己的又是利他的。他为此开发了广东南沙一大片土地,明知自己亏本也这样做了。最后,即使完全从动机上来看,人们除了做利己的事情之外,也常常做出为了他人的利益而牺牲自己利益的事情。例如父母为子女的抚养、升学、就业付出巨大的牺牲;人们捐献自己的财物救济灾民;路见不平,见义勇为,冒着巨大风险与坏人坏事做斗争,等等。至于一个国家,在陷入生死存亡之际,为国捐躯者不计其数。这些都是出于一种同情、一种爱、一种利他主义精神。所以,说人们行为的动机、目的与本能唯一地完全由利己所支配,这不符合日常经验的事实。

至于上面所说的利己主义的心理学和生物学证据,则只是事情的一个方面。事情还有另外的一面,人类的利他主义也有心理生理根据。弗洛伊德的精神分析学将人的心灵分为三个部分:①本我(Id),上一节已经说到了。②超我(super-ego),它不仅形成于本我之旁,而且对本我有强有力的控制和对抗作用;它像严父般不断提出这样的戒律和问题:"你必须这样这样做","你必须不要这样这样做"。"在超我中有一种高尚的品德,表现在我们与父母的关系中。在你孩童的时候,你就知道这种高尚的品德。你承认它们以及害怕它们,后来便把它看作是自己的一部分",成为人性之一部分①。③自我(ego),是指在人与外部世界相互关系中表现出的我,它调解着本我、超我与外部世界之间的关系。可见人性中或人的心灵中存在着一个超我的部分,它是人们有可能进行利他主义活动的根源。而且,现代社会生物学也并不否认利他的动机和利他的行为。因为社会生物学只是说,那基因本身是完全利己的,或者说是完全自私的,它是真正的利己主义者,它的自私表现在它不择手段地尽一切可能将自己的基因拷贝、最大限度地散播到全世界。因此,同一基因的不同运载体(个体)就有了共同的利益。如果个体的利他主义的行为有利于保存、发展和扩大共同基因拷贝,那么这种利他主义行为就是合乎利己基因的利益的。用威尔逊的话说:"利他主义行为是出于基因自身利益的需要,说到底,还是由基因的利己性所造成的。"这种利他主义不仅在人类中,而且在动物中都是普遍存在的。工蜂的刺螯行为是抵御蜂蜜掠夺者的有效手段,但刺螯者随即死亡,就像在革命战争中有人用身体扑上炸弹的自杀行为来保护自己同胞的行为一样。鸟群中,当哺食者袭来时,警戒鸟首先发出"警告声",它首先暴露了自己,使自己处于危险的境地,以挽救群体。海豚是靠肺呼吸的,受伤者如果不能露出水面就会死亡;当出现这种情况时,其他的海豚向它涌去将它抬出水面。有些人在海中受伤,被利他主义的海豚挺身相助得以脱险,就是因为人在水中与海豚相似,被误认为是它的群体成员。所有这些,都是受到导致利他行为的基因的操控。这种情况在亲族中,在父母、子女、兄弟的亲情中,表现得至为明显。孟子曰:"恻隐之心,人皆有之",这是有基因根据的,是有社会生物学根据的。这"恻隐之心"及其表现,是符合威尔逊的利他主义定义的。威尔逊说:"当一个个体以牺牲自己的适应来增加、促进和提高另一个个体的适应时,那就是利他主义行为。"当有这种行为的动机时,就是利他主义的思想感情。从这样看来,"仁爱"、"爱人"本身应属一种利他主义范畴,当

---

① Martimer Adler et al. (ed.) *Great Books of the Western World.* Vol. 54. Chicago: Encyclopedia Britannica, Inc., 1952, p. 707.

然大多数是互惠性利他主义,即我们前面分析的非纯粹利己行为的第二种表现。

人性中有利己的动机,同时亦有利他的因素,这些利他的动机与行为,表现为同情、友谊与仁爱……由此而发生保护和有利于他人的行为。在进行这种行为时,人们是能够牺牲和放弃自己的某些利益的。利己与利他的关系,可以用下图来表示:

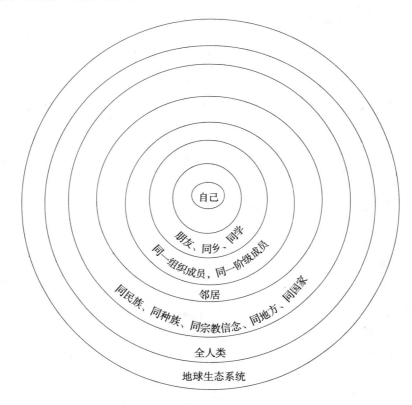

自己

朋友、同乡、同学

同一组织成员,同一阶级成员

邻居

同民族、同种族、同宗教信念、同地方、同国家

全人类

地球生态系统

图3.1 仁爱与利他行为的范围

从图3.1中可以看出,毫不利人专门利己的人是很少的,它只属第一个圈;大多数人的爱,首先是从自己开始(自爱),向外辐射,惠及他人、惠及全人类。这里所谓从自己开始,指的是一般来说,利己的动机比利他的动机更为强烈。人们首先是希望自己的生存和自己事业的发展,然后才是别人的生存和事业的发展,对与他直接利害攸关的事,比起与其切身利益关系不大的事来,他更会特别用心去做好。当然在这样做的时候,在大多数情况下都

不与他人利益相矛盾。这里讲的是主观利己、客观利人的情形。而这里所谓"向外辐射",就是人们不仅关心自己的利益,而且也关心他人的利益,首先关心他的家庭、父母、兄弟、子女,以及朋友、同乡、同学,等等。许多人还进一步关心自己的单位成员、自己的阶级、自己的政党的利益,再进而就是爱国、爱全人类,爱人类所处的生态系统,爱整个自然界。这就是孔子所说的"夫仁者,己欲立而立人,己欲达而达人"(《论语》·雍也);孟子所说的"老吾老以及人之老,幼吾幼以及人之幼,天下可运于掌"(《孟子·梁惠王》)。客观地来讲,这就是一种利己利他的人性。这说明,利他与仁爱是存在的。但是也有必要看到,的确存在"仁爱有限"(人类自爱比爱他人更强烈)、"仁爱递减传递"(仁爱由近至远、由亲至疏发生递减)、"仁爱扩展"(指仁爱虽然递减传递,但仁爱还是不断发展的)等现象。也可以说,"利他主义是有限的","利他行为由近至远、由亲至疏发生递减","利他主义向更广范围不断扩展"。

不过心理利己主义者对于这种反驳还不满意,认为不能说服他。那些资深老练的利己主义者(sophisticated egoist)说,即使承认社会上和人的心灵里存在着为了他人的利益而牺牲自己的局限利益的情况,但他们这样做,其原因归根结底还是为了自己的利益。因为人的一切行动都是有目的的,是为了满足自己的欲望(desires satisfied),从满足愿望中得到愉快(pleasure)。我牺牲自己的休息、时间与金钱,培养了我的儿子,他成才了我得到满足,所以为他归根结底也是为己。我是一个富商,牺牲自己的一些钱财,捐款到内地办学,救济贫困地区的人民,我得到了荣誉,也得到了满足,所以归根结底也是为了自己。不过这些资深老练的利己主义者常常将这三件事弄混淆了:(1)在利他的行为中得到满足。(2)为了自我满足而去做利他的事。(3)为了自我利益而去做利他的事。资深老练的利己主义者从(1)推出(3)。

▶▶ **3.3 伦理利己主义**

心理利己主义是一种人性论,是一种实证学说,只说明人性的事实是什么,并不说明人们应该怎样行动。当然人性是自私的主张可以为人们只应该按照自己的利益行事这种道德利己主义作辩护,但前者不能完全逻辑地推出道德上的利己主义。所以心理利己主义与伦理利己主义是有区别的。

伦理利己主义的根本论点是认为人们只应该做一切对自己有利的事。利己是个人行为的最高道德准则。人们之间只有利益关系而无道德责任,道德并不要求个人牺牲自己的利益去促进他人的利益,道德也不禁止为了个人的利益而牺牲别人的利益。为什么主张这样?因为这个世界是生存竞争、弱肉强食的世界,你不吃掉别人,别人就会吃掉你。你来到世上,世界不欠你什么,你也不亏欠世界什么。别人有困难的时候不要伸出你的援助之手,否则你的手不是被咬一口,就是连人带手被拖下水。这就是伦理利己主义者的主张。

伦理利己主义在理论上有两个致命的弱点:

1. 你不能指望伦理利己主义成为一个普遍道德原则。你既然常把它作为一个普遍道德原则,就必然要愿望它成为所有人奉行的基本道德戒律。可是一旦它成了普遍道德原则,别人为了自己的利益,也就可以对你无所不为,用欺骗、偷盗、抢劫、强奸、杀人的方法对待你,就像第二次世界大战期间侵华日军所做的那样。这是你所极不愿意的。所以,伦理利己主义作为一种普遍道德理论,必然要陷入愿望矛盾和逻辑矛盾。

2. 伦理利己主义与社会调节相矛盾。纯粹利己主义与人类社会调节生活的需要相矛盾。如果人人都只从个人利益来考虑问题,社会就会没有任何安宁,人人都要防范别人的侵犯和攻击,个个惶惶不可终日,不能彼此合作,于是社会就会趋于解体。所以纯粹利己主义不能作为道德规范,因为道德规范本来就是要用来调解人们之间的利益冲突,要求个人自利的行为要有所节制,可是纯粹利己主义直接违背这个道德功能。所以道德基本的原则不能是利己主义,而必定要包含某种形式的利他主义。

不过有些资深老练的利己主义者仍然不同意这种批评。他们认为,所谓追求个人利益是人们行为的最高标准,这里所说的个人利益,指的是个人的长远利益,而不是个人的短期利益。例如欺骗、盗窃、抢劫之类只能获得个人的短期利益,不是个人的长期利益。为了个人的长期利益,人们常常愿意吃小亏占大便宜,愿意牺牲某些个人利益去帮助别人。所以他们的资深老练的利己主义是容许利他主义的,只不过把它当作利己手段而已,因此就不会发生上面所说的愿望矛盾和社会瓦解。不过资深老练的利己主义仍然存在两个困难:(1)他们已经承认必须存在利他主义。(2)如果有人认为他的长期利益与他人利益有矛盾,是不是要求他在任何情况下为了个人长期利益都可以损害他人利益呢?

▶▶ **3.4 经济人的假说及其局限**

我们在前面讲过,人性是利己的,同时又是利他的。个人首先是利己的,关心自己的心理是比较强烈、比较直接的;但同时个人也同情和关心别人,必要时是能够牺牲某种个人利益来帮助别人的。经济学家 J. N. 凯恩斯曾对人性做了后面这样的分析。他说:"除了追逐财富这个欲望外,其他动机当然也存在,并在不同的情形下决定着人的经济行为。然而,这些动机绝不能成为需要考虑的第一位的东西,因为这些动机的影响是散的,不确定的和不可靠的。"①基于这种人性的分析,从伦理的角度看,由于人是利己的,所以为了社会的协调、合作和发展,我们应当尊重别人的个人利益,尊重个人的生命、财产和自由。但为了社会的协调、合作和发展,我们又要约束个人的利己行为,使之不侵犯别人的利益,同时强调社会上的人们应该相互帮助,发扬利他的精神,关心社会共同利益。这种道德规范虽然不能由这种人性见解的事实判断推出,但它却是可以在人性中找到事实根据的。现在我们的问题是:社会科学是研究人的行为的,我们需要用人性和人的社会关系来解释人的行为和人的行为的选择。但是我们首先必须运用分析和抽象的方法来研究人的行为,分门别类地研究不同种类的人类行为,并且在研究其原因的时候一次只能研究一个原因,撇开其他的在特定研究领域是次要的原因和干扰的因素,这样就可以构造出一个简单化和纯粹化的模型。马克思将此叫做"抽象法",马克斯·韦伯叫做"理想类型",自然科学叫做"理想状态",而柏拉图叫做"理念世界"。由于运用了这种方法,近现代的科学便得以产生。经济学也是如此:(1)人类行为有许多不同种类,如政治行为、战争行为、文化行为、宗教行为、家庭行为、经济行为等。经济学只划分出

---

① 凯恩斯:《政治经济学的范围与方法》,党国英、刘惠译,华夏出版社 2001 年版,第 8 页。

其中的一部分,即对有关稀缺资源或财富的生产、交换、分配和消费的行为加以研究。(2)人类行为有许多不同的原因或动机,例如前面所讲的,有利己的,也有利他的。经济学撇开其他的"利他"和"利他主义"的因素,只抽出其中一个主要原因与动机,即"利己"作为出发点建立自己的模型。(3)利己的追求并不是无限制的,它只能在一定的道德的、法律的、资源的和预算的条件下加以实现。这样便产生了所谓"经济人"(homoeconomicus)的概念。所谓"经济人"概念,就是在经济生活中,在一定约束条件下,将人看作是完全利己的人,而且是最大限度地利己的人。人的消费行为被看作是在有限的收入下最大限度地满足个人的欲望的行为;人的生产行为被看作是在给定的生产技术条件下选择最佳投入产出组合,以最大限度地谋取利润;而生产资料和消费资料的交换与分配,在完全竞争和竞争者信息完备的条件下,最后要达到人人都得到最大限度的福利而又不损害他人的福利,即所谓帕累托最优。所谓"经济分析",指的就是经济科学的这样一种分析、抽象和还原的方法。

经济人概念模型有什么优点呢?

1. 它使经济学作为一种独立的科学,从道德哲学中分化出来,由此得到一日千里的发展。大家知道,在亚当·斯密《国民财富的性质和原因的研究》发表之后,在 19 世纪以前,经济学还是道德哲学的一个部分。如果将经济与伦理、利己与利他混在一起来讲,就永远不会有经济学。亚当·斯密的功劳就在于他利用牛顿力学的方法,[①]在最纯粹的状态下研究一种现象(例如研究物体惯性运动,就要撇开任何摩擦力来研究在不受任何外力作用下物体将会如何运动,才能发现惯性定律)。1759 年他写了一本非常著名的道德哲学著作《道德情操论》,以人有同情心作为出发点来研究社会伦理。后来在 1776 年,他以人是利己的动物为出发点,写了《国民财富的性质和原因的研究》。这本书为经济学作为独立科学登上科学舞台打下了基

---

① 1750 年左右,亚当·斯密写了一篇学识渊博的论文《带领和指导哲学研究的原理:用天文学史来描述》。该论文将牛顿力学的方法概括为:"从一开始就制定某种基本的或被证明了的原理,我们就以之解释一些现象,用同一条链把它们串联在一起。"转引自马克·布劳格《经济学方法论》,黎明星等译,北京大学出版社 1990 年版,第 65 页。

础。所以从某种意义上可以说,如果人不是"自利"的,就根本不存在经济学。①

2. 在约束条件下利己而且是最大限度地利己,在约束条件下的偏好而且是最大限度满足自己偏好这个纯粹的前提下,就可能对经济现象进行量化,将数学、特别是高等数学应用于经济学,从而建立一套一套所谓"天衣无缝"的理论,发现许多经济行为的规律,实现对经济现象进行比较彻底的、逻辑前后一贯的研究。这种研究,一般说来,它的推导是没有错的。如果有错早就被人发现了,所以要想推翻它的结论,就要推翻它的前提;要想改进它的结论,就得补充和修正它的前提;要想分析它的局限,就要分析它的前提的局限。这就为经济学规律的检验提供了一个很好的逻辑背景。

3. 利己的经济人这个概念,是从最普遍、最大量、最常见、每日每时重复千万次的人类真实行为中概括出来的。有人说,它是从生命的本质中概括出来的,在生物学和心理学中都有根据。尽管它简化了,但它的实在性并不比存在着电子的实在性差多少。因此现实世界在多大程度上符合这个前提,它就在多大程度上适合它推出的定律和结论。既然前提是比较确实的,所以结论也就是比较确实的。例如我国改革开放首先在农村中搞家庭联产承包责任制,农民积极性立刻调动起来,粮食生产很快就翻了一番。真是"一包就灵"。为什么?这是因为农民在相当大的程度上是个"经济人",最为关心自己的切身利益。这个积极性调动起来了,生产就搞上去了。

"经济人"这个模型有什么局限性呢?它的局限性就在于:它只能说明某一部分现象,不能说明另一部分现象。因为经济人的前提是简化了的,而现实世界是十分复杂的。现实世界在什么程度上偏离它的前提,也就是在什么程度上偏离它的结论,人们的行为是复杂的、综合性的、多方面的。人们有其政治生活、经济生活、宗教生活、伦理生活、文化生活和家庭生活,不同的因素不可能不影响到他的经济决策上来。所以用经济人的概念来分析各个具体人的经济行为时就会产生很大的偏离。就人口的生育来说,这应该也是一个经济问题,可是它却受到中国的"多子多福"的传统习惯和文化的影响,很难说是最大限度地利己和理性的。中国有许多民族资本家,他们做生意也不是最大限度地赚钱利己的。例如马应彪做生意的目的除了赚钱

---

① 田国强、张帆:《大众市场经济学》,上海人民出版社1993年版,第10页。

为自己之外,另一个目的就是赚钱捐给孙中山做革命经费。恩格斯是个企业主,但他大概不是一个经济人,办企业的目的不是要最大限度地获得利己的经济利益。马克思的经济学也是从经济人的理念出发,至少他认为资本家是个经济人,是所谓人格化的资本。他由此附上一些其他辅助假说和条件,推出一些定律和命题。当这个模型运用到各个特殊场合时,本来需要加入"干扰因素"的修正。如果不做这种修正,其结论就会出现一定偏差。

那么经济人的假说是不是一个利己主义的假说呢?不是!首先,现代经济学中的经济人或理性人的假说,只是研究人类经济行为的假说,没有想将它看作是一种伦理学说,所以不能称它为利己主义的。其次,经济人的假说是有约束条件的。它讲的是在给定约束条件下每个人都争取自己的最大利益,最大限度地满足自己的偏好。这些约束条件包括道德的、法律的、政策法令的预算约束等,它是在遵守社会伦理规范下的最大限度利己,而且由经济人推出来的结论是供个人与政府作经济决策时作选择和作参考的,而个人与政府作决策还要考虑伦理的因素,所以经济人(或理性人)与道德人是不矛盾的。经济人与道德人是相辅相成的,从经济人的前提得出利己主义的道德结论,是对当代经济学的一种误解。

关于"经济人"概念的优点和局限,以及经济人与人性的利己与道德利己主义的关系,我们最好引用首创这个概念的经济学家和哲学家 J. 穆勒(J. S. Mill,1806—1873)下面的论述来说明:

> 现在人们对"政治经济学"这个术语的通常理解……把每个其他人的热情或动机完全抽象了;没有被抽象的只是那些被认为是出自与人们对财富的欲望永远是对抗的本性的热情或动机,即厌恶劳动,渴望满足昂贵嗜好的目前享受。在某种程度上,这种热情或动机是有其自己的精打细算的,因为它并不像其他的欲望那样仅仅是偶然地和对财富的追求相抵触,而是总像一种累赘或阻碍一样伴随着这种追求,因此它是不可分离地和追求财富的考虑糅合在一起的。政治经济学把人视为仅仅是要取得财富和消费财富;它要表明,生活在一个国家或社会中的人,除非他们的行为动机处于我们上面说到的有两个永远相互对立的动机制约的程度,否则,只要他们的动机是他们的全部行为的绝对统治者,那么有的行为过程是应该鼓励的……这种科学……进行……处

于这样的假设之中，即人是一种由其本质需要所决定的东西，无论在什么情况下，人都想要更多的财富而不是更少的财富，这一点就像我们在上面已经特别指出的人是由两种互相对立的动机构成的一样，没有任何例外。这并不是说有哪一位政治经济学家曾经荒唐到认为人真的是这样构成的，而是因为以上所说的是科学有必要处理的一种模式。

当一个结果是依赖于多种原因的共同作用时，这些原因每次只能研究一个，必须分别地考察它们的作用规律，如果我们希望通过这些原因来取得预告或者控制结果的能力，我们就必须这样做……也许，没有哪一个人在他的一生中的活动仅仅是由于对财富的欲望而没有受到任何冲动的直接的或见解的影响。考虑到人的这部分行为，财富甚至不是人的主要目标，政治经济学也并没有假装它的结论可用于对此进行解释。但是，在人的活动中也有特定的部分，在那里取得财富是主要的和众所公认的目的。仅是对这些部分政治经济学才关心。政治经济学需要采取的研究方式就是要把这个主要的、公认的目的当做就像真的是人活动的唯一目的一样；在所有同等简单的假说里面，这种假说是最接近真理的。政治经济学家所研究的是，在我们所提出的人的活动的特定部分里面，如果没有来自其他因素的阻碍，取得财富的欲望会产生什么样的活动。以这种方式就可以取得比采取其他可行的方式更接近于人的这部分活动秩序的理论。这种理论可以通过针对来自人的其他部分活动的影响做适当的调整来纠正，可以证明这种纠正和任何特别事例的结果都是相互干涉的。只有在很少几个最惊人的事例（如人口定律这个重要的定律）中这种纠正才被篡解为政治经济学的自我解释；于是出于实际运用的缘故，纯粹的科学安排的严格性有点背离了。至少就人们所知的或可以假定的都表明，人追求财富的本性受到人的任何其他的本性的旁侧影响，这种影响比以最少的劳动和通过自我克制取得最大量的财富的欲望的影响更大。这种积极性的结论至今还不能解释或预告实际事件，除非用和来自其他因素的影响程度相当的、正确的调整来调整这些结论。"①

---

① 转引自马克·布劳格《经济学方法论》，黎明星、陈一民、季勇译，北京大学出版社 1990 年版，第 66—68 页。

从以上的分析可以看出,"经济人"的方法是"分析法"和"抽象法",而不是系统的方法。人在大系统中本来就是生态系统中的一个环节;人在内部社会关系上,本来既是利己的又是利他的,但是用分析方法进行研究,一次只能研究一个原因,一个因素,于是微观经济学便不得不从复杂的社会现象中抽出"纯粹的经济现象",再从复杂的经济现象中抽出来纯粹"自利"的行为动因来研究人的消费行为、交换行为和生产行为,于是人就被抽象成为"经济人",即"最大限度满足自己偏好"的人。这样就可以进行上述的量化的研究了。这样做当然是必要的。我们主张用复杂系统整体方法研究问题,但复杂整体论的方法并不反对、而且包含了分析还原的方法,但又不限于分析还原方法,它特别注重综合与扩展的方法。但是许多人并不知道这样分析,他们不注意经济学上的"经济人"是有约束条件的。它讲的是在给定的约束条件下,假定每个人都争取自己最大利益、最大限度地满足自己的偏好或需要。这个约束条件包括了社会伦理、政策法令和预算约束。系统方法特别要求我们对这些约束条件进行研究。所以"经济人"已经预设了"伦理人"、"政治人"。而从学理上说,伦理原则比政治原则更为根本。政治原则就是通过政府权力、民主建制和公共事务管理强制地推行的伦理原则。所以我们这里讲社会伦理人,在一定意义上已包含了"政治人"。

从系统的观点看,"经济人"(economic man)与"社会伦理人"(social ethic man)都是有条件的、有限制的、有范围的,它是对人的行为进行分析的两种视野。"经济人"是在社会伦理规范约束下的经济人,"社会伦理人"是在尊重和保障个人经济利益前提下的伦理人。社会伦理人指的是人要在一定社会关系下担任一定角色,遵循一定的伦理规范。所谓角色就体现在别人对他有什么期望和要求,规定他对别人起到什么样的作用。所以社会学和伦理学将"角色"定义为"对典型期望的典型回答",它的格言是"必须明确我的地位和我的责任是什么"。我是一个社会伦理人,我担任了教师的角色,社会和学生的期望以及我的工作职责是教育好学生。在执行这个职务中,我是社会人不是经济人,我不能以最少的时间与精力的支出通过教学来谋取自己个人的最大的利益。等我下课到市场上去买菜的时候,我是一个经济人,要用我手中有限的货币挑选合乎我的最大偏好的商品。同样,如果我当了市长,这个角色就要求我尽一切力量搞好市政建设,全面推进市内的各项改革。在这方面我绝不是经济人,我不能以权谋私,通过当市长谋取我个人的最多的钱财和最大的利益。可惜在目前许多人的心目中,"经济人"过度地膨胀,那本来要限制经济人的"社会人"和"伦理人"却过分地缩小。复杂系统整体论坚决反对这种人性的扭曲和对人性的曲解。人是崇高的、值得尊敬的,因为人是经济人、伦理人、政治人、生态人四面整全的人。人既是追求自己利益的个体,又是社会关系的总和,更是生态系统的组成部分。这就是人性的系统层次观。

第 **4** 章
价值、善的生活和福利

在第 3 章中我们讲过,自利即自我利益(self-interest)是人类行为中最经常最普遍地起作用的行为动机与动力,但社会道德要求人们有时需要牺牲个人的利益特别是个人的短期利益,以保护和帮助他人。无限制地追求自己利益必定会伤害社会及其成员,但健全的社会道德同样反对无条件、无限制的利他主义,因为那样要求人必定伤害个人而归根结底也伤害社会,使那些希特勒式的利己主义者有机可乘而成为统治者。所以健全的社会道德必然要尊重个人的价值,保护个人对幸福生活的追求和维护个人的尊严、自由和福利。这就产生了这样的问题:什么是价值? 什么是善的生活和福利? 中心问题是什么是善的生活(good life),即什么是好的生活追求。而为此首先需要讨论什么是价值和人们的价值观念;而分析清楚什么是善的生活之后,还要理清福利(welfare 或 well-being)的概念,看看我们的客观的福利的概念与微观经济学所讲的偏好的满足(satisfaction of preferences)有没有不同。

▶▶ 4.1 什么是价值

所谓价值,狭义地说,就是人类主体(S)与被评价对象(O)的一种关系,即 V(S,O),是主体与对象的二元函数。孤立地看待主体的情感,它的喜、怒、哀、乐,是一种心理状态,无所谓价值与评价。离开主体孤立地看待对象客体,我们可以描述对象的一些属性,也无所谓价值与评价。一个对象客体(包括事物、事件、属性、功能、行为、观点、社会制度等)在特定的环境下和在一个行为系统中因为能满足主体的某种需要(needs),提供了某种利益（benefit）与用途，因而被看作是有价值的东西。主体因此而对该对象客体（物、行为等）产生某种偏好（preferences）、兴趣（interest）和欲望（desire or want），从而便有了价值观念、价值标准和价值尺度。这种欲望与偏好投射到被评价对象中，这些对象对于主体便有了价值。价值作为一个谓词（"×××是具有价值的"一语的谓词）指的就是×××能满足主体需要和偏好的那样一种性质。你们今早上课之前吃的那顿早餐是有价值的，指的就是这顿早餐具有能满足你的生理需要和心理偏好的那样一种性质。

　　价值问题总是牵涉到主体与客体、主观与客观之间的关系，本身就需要一个整体观念来加以理解。特别是，这个主客体的价值关系又必须放到一个行为系统中去加以理解，才能明确诸如兴趣、偏好、期望、价值、评价、目的、手段这些概念。较为全面地了解这个问题，需要行为系统的整体概念和多层级进化控制论的价值模型。我们将在第 12 章中讨论这个问题，在这里暂且从比较传统的观念对价值问题进行简化的讨论。对于价值本身，可以用下列关系图式来加以表示：

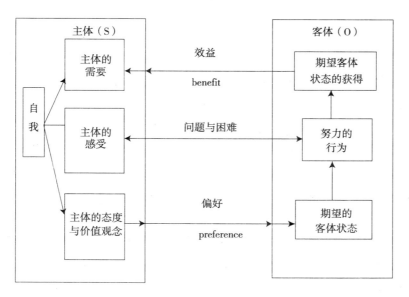

图 4.1　价值关系：主体与客体，偏好与效益

　　问题在于，当我们要比较不同对象的不同价值以及同一对象对于主体在不同时间有不同的价值时，拿什么去作比较标准和计量的方法呢？我今天的早餐是喝牛奶吃蛋糕好一些,还是喝鱼片粥吃猪肠粉好一些呢? 还是根本不吃早餐以睡个好觉、一直睡到九点好一些? 当我们进行这种比较时,没有一个类似于温度计的价值计。这顿丰盛的午餐是在我饥饿之时对我价值大一些,还是在我早已吃得饱饱的时候对我价值大一些呢? 一杯水在我处于沙漠地带快渴死时的价值高一些,还是在我处于天然矿泉大瀑布旁边饱饮之后的价值大一些呢? 比较价值大小的最普遍最有效的标准具有主观性,似乎没有什么疑问。如果我们不去推敲产生主观喜好的种种环境条件及其结果,并对这个主观喜好做出评价以确定它是否值得喜好这些"二阶"问题,则对我来说我喜好的就是对我价值大的,我最不喜好的就是对我最无价值的。这种从主观上来理解、衡量的价值论就叫做主观价值论,其代表人物在古代是希腊哲学家普罗泰戈拉(Protagoras),他说"人是万物的尺度";在现代,其代表人物是马奇(J. L. Mackie),他有一句名言:"价值不是客观的,它不是世界结构的一个部分"①。当然,这里所说的价值,包括道德价值、政治价值、经济价值、审美价值等不同范畴的价值。现代微观经济学的效用理论将经济物品与服务的价值看作是主观偏好的满足,运用主观偏好序建立效用函数来讨论经济问题,提出边际效用的概念来讨论市场价格,带来了经济学上的一次大革命。这些都是主观价值论在经济学上的成果。这种观点,在哲学上也是站得住脚的,因为既然价值是对人的主观偏好和企求的满足,自然就可以从主观的角度加以分析与比较;并且事实证明,就目前经济学所发现的计量手段来说,只有主观偏好的理论即效用理论才能给微观经济现象以定量的分析,数量方法自此而成为经济学的科学方法,这已经是世界经济学家公认的事实了。当然这种定量分析尚有许多缺点和局限性,经济学家们正在讨论如何对之加以改进,但这不是对偏好价值说的全盘否定。

不过我国的许多经济学家,包括一些非常著名的经济学家,直到 20 世纪末还在反对边际效用理论的学说,这是很令人费解的。唯一能够解释这件事的就是,他们抱持某个固定的理论框架是容易的,而走出这个理论的框架却是困难的。下面就是他们的一些主要论点:

著名经济学家张培刚在《微观经济学的产生和发展》一书中写道:"边

---

① Mackie, J. L. , "The Subjectivity of Values". In J. P. Sterba ed. *Contemporary Ethics*, Prentice-Hall, 1989, p. 265.

际效用价值论,兴起于 19 世纪 70 年代。这个时期可说是西方资产阶级经济学界在其视野范围内的一个重要的转变时期。他们把这个时期称为'边际革命'的时代。实际上不过是由于到了这个时期,资产阶级经济学家为了适应垄断组织不断扩张的形势,为了对抗劳动价值论日益扩大的影响,不得不在理论上和方法上采取新的途径,因而他们几乎同时在西欧诸国,相继出版了各自的主要著作,提出了以主观价值为核心的边际效用价值论。""但资产阶级经济学家把'边际效用'这种主观评价作为衡量价值的主要尺度,则是不科学的。"①

另一位经济学家梁小民在其《微观经济学》一书中写道:"边际效用理论用效用这个概念来说明偏好。某个人从消费某种物品或劳务中所得到的好处或满足就称为效用。效用是人的心理感受,即消费某种物品或劳务对心理上的满足,是一种抽象的主观概念。因此,效用单位是任意选定的。""边际效用理论……毕竟完全是主观的"。②

李翀教授在他的《现代西方经济学原理》一书中对效用原理或主观价值原理则作了如下评价:"效用原理把效用看作是主观的范畴,把效用分析基于心理分析之上,这使它陷入了难以摆脱的困境。首先,既然效用是一种心理现象,它必然因人、环境、时间和情绪等许多因素而异,所以它是不确定的。……其次,既然效用是一种心理现象,它肯定不可计量。基数效用论者从来没有能够令人信服地说明为什么能用数量来衡量效用……(既然效用是不确定的)序数效用论者没有令人信服地说明为什么对于某个人来说有这样一条无差异曲线而不是别的无差异曲线。还有,由于效用论是主观的,它的应用就无法避免设想。这样,把效用分析作为决策的手段,常常如不是多余的,就是难以进行的。"③

所有这些反对边际效用论的论点,从价值哲学上来说,有一个共同点,就是认为凡是主观心理的东西都是"主观任意的"、"与客观无关的"、"不能确定的"、"不可测量的"东西。其实说事物的价值是主观的,只是说它的价值由它满足人们偏好的程度而定。但是在客观的社会生活中,人们的行为

① 张培刚:《微观经济学的产生和发展》,湖南人民出版社 1997 年版,第 40、50 页。

② 梁小民:《微观经济学》,中国社会科学出版社 1996 年版,第 157—158 页。

③ 李翀:《现代西方经济学原理》,中山大学出版社 1988 年版,第 52—53 页。

总是有目的、有意向的,这些目的、意向或偏好是人类行为的一个动因。千百万人对某一商品的偏好,恰恰构成一种对该商品的客观需要量。只要偏好是自反的、完备的、可迁的和连续的,它就可以是一个用实数来表示的实值函数。这已经是数学的常识。而在一定约束条件下,人们总是最大限度地满足自己的偏好(或实现自己最偏好的东西),这是日常生活的自明的公设。有了这些公理,全部微观经济学的定理和方程,直到说明市场经济机制的帕累托方程,都可以在它们的基础上推导出来,这怎么会"肯定不可计量",怎么会"决策难以进行"呢? 事实上,情况似乎相反,我们无法独立于市场需求来测量商品的"内在"价值并确定它只是由劳动决定的,而且除了工资之外,我们也无法确定进入产品的一般劳动的价值有多少。这反而是不可计量和不可检验的。

当然,从哲学上来讲,价值不但有主观的一面,而且有客观的一面,不但可以从主观的视野、即主观偏好的角度来进行研究,而且还可以从客观需要的角度来进行研究。人们的某种意愿、追求、偏好到底好不好,可以在一定的客观环境中和人类行为及其后果中做科学的研究,可以对它们做出经验的检验和客观的评价。例如抽烟不好,吸毒更坏,这就是一个比较客观的评价,这个评价的标准在某种意义上是客观的标准。至于那些根源于人类基本需要因而具有价值的东西,是任何人无论欲求什么、想望什么、偏爱什么都需要的东西,是基本的价值或基本的善,它们显然是客观的和公共的。不过关于客观价值的定量理论还没有发展起来,有待于我们分析研究。本章第3节和第4节还要进一步讨论这个问题。

人是有目的地生活而且能意识到自己目的的动物,所以价值与人的目的性密切相关。人们的活动一旦确定了目的或目标之后,那目的就是人们所想望的东西,它自己首先对于人们有价值,这是目的价值。而一切能达到目的的手段,包括对达到目的有贡献的事物、属性、过程、关系与行为等,也因此就有了它们的价值,即手段价值。当我高中毕业的时候,一旦我确定要报考清华、北大,这个进名校的目标就对我有特别的内在的目的价值,而为达到这个目标,我的复习功课,我的计划安排,我的锻炼身体,我的模拟考试,连我的报名填表,都有了作为工具的价值。当然考上大学并不是我的终极目标,而不过是为了有更好的条件进行学习,掌握科学知识,将来能干一番事业,或者成为科学家,得诺贝尔奖,这些才是更高的目标。这样,相对于这个更高的目标,考大学就不过是手段而已。手段之下还有获得手段的手段,目的之上有目的(作为手段)所要达到的目的。像自然界中的因果链条一样,目的手段链也可以是一个无限的链条。但是对于一个无限链条连续统的研究者来说,它总有一个出发点、立足点和落脚点。我们将出发点称为手段价值,将落脚归宿点称为整体价值或"终极目标"。这样,在一个有终极目标即以终极目标为终点的目的—手段链中,我们可以将以人为中心的价值分为四类:

1. 手段价值。一切能直接地或间接地帮助人们达到某种特定的目标的东西,都具有手段价值。

2. 目的价值。人类是能够研究利用自然、改造自然、组成社会和改造社会的。因此人们的目标十分广泛,包括一些仿佛与人的切身利益完全无关的东西,例如研究宇宙早期的大爆炸,研究火星的土壤成分,特别是研究火星上是否有水,也可以作为自己的目标,有极高的目的价值,甚至为之花上几十亿美元也在所不惜。

3. 内在价值。目的与手段是相对的,对于增长人类空间科学知识这个总目标来说,研究火星土壤成分这个目的,又是作为手段价值而不是目的价值而存在的;但正如我们刚才说过的,手段之下有手段,目的之上有目的。这个目标—手段链的终点就是终极目的,即不再去帮助什么、不再作为其他什么东西的手段的目的,就是人生的内在价值,或叫做终极的善,即"幸福"本身。例如特种的木头能制成小提琴,在这个价值关系中,木头具有手段价值而小提琴具有目的价值;而小提琴在贝多芬手里能演奏出美妙乐曲,这时小提琴成了手段价值,而美妙乐曲具有固有的价值,它引起人们的艺术感受,这艺术感受、欢乐、愉快的艺术满足感本身是一个"终极目的",是内在的善。人们不会去追问你得到艺术上的、美学上的满足又有什么用,又是为了什么。应该说,对于我们的观察点来说,它是不为了别的什么,它没有什么进一步可期望的。它是为了自己,是人生幸福的一个组成部分。

4. 整体价值。内在价值显然包括物质生活的享受、精神生活的满足、文化生活的充实以及社会生活的丰富与协调等。每一个内在价值本身都建构了整体价值,它是整体价值的组成部分。这些不同的内在价值构成一个内在价值整体系统。人生的过程,就好像是由内在价值的实现而不断积累、最后积累成一个整体的价值。这样,以人为中心的价值的分类便可以用下图表示之：

图 4.2 迈向终极目标的价值分类图

人们的生活都有一个终极目标，人人都在企图追求"美好"，追求幸福的生活或善生活（good life），它是个人的和人们的最高价值。有人认为"享乐"是人生最高的价值，是真正的美好生活；有人认为"名誉、地位、权力"才是最高的价值；有人则认为皈依佛门、与神同在才是人生的最高价值和真正的善生活；还有人则认为，洞察宇宙的奥秘才是人生的最高价值或最高享受。更有人则认为，自由是最高的价值："生命诚可贵，爱情价更高，若为自由故，二者皆可抛！"面对这种相对主义和多元主义的价值观，就发生了一个问题，什么是真正的善生活，有无客观的标准去判别它们呢？在我们从目的—手段链的进路对价值进行分析到了尽头或陷入僵局的时候，就暴露出了这个问题。

▶▶ 4.2 什么是善的生活

近代以来伦理学的思路是追问，什么是用以解释人类道德行为的人类行为的基本的或最终的准则。可是古代希腊哲学家却不取如此进路。他们认为，不是人为准则而活着，而是准则为人而订立；这些准则归根结底也是为了人的善生活。所以伦理学的中心任务应该是研究什么样的生活是最有价值的。因此，对于什么是人们的善生活，我们主要取材于古希腊哲学来研究这个问题。

▷▷ 4.2.1 快乐主义（Hedonism）

快乐主义认为，最有价值的生活，或者说最幸福（happiness）的生活是快乐（pleasure）；只有快乐才是内在的善（intrinsically good），只有痛苦才是内在的恶（intrinsically bad）；所有其他的善的、有价值的行为，之所以是善的、有价值的,都只是因为它增加人们的快乐和减少人们的痛苦。因此,达到幸福的和善的生活的途径,就是最大限度地增加人们的快乐和最大限度地减轻人们的痛苦。不过大家要注意,快乐主义并不一定是利己主义,它只说快乐是善,痛苦是祸;它并没有说只有我的快乐才是善的生活。它可以强调:幸福的生活就在于为最大多数人的最大快乐而努力工作。但是对于这一点,他们的主张是很不明确的。他们没有拿这个快乐主义的善生活作为标准来规范人们的行为。这是他们近现代的继承人做的工作:将快乐主义发展为功利主义。我们将在第5章讨论这个问题。

将快乐看作是生活的根本目标,起源于公元前3世纪昔勒尼学派的创始人阿里斯提卜。他说:"我们从孩提时候起就被快乐所吸引,而无需我自己去做任何有意的选择。当我们得到快乐时,就不再想寻求更多的东西,我们所尽力避免的无非是它的对立物——痛苦"。[①] 他在这里所讲的快乐,是当下瞬间的肉体的享乐,因为过去的已经过去,未来的尚未确定。所以他说的快乐是"及时的行乐","有花堪折直须折","吃吧,喝吧,因为将来你是要死的"。中国人也有类似的说法:"目好色,耳好声,口好味,心好利,骨体肤理好愉佚"。

不过作为快乐主义的代表人物,希腊唯物主义哲学家伊壁鸠鲁(Epicurus,341—270 B. C)并不是这样看的。他虽然也拥护快乐是最高的善而痛苦是最大的恶的主张,不过他变得比较理智和深思熟虑。他区分了生理上的快乐和精神上的快乐,认为后者比前者更高;他又区分了暂时的快乐和长久的整个一生的快乐,并认为后者比前者更为重要。他进而认为,不仅物质的享受和精神上的满足是快乐的源泉,而且友谊与爱这些社会福泽的获得更是快乐的源泉。下面我们对他的三个论点加以说明:

1. 快乐划分为生理上的快乐和精神上的快乐,生理上的快乐来自眼、耳、鼻、舌、身这些感官,闻到花香、看到日落、尝到美味的食物带来了生理上的快乐,而跌入陷阱、受到火烧、嗅到恶臭就会带来生理上的痛苦。精神上的快乐与痛苦来自心智,下棋、欣赏美妙的音乐、读书、发现自然规律、增长我们对世界的理解,给我们带来精神上的快乐,而孤独、失望、对前途的担

---

① 第欧根尼·拉尔修:《名哲言行录》。转引自弗兰克·梯利《伦理学概论》,何意译,中国人民大学出版社1987年版,第105页。

忧,还有亲属的病故等,给我们带来精神上的痛苦。最大的快乐不是生理上的快乐而是精神上的快乐,最大的痛苦是精神上的痛苦而不是肉体上的痛苦。他认为精神上的快乐最根本的就是精神上的宁静和心灵上的和平,所以最大的快乐不是要求我们过奢侈的豪华的生活,而是保持简朴的适中的健康的生活就可以了,否则欲望难以达到,反而十分痛苦。因此他主张的快乐是"自然的快乐",即"身体的健康和灵魂的平静"。① 所以他说:"当我们说快乐是最终目的时,我们并不是指放荡者的快乐或肉体享受的快乐,而是指身体上无痛苦和灵魂上无纷扰。不断地饮酒取乐,享受童子与妇人的欢乐,或享用有鱼的盛筵,以及其他的珍馐美馔,都不能使生活愉快;使生活愉快的乃是清醒的理性,理性找出了一切我们的取舍的理由,清除了那些在灵魂中造成最大纷扰的空洞意见。"②

2. 为了保持心灵的平静,达到最大的快乐,他提出了两个哲学疗法,就是清除对神的恐惧和对死亡的恐惧这两种精神痛苦的主要根源。在那充满着迷信的古代,人们自然害怕鬼神的惩罚给他们带来灾难与疾病,以及阴曹地府之类的东西会使他们掉进苦难的深渊。伊壁鸠鲁运用他的原子论向人们解释道:宇宙除了原子的结合、分离、"倾斜"、碰撞……之外,什么都没有。如果有神,它也不可能干预我们的生活。我们因原子的偶然结合而生,又因它们的不可避免的分离而死,对于神何惧之有? 至于死亡,恰如生前一样,我们对之没有任何感觉,又何足惧哉? 所以他说:"你要习惯于相信死亡是一件和我们毫不相干的事,因为一切善恶吉凶都在感觉中,而死亡不过是感觉的丧失。因为这个缘故,正确地认识到死亡与我们无关,便使我们对于人生有死这件事愉快起来,这种认识并不是给人生增加上无尽的时间,而是把我们从对不死的渴望中解放了出来。一个人如果正确地了解到终止生命并没有什么可怕,对于他而言活着也没有什么可怕……所以一切恶中最可怕的死亡——对于我们是无足轻重的,因为当我们存在时,死亡对于我们还没有来,而当死亡时,我们已经不存在。"③当然临床的死亡、垂死的挣扎,

---

① 周辅成编:《西方伦理学名著选辑》上卷,商务印书馆 1996 年版,第 103 页。

② 伊壁鸠鲁:《致美诺寇的信》。转引自周辅成编《西方伦理学名著选辑》上卷,商务印书馆 1996 年版,第 104 页。

③ 同上书,第 102 页。

也许是痛苦的,但"就是极端痛苦,也不过出现于一个很短的时间内"①。伊壁鸠鲁要清除对死亡的畏惧,还有一层更深的意义,就是芸芸众生因为惧怕死亡而追求安全感,结果徒劳过度地聚敛财富和追求名位,以致于无法享受真正的自由自在的生活,我们应该离这个怪圈"扬帆远遁"。

3. 伊壁鸠鲁认为我们要追求的快乐,不是要满足所有暂时的、短期的快乐欲望,而是长远的、整个生命历程的快乐,所以对快乐必须理性地选择。有些快乐会导致未来的痛苦,例如酗酒会导致头痛、酒精中毒和损害健康,等等;而有些痛苦则会导致未来的长远的快乐,例如补牙的痛苦导致身体健康的快乐,等等。所以他说:"因为我们认为幸福生活是我们天生的最高的善,我们的一切取舍都从快乐出发;我们的最终目的,乃是得到快乐,而以感触为标准来判断一切的善。既然快乐是我们天生的最高的善,所以我们并不选取所有的快乐,当某些快乐会给我们带来更大的痛苦时,我们每每放过这许多快乐;如果我们一时忍受痛苦而可以有更大的快乐随之而来,我们就认为有许多痛苦比快乐好。"②所以,我们要最大的快乐和最小的痛苦,就不是短期的、暂时的,而是长期的、从整个人生历程来看的。

4. 伊壁鸠鲁还认为,我们生活在社会中,他人的存在也是我们快乐的源泉。这并不是说可以在迫害和剥削他人中取得快乐,要将自己的快乐建立在别人的痛苦之上,而是说友谊与爱是人们快乐的源泉。他说:"在智慧提供给整个人生的幸福之中,以获得友谊为最重要","在注定给我们的生活条件中,友谊最能增进我们的安全。"③ 这就是快乐的社会维度。马克思曾经说过,伊壁鸠鲁是伦理学中社会契约论的古代发明人。伊壁鸠鲁说:"公正没有独立的存在,而是由互相约定而来,在任何地方,任何时间,只要有一个防范彼此伤害的相互约定,公正就成立了";"自然的公正,乃是引导人们避免彼此伤害和受害的互利的约定。"④ 所以追求理性的、公正的个人利益是不会伤害他人的,我们所追求的快乐是公正的正义的快乐。

---

① 伊壁鸠鲁:《致美诺寇的信》。转引自周辅成编《西方伦理学名著选辑》上卷,商务印书馆 1996 年版,第 93 页。
② 同上书,第 103—104 页。
③ 同上书,第 96 页。
④ 同上书,第 96 页。

从以上对伊壁鸠鲁的快乐主义四个要点的介绍可以看出,他显然对作为"最高的"善的快乐做了很有分量的价值分析,指出了哪一些痛苦是值得承受的。所以经分析过的快乐显然是人生要追求的生活目标,但它是否是人们追求的和应该追求的唯一最高的生活目标呢? 这是一个颇有争议的课题。对于人生价值或生活的最终价值问题,他从主观的心理感受进路来考察,自然是很有启发性的。近现代许多哲学家和经济学家都沿着这个思路考虑问题,如洛克、休谟、边沁、穆勒都是快乐主义者。经济学边际效用学说的几个创始人,如门格尔、杰文斯和瓦尔拉,都是快乐主义者。不过他们的后继者对效用概念的理解已经从获得快乐的总量转到"愿望得到实现"的强度和"偏好的表达"上来。尽管如此,这种理解仍然是指一种对心理状态的测度或对心理状态后果的测度。

▷▷ 4.2.2 自我实现论

如果说快乐主义是从主观感受的角度来思考人们的生活价值、将人生的最高价值看作最大的快乐的话,自我实现论则是从生物的客观进化和人的客观潜能的发挥方面来考察人的生活价值。这个学派认为,所谓人生的最高价值或幸福的生活,不是财富,不是名利,不是由此而来的快乐,而是人作为人的潜能与创造力得到充分的完善的发挥,即自我实现。我有很高的艺术才能,让我的这个才能得到充分发挥吧,这就是我的幸福;我有很好的数学天赋,让我的数学天赋得到充分发展吧,这就是我的最大的价值、最大的幸福。亚里士多德(Aristotle,384—322 B.C)是古希腊自我实现论的代表。他认为所谓幸福,所谓人生最高价值,就是将人之所以为人的功能,即人的理智发挥到尽善尽美的境界。为什么是这样? 请听他的分析吧:

不同的物种,有不同的善或幸福的源泉。对于一头牛是好的东西与对于一头鹰是好的东西是完全不同的,能给牛以幸福的东西与能给鹰以幸福的东西是不同的,所以要研究什么是人的至善,就应从人之所以为人的本质与功能谈起。

亚里士多德认为,生物例如树与牛之所以与死物例如石头有区别,是因为树与牛有灵魂(soul)。这是比较低级的灵魂。而人之所以与草木禽兽有区别,就在于人有高级的灵魂,那就是理智。不同等级的灵魂,使不同的生物有不同的活动潜力与功能。

1. 植物有营养灵魂,具有营养、生长、繁殖等能力。

2. 动物还有感觉灵魂,具有营养、生长、繁殖、感知、反应等能力。

3. 人还有理智灵魂,具有营养、生长、繁殖、感知、反应、理智等能力。

这里第3层包含第2层,第2层包含第1层,这就是生命灵魂和生命潜能的层次结构。人与动物共同具有的感知,指的是感知外部环境和自己内部状态的能力,也就是可感觉痛苦与快乐的能力;人与动物共有的反应能力,指的是它们能根据环境的变化进行运动与应变的能力;人具有理智能力,指的是人具有思想、理解和认知的能力,能发现世界的规律,能有目的地进行实践活动,发现有效的手段来达到自己的目的。所以人的潜能就不只是饮食、营养与繁殖后代,也不只是追求感觉快乐和避免感觉痛苦,而在于他们的思辨理性(有智慧)和实践理性(有德行)。

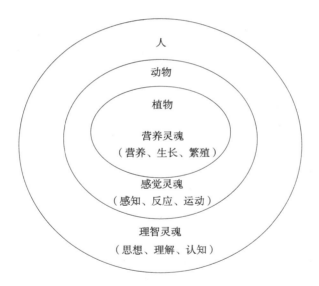

图4.3 灵魂的不同层次

亚里士多德就这样从生物进化与人具有的客观潜能来讨论人生价值与人生幸福。理性是人的本质,人是理性的动物。他说:"如果一个人不去选择作为人的自己的生活,而去选择其他物种的生活,那是十分奇怪的。我早已说过,不同物种按其本性来说有自己最好和最愉快的东西。因而,对于人,按照理性来生活,是最好的最愉快的。因为是理性而不是别的东西使人成为人,理性的生活因而是最幸福的生活。"①我国古代思想家荀子也有过类似思想。他说:"水火有气而无生,草木有生而无知,禽兽有知而无义。人有气,有生,有知,亦有义,故最为天下贵也。"②他在这里说的,几乎与亚里士多德说的是同一个意思。

因此,在亚里士多德所指的多层世界中,人们对自己的理性作出最全面、最完善的发挥,沉思与探索这个世界,按我们获得的真理去行动,这就是最高的价值,是人类幸福的中心源泉。只有这样做所获得的幸福才是持久的、内在的、有目的性的,而其他追求不能作为终极目标,是因为这些追求是暂时性的、外在性的和手段性的。如果以财富与享乐为目的,为积累财富过的是身不由己的生活,追求的只是手段性的东西,它甚至会带来一些危险、杀身之祸和假朋友。荣誉、地位等是外在的东西,因为荣誉、地位、名声是别人给的,别人也可以收回。当然亚里士多德是一个多层次潜能和多层次需要论者,他也不否认外在的、手段性的善对于幸福生活的意义。他说:"有一些东西缺少了它,人们的幸福也就失去光泽,例如好的出生,好的身体,有比较满意的子女,以及身体的美,等等。因为外观丑陋,身体遭受残疾,独身而无子女,就总是很难称得上幸福的。"③同样,他也十分强调友谊与爱是幸福的重要源泉。亚里士多德有一句名言:"人是社会的动物。"为了生存、繁荣与发展,人们需要其他人的帮助,不过健康、财富、权力、名誉、地位与朋友等,虽然也是有价值的,但不是最高的价值,虽然也是善,但不是最高的善,所以它们必须由理智来进行调节、支配与控制。

将亚里士多德的自我实现的生活价值论发展到近代的达尔文和斯宾塞,便将生命的保存和发展,甚至将整个社群的保存、繁荣与发展,看作是人类生活的最高目标,而没有把它只限制在精神生活的自我实现方面。这个自我实现论,发展到马克思那里,则将个人的才能、兴趣和创造力的自由的全面的发展,看作人类最高的善和最大的幸福,并认为那只有到了共产主义社会才能普遍达到。这个自我实现论,发展到现代管理学,就发展为 A. H.

---

① Adler, Martimer et al. (ed.) *Great Books of the Western World.* Vol. 9 , Chicago: Encyclopedia Britannica, Inc., 1952, p. 432.

② 《荀子·王制篇》。

③ Adler, Martimer et al. (ed.) *Great Books of the Western World.* Vol. 9 , Chicago: Encyclopedia Britannica, Inc., 1952, p. 344.

马斯洛的需要层次说:生理的需要、安全的需要、爱情、感情和归属的需要、自尊的需要和自我实现的需要,就是从低级到高级的五大层次的需要。这些思想家都是以一种客观的视野来看人的生活需要、生活目的、生活追求和人生的价值与至善的。

▶▶ 4.3 福利的概念

现在,我希望能够从自我实现论中建立起一种福利(welfare or well-being)的概念,这种福利概念不是指经济学所说的人们的偏好得到满足的程度,而是指人们的客观潜能得到发挥、客观需要得到满足的程度。参考亚里士多德关于人们具有的不同维度的生命功能、马克思关于人类能力的全面发展、法兰克纳提供的内在价值清单、马斯洛关于人类需要层次的满足以及邦格对需要的分类,我们将人类客观的需要划分为三个维度与三个层次。

▷▷ 4.3.1 人类客观需要的三个维度

人们追求自己的生活幸福或生活福利,他们的需要应该得到满足,潜能应该得到发挥。可是有些哲学家告诉我们,人们应该注意的是物质的享乐,而无需注意精神的文明;而又有一些哲学家告诉我们,人们应该安贫乐道,注意灵魂的健康和道德上的完善。事实上,在不同需要之间,我们不能牺牲一个而强调另一个。人们的需要有三个方面:

1. 生理上的需要:包括衣、食、住、行、性(生活),免除饥饿、营养不良,避免疾病的困苦,具有闲暇时间、活动空间、良好的环境、健康的身体,繁殖与养育后代等。

2. 精神上的需要:包括学习和受教育的需要,增长自己的知识、能力与创造力的需要,以及科学、文化、娱乐生活的需要等。

3. 社会上的需要:包括友谊、爱情、社交、参加一定社团获得一定归属感的需要;获得他人的尊重,特别是享受民主、自由与人权的需要。

以上三种需要既相互依存又相互交叉,生理上的需要要在一定社会环境下才能满足,而友谊、爱情、自尊的需要要有一定物质基础才能得到保证。所以,三种需要必须协调发展。亚里士多德说:"普通和粗俗的人们认为善就是快乐,因而赞成一种享受的生活。而实际上有三种重要生活:感官的、政治的和思考的。"①美国哲学家詹姆士说:"有一个物质的我、一个社会的我、一个精神的我以及相应的感情与冲动,他希望保存和发展自己的身体,使它有饭可食,有衣可穿,有屋可住;他希望获得和享受财产、朋友和别的快乐;希望获得社会的尊敬,被热爱与崇敬,发展他的精神趣味,以及帮助他的同伴实现同样的愿望。"②这里他们所强调的,从需要来说是物质需要、精神需要、社会需要三维;从价值来说是物质价值、精神价值、社会价值三维;从福利来说是物质福利、精神文化福利、社会政治福利三维。三者不可或缺,不可偏废。人们需要从三个维度不断提高自己的福利。

▷▷ **4.3.2 人类需要的三个层次**

我们大体上可以将个人需要划分为三个层次。(1)生存(survival)的需要,缺少了它,个人不能存在。例如一般说来成人每天需要 2,500 千卡的热量供应和 30 克的蛋白质供应等,这在任何社会条件下都是必需的。西瓦尔德(R. L. Sivard)在《世界军事与社会消费》(1987)一书中指出,全球有 8 亿人得不到足够的食物,13 亿人得不到安全的饮水,即他们的生存受到威胁。可见生存的需要在世界上还有许多人得不到满足。③ (2)福康(benefits)的需要,这是对在特定社会条件、特定文化下保证人们身心健康的物质生活、精神生活和社会生活的基本需要,包括对较好的物质文化生活、友谊与爱、自尊与安全感等的需要。从现代社会的观点来看,所谓个人的福康需要,指的是人们对过着有尊严的、有文化的、有保障的身心健康的生活所必需的东西。缺少了它们,或这种需要的满足达不到一定的标准,人们或许还能生存,但他们会在身心上和人际关系上受到基本的伤害。关于这个问题,亚当·斯密说了一段很有趣的话。他说:"我所说的必需品,不但是维持生活上必不可少的商品,而且是按照一国习俗,少了它,体面人固不待说,就是最

---

① Adler, Martimer et al. (ed.) *Great Books of the Western World.* Vol. 9, Chicago: Encyclopedia Britannica, Inc., 1952, p.340.

② 转引自弗兰克·梯利《伦理学概论》,何意译,中国人民大学出版社 1987 年版,第 167 页。

③ Sivard, R. L. *World Military and Social Expenditures*, 1987—1988, 12th ed. Washington: World Priorites.

低阶级人民,亦觉有伤体面的那一切商品。例如,严格说来,麻衬衫并不算是生活上必需的。据我推想,希腊人、罗马人虽然没有亚麻,他们还是生活得非常舒服。但是,到现在,在欧洲大部分地区,哪怕一个日工,没有穿上麻衬衫,亦是羞于走到人面前去。同样,习俗使皮鞋成为英格兰的必需品。哪怕最穷的体面男人或女人,没穿上皮鞋,他或她是不肯出去献丑的"。① 可见,在不同的文化背景下和在不同的社会发展阶段,人们对获得幸福或安康福利的需要有着不同的标准。从现代社会的标准来说,有基本生活资料和基本居住条件与生活环境可以享受,有医疗社会保障制度使人们有安全感,有爱情、家庭、朋友交往的社会生活,有基本的成就感和受人尊重,特别是在社会生活中有各种自由权和民主权利,这些都是达到个人的福康生活所必需的。正像格林所说的:"我们可能都赞成,自由应被正确地理解为一种最大的福祉,它的实现将是我们作为公民的所有努力的终点。"②这些基本的需要并不单纯是由生命的基因由下而上决定的,而是由社会文化环境、社会技术条件由上而下决定的。(3)自我实现(Self-actualization)的进一步要求和全面发展的需要,即个人的兴趣、才能和创造力得到自由的全面的发挥,其个人生活理想得到很好的实现。根据邦格估计,全世界约有 1/10 的人具有满足这种需要的条件;而根据马斯洛和海里津的估计,完全自我实现者只占人口的千分之一③。邦格将满足了这种需要的状态称为理性的幸福状态,即能够有条件追求到自己珍视的生活,实现自我的价值。以上三种需要,前者是后者的必要条件,后者是前者的充分条件,从而形成需要的层次与序列,而第一、二层的需要是基本的需要。基本的需要是一个十分重要的范畴,能满足人们基本需要的东西组成社会基本价值,或如罗尔斯所说的"基本的善"(primary goods),包括基本的自然的善,即健康与活力、智慧与想象力等;也包括基本的社会的善,即权利与自由、权力与机会以及收入与

① 亚当·斯密:《国民财富的性质和原因的研究》(下卷),郭大力、王亚南译,商务印书馆 1996 年版,第 431 页。

② Amartya Sen. *Rationality and Freedom*. Cambriodge, MA: Harvard University Press, 2002, p.7.

③ Mario Bange. *Treatise on Basic Philosophy*. Vol. 8. D. Reidel Publishing Conpany. 1989, p.48. Heylighen, Francis. A. "Cognitive-systemic Reconstruction of Maslow's Theory of Self-Actualization". *Bahavioral Science*. Vol. 37, 1992, p.44.

财富等,"它是被假定为理性的人欲求其他什么东西都需要的东西"①。一个社会的成员的基本需要能否得到满足,是对一切社会行为、社会政策、社会制度好坏的最终裁决。这样,我们便可以对"温饱"、"小康"和"富裕"下一个价值论的而不单是一个经济收入的定义。一个社会,具备能而且只能满足其成员的第一层次需要的条件,即为"贫穷"而温饱的社会;具备且只具备满足其成员的前两个层次需要的条件的社会,即为"小康"社会;具备满足其大多数成员所有三个层次需要的条件的社会,即为"富裕"社会。这里说的"具备……条件",主要指的是在经济、文化、政治资源上具备这些条件。至于其成员是否都现实地满足了自己某个层次上的需要,这里有一个分配问题,即分配是否公正问题。

需要的多层次表现在需要空间中,便构成需要的层次结构。假定生理需要由 N_{11}, N_{12}, N_{13}…N_{1i}…表示,而精神需要由 N_{21}, N_{22}, N_{23}…N_{2i}…表示,而社会需要由 N_{31}, N_{32}, N_{33}…N_{3i}…表示,则需要层次在多维需要空间中由四个相互包含的圈层表示:

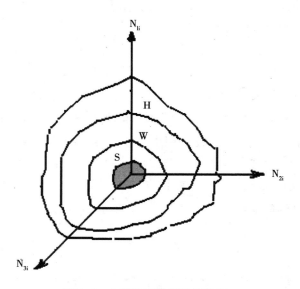

图 4.4　人类需要的圈层结构图

---

① Rawls, J. , *A Theory of Jnstice*. Oxford University Press, 1971, p. 62, p. 92.

N_{1i}，N_{2i}，N_{3i}表示人类需要的多维变量，组成状态空间：在 S 空间内需要得到满足即能够生存；在 W 空间内需要得到满足即身心能健康成长，达到福康的状态；在 H 空间内需要得到满足即能得到自我实现或全面发展。而当状态落到灰色空间时，意味着连生存需要也不能满足，即为死亡空间。一个人所处的福利状态，就是在这三维空间中的一个点。这三维空间所表示的就是客观的福利函数。它与目前微观经济学中边际效用论讲的福利函数是不同的。这个三维四层的客观福利函数，为人类的生活追求提供了一个客观的论证，也为我国改革开放、实现现代化的过程分为脱贫、小康、富裕三步走提供了一个多维度的和比较具体的论证。

目前流行的微观经济学中讲的个人福利（或效用），指的是个人偏好的满足；社会福利指的是个人福利的"加总"。社会福利函数是社会成员个人效用函数的函数。将福利看作偏好的满足，这是福利的形式定义，它不问偏好的是什么，不问偏好的内容，并将偏好看作是人们主观的决定与选择，而不问这种决定与选择的原因以及它是否真的给他带来客观的利益。现在我们来仔细分析一下将福利看作是偏好的满足这种主观价值论有何优点，又有何局限性。

应该说，将福利理解为个人偏好的满足有很多的优点：（1）这种形式定义能使个人不同种类不同性质的福利成为可以比较和可以统一测量的东西。这个测量的标准就是人的偏好本身。"人是万物的尺度"这句话对于价值论来说有一定的道理，不但同一个人的不同福利可以测量，就是不同人的不同福利也可以通过偏好的"加总"、"社会平均"和"个人效用函数的函数"（社会福利函数）来加以比较、测量和运算，并由此而推导出一些定律，例如福利经济学第一定律和福利经济学第二定律等。（2）将福利看作是对偏好的满足，也就是说将对偏好的满足看作是准确地测量个人需要和福泽的东西，在一个理想的经济世界中成立的。在这个理想世界中，人人都有极为完全的信息，并有极为正确的信念、意志和自我控制能力，以使其偏好不出偏差。在这个理想世界中，人人不但是经济人，而且是全知全能的经济人。例如在这个理想的经济世界中，人人都不偏好抽烟，也不偏好赌钱等。现实世界在多大程度上类似于这个理想世界，它就在多大程度上适合社会偏好函数所推导出来的定律。（3）即使个人的偏好并不完全反映其真实福利，但毕竟什么是他的福利之所在，在一定意义上说，只有他自己最了解自己。其为自己着想比别人为他着想将更加切实地反映他的实际，毕竟只有他自己才知道他的鞋子在哪里卡脚，以及哪一双鞋子最适合他。所以，福利经济学假定每个人都是他自己是否幸福的最佳发言人或唯一判断者，是有相当道理的。这也体现了个人自由的原则。

不过，当从理想的天衣无缝的数学天国徐徐地降落到那"粗糙的"现实的经济世界时，我们就立刻发现，用对个人偏好的满足或社会偏好的满足来测量人们达到的福利状态要发生许多问题。本来，我们测量人们达到的福利状态的目的，在于给我们确定一个福利的比较基准，考察随着科学与生产的发展和社会的进步，人们怎样不断提高自己的福利；而我们的社会政策和经济政策的目标就在于尽我们一切力量来提高人民的福利。可是，现在福利被定义为对偏好的满足，而不问那偏好是什么，那偏好是怎样来的，以及那偏好是否真实代表其福利。这就会带来下面一系列问题。

1. 对那些荒淫无度的和反社会的偏好的满足也是福利吗？不容否认，社会上是有一些人偏好于黄、赌、毒的。在鸦片战争以后，广东有很多人偏好于抽鸦片，其偏好的强度很高，在他的个人偏好序中肯定占了首位，为此他可以倾家荡产，甚至卖掉自己的老婆和孩子。满足了他的这个偏好对他也是一种福利吗？我国目前某些地方不法分子的贩毒活动仍相当猖狂。如果将福利定义为对偏好的满足，我们就不应该去禁止它；既然我们对它加以严打，就说明我们有一个客观的福利概念，而不是将福利看作对人们偏好的满足。至于赌与黄，其为某些人不良的习惯或偏好，也是不争的事实。如果把满足这些偏好及其函数叫做福利或福利函数，开办赌、黄场所也就成了满足人们的需要、提高人们的福利的行为了。这显然是不可取的。更不必说，有的人偏好于一些奢侈的消费，爱吃野生动物，社会政策显然不应满足这样的偏好。对偏好可以做客观的评价，同样也是一件很明显的事情。

2. 对那些在不健全的社会规范下、在恶劣的经济环境逼迫下和在反常心理状态支配下的偏好的满足，也给人们带来福利吗？对他们不太偏好和不敢偏好的东西的满足就不会给他们带来福利吗？试想19世纪的中国妇女，在那封建宗法规范的高压统治下，她们并不太偏爱放掉她们的小脚，不偏好于剪掉她们的辫子，不偏好于反对男人的三妻四妾和反抗封建家庭的压迫，也没有偏好于男女平等。然而，满足她们当时并不太偏好的东西，实现妇女解放、婚姻自由、男女平等，放掉小脚，同工同酬，不正是极大地提高了她们的福利吗？少数来自贫穷地区的青年，在没有别的办法的情况下，确实偏好于在血汗工厂每天从事十多个小时的劳动以换取几百元的工资，难道对这种偏好的满足也是他们的福利，就不需要再关心对他们的劳动保护吗？所以主观的偏好和客观的福利毕竟是两回事。我们需要有客观福利的概念和对客观福利的量度，回避不了"什么是福利"这个哲学问题。在第2章第1节中，我们批评了萨默斯的将工业污染向第三世界转移论。他的论点的症结就是将对偏好的满足（在接受西方的垃圾方面，一个愿打，一个愿挨）与客观的福利混为一谈，将主观价值标准与客观价值标准混为一谈。

3. 那些由错误信念带来的对偏好的满足也带来福利吗？我们是人不是神，我们不是"拉普拉斯妖"，我们对未来的世界和未来的结果知之甚少。我们的信念不可能都是正确的，甚至不可能大部分都是正确的。假定广州人及其市长相信，在广州市中心建立一个核电站比从大亚湾或云南远距离输电来到广州好得多，对于这种偏好的满足会给我们带来福利吗？有人认为有病（即使是重病）时靠自己的抵抗力、靠自己练功去抵御比去医院治疗好得多，他们害怕医院治疗会夺走他的有限的钱财，医疗事故会夺走他的生命。对于这种偏好的满足，也会给他们带来福利吗？如果不是，我们就应该建立客观的福利概念。

现在，世界上已经有一些经济学家和哲学家企图建立客观的福利概念，并寻找对客观福利的测量。前面说到，罗尔斯的"基本的善"的概念就是一个客观福利的概念；我们的三维四层的福利模型也是一个客观福利概念。还特别值得一提的是，阿玛蒂亚·森认为，客观的福利就是人们能达到和经验到的"功能发挥"（functioning），我们能走路，我们能弹琴，我们有很好的营养，我们受过很好的教育，我们能爱朋友，我们能探索与理解世界……这些功能的发挥就是我们的福利，也就是我们的生活质量的体现。社会的福利政策，社会的医疗保健、普及教育的制度，社会的公民的政治自由和民主权利，以及经济自由权利，都是着眼于使人们具有这种功能。实现这种功能的"能力"就是广义的"自由"、"全面的自由"。① 阿玛蒂亚·森说："这就是有良好营养的能力，避免可以避免的疾病与早夭的能力，读与写以及相互

① Amartya Sen. *The standard of living*. Cambridge University Press, 1987, pp. 1–38.

交流的能力,参与社会共同体生活的能力,自尊地参与公共事务的能力。"①
他批评罗尔斯,认为他的"基本的善"的概念太过于着重善的外在手段,而
不注意善的内在能力。用我们的话说,提高全民的素质是最大的福利。我
想,这些论点的哲学资源主要是来自马克思和亚里士多德学派的自我实现
论。这种自我实现论可以从外部条件看,也可以从内部能力看。不过客观
价值论、客观福利论,包括我们的三维四层福利函数在内,都主要停留在对
福利定性的解释上,还没有找到对福利很好的定量测量。这是客观价值论
的主要缺点。当然,我们所提倡的客观福利论并不排斥主观福利论,即将福
利看作是快乐的函数或期望效用的函数。我们只是认为,快乐与幸福的感
受或期望效用的满足,只是客观福利的一种指示器。这个指示器常常给人
们的行动定向,但并不总是正确的,尤其是当长远利益与短期利益相冲突、
不同的利益与价值相冲突时,情况更是如此。

▶▶ 4.4 福利的能力观和全面自由的发展观

"福利"概念在价值哲学中和在福利经济学中都处于核心地位,甚至在
发展经济学中也处于重要地位,因此,有必要对其进行进一步的分析。这里
的福利指的是个人的福利;不落实到个人,无所谓有福利,社会福利不过是
个人福利的某种形式的总和与突现。"福利"、"幸福"、"偏好的满足"、"生
活的质量"、"内在的善",甚至"自我实现",大致说的都是相同的东西。这
个概念之所以重要,是因为它是个人追求的能实现的终极的东西。我们将
要在本书第 13 章讨论的"内在价值",不过就是这个东西。一种社会制度,
一种公共政策,一种伦理行为,是正当的还是不正当的,是合适的还是不合
适的,是正确的还是错误的,归根结底就要看它能否促进而不是降低社会的
福利。不过,我们在第 5 章中将会看到,功利主义注重福利的效用和效果,
而道义论和自由主义则强调个人的自由权利在福利中占着绝对优先的地
位。它们在对个人福利的理解上差之毫厘,便会在对社会政策和行为标准

---

① Amartya Sen. "Gender and Cooperative Conflicts." In *Persistent Inequalities*, ed. Irene
Tinker, New York, Oxford: Oxford University Press, 1990, pp. 123 – 149.

的理解和主张上谬以千里。因此，我们应该在这个问题上多说几句，多介绍一些学派。

在福利问题上有一种观点特别值得注意，就是将福利理解为人们具有实现他们有理由选择的生活的自由的能力。和上节讨论的问题联系起来，就是说，他们有满足自己的需要、实现自己的合理的生活追求的能力。于是对福利概念的讨论便集中于人们自由选择自己生活的能力上。这就是1998 年获得诺贝尔经济学奖的经济学家和伦理学家阿玛蒂亚·森提出来的福利能力观。

为了理解这个问题，我们还是来看看阿玛蒂亚·森究竟是怎么说的。他说："一个人的能力指的是此人有可能实现的、各种可能的功能（funtioning）组合。能力因此是一种自由，是实现各种可能的功能组合的实质自由（或者用日常语言说，就是实现各种不同生活方式的自由）"或"选择有理由珍视的生活的实质自由"。① 为引文简短起见，我们将这样的"能力"称为福利能力。

我们说福利（well-being）是对各种生活需要的满足，这似乎是很明白的。但是不要以为福利就是你的收入、你所获得和具有的各种你所需要的物品或资源。假如你有自行车，但不会骑车，或者在重庆市你会骑车，也没能发挥它的功能作用。假设你有许多营养品，但你的肠胃功能很差，你还是不能达到身体健康这种福利状态。所以对各种需要的满足虽然离不开物质的资源，但它本质上是对你有价值的各种功能活动过程，使你保持良好的状态。身体健康是一个活动过程，骑自行车也是一个活动过程，所以功能是一个人在生活中能发挥的活动或所处的状态（doings and beings）。它是一个过程的概念，不是一个实体的概念。转换一个角度看，我们在上一节所讲的三个维度的需要，如衣、食、住、行、性、学习和受教育、友谊、爱情、社交与民主参与等，都表现为各种有价值的功能性活动过程，即阿玛蒂亚·森所说的functionings。

那么福利是什么？它就是这样的一种能力，即能实现你所追求的各种功能组合的能力。能力的大小反映着个人在这些组合中进行选择的自由

① 阿玛蒂亚·森：《以自由看待发展》，任赜、于真译，中国人民大学出版社2002 年版，第62 页。

度,它代表了一个人在不同生活之间进行选择的自由。假如有下岗工人、未找到工作的大学生和辞了职的经理三人,他们三人都没有工作,就没有收入来说,"福利为零",这是从收入来看福利的;但他们三人的实际福利水平却大不一样。一个境况很差的下岗工人很难找到工作,他在"有工作"这个"福利"上的自由度很小,几乎可以说没有自由;大学毕业生现在很难找到他认为"合适"和"相称"的工作,但降低要求还是能找到工作的,他在工作"福利"上比下岗工人好得多,他对功能组合的选择自由度比前者大得多;至于自动辞职的经理,他完全是主动的,他组织不同功能性活动的能力或自由度很大。所以以能力来看福利,更能反映一个人的生活境况,反映他的自我的本事、他的自我的价值、他的"自身固有的重要性"①。

阿玛蒂亚·森的能力福利论是很有实践意义的。例如,政府要改善失业工人的个人福利,就不能单从发救济金这个效用的观点看问题,其根本解决办法是提高失业工人的素质与能力、进行职业培训和提供就业信息、使失业者有更多机会与能力重返工作岗位、实现就业这种功能性活动。根据阿玛蒂亚·森的研究,贫困与饥荒的原因,大部分是由于贫民与饥民的基本能力即他们的自由受剥夺。

福利的能力观,受到许多学术领域的支持。亚里士多德从人性出发的理论可以支持这种观点,马斯洛从心理学的人类动机出发的理论可以支持这种观点,马克思关于未来社会发展的观点也可以支持这个理论。马斯洛认为,只要在人类的一些基本需要,即生理的需要、安全的需要、爱情、社群和归属的需要、受到尊敬的需要等得到满足之后,就会有一些人出现一种自我实现的需要,即期望自己的潜能得到充分发挥,期望自己能成为自己想成为也能成为的那样一种人,期望自己的创造性得到尽可能的发挥。马斯洛说:"一个音乐家必须要作曲,一个美术家必须要绘画,一个诗人必须要写诗,这才能得到终极的幸福。一个人能做什么就必须做什么,这种需要称为自我实现。""人们有一种意向要使他潜在的本质(潜在能力)得以现实化。这种意向可以简单地描述为人们要求越来越真实地体现自己的欲望,要求

---

① 阿玛蒂亚·森:《以自由看待发展》,任赜、于真译,中国人民大学出版社 2002 年版,第 31、86 页。

尽可能实现自己的欲望","发挥自己最全面的(也是最健全的)创造性"。①这种情况的出现,有赖于人类的福利发展到登峰造极的状态,只有在这个时候,人们才以自己能力和创造性发挥和实现到什么程度来衡量自己的幸福。我们曾经说过,现代社会中只有千分之一的人,才有这种条件和这种心态来达到使自己的能力发展到自我实现的地步。马克思毕其一生考察了资本主义及其大工业的经济、社会状况,揭示了资本主义"滥用机器的目的是要使工人自己从小就转化为局部机器的一部分","变成一个片面的人","机器劳动极度地损害了神经系统,同时它又压抑肌肉的多方面运动,夺去身体上和精神上的一切自由活动"②,使他们无论体力和智力的潜能都得不到发挥,个性得不到自由发展。但由于"现代工业的技术基础是革命的","大工业的本性决定了劳动的变换、职能的更动和工人的全面流动性",这就"使下面这一点成为生死攸关的问题:承认劳动的变换,从而承认工人尽可能多方面的发展是社会生产的普遍规律,并且使各种关系适应于这个规律的正常实现。"③于是"全面发展的个人"就成为历史的必然。马克思和恩格斯经过对现代技术基础急剧变化的观察,预言未来社会必定是"使每一个社会成员都能够完全自由地发展和发挥他的全部力量和才能"④。这个社会是"一个更高级的、以每一个个人的全面而自由的发展为基本原则的社会形式"⑤。这样,马克思便将每一个人的能力的全面、自由和充分的发展看做是人类福利的最高状态、人类社会发展的最高目标。由此很自然就会逻辑地得出这样的结论:达到这个最高目标的程度就应该成为当代社会上个人的安康福利发展的衡量标准。阿玛蒂亚·森的功绩就在于设计了一套比较个人之间自我实现(实现他有理由珍视的生活)的能力高低的理论原则和数学方法,虽然在福利经济学上并不很成熟,但在哲学基础上是很牢固的。它本质上是马克思主义的,虽然他自己不承认这一点。

由于对福利的伦理概念进行了多方面的分析,哲学家们和经济学家们

---

① 亚伯拉罕·马斯洛:《人类动机理论》,载于孙耀君主编的《管理学名著选读》,中国对外翻译出版公司1988年版,第149页。

② 《马克思恩格斯文集》第5卷,人民出版社2009年版,第486—487页。

③ 同上书,第560—561页。

④ 同上书,第683页。

⑤ 同上。

便开发出一种新观点,即福利的能力观,或即福利的自由观,由此而在发展经济学上开发出一种新进路,这就是阿玛蒂亚·森的发展经济学。传统的发展经济学将发展定义为国民生产总值的增长或工业化与现代化,但阿玛蒂亚·森的发展经济学却认为,经济发展本质上就是自由的增长,即人们获得高生活质量的能力的提高。我们根据马克思的论述称这种发展观念为全面自由的发展观、人本主义的发展观或以人为本的发展观。正如阿玛蒂亚·森所说的:"把基本目标定为仅仅是收入或财富的最大化显然不恰当。……经济增长本身不能理所当然地被看做就是目标。发展必须更加关注使我们生活得更充实和拥有更多的自由。""按照这一思想,扩展自由看成就是发展的首要目的,又是发展的主要手段。消除使人们几乎不能有选择,而且几乎没有机会来发挥其理性主体的作用的各种类型的不自由,构成了发展。"①

这样,我们可以将个人福利能力的内涵,以及为提高社会成员的福利能力即实质自由而采取的发展政策要提倡什么、反对什么做一个列举论证,以使我们更好地理解全面自由的发展观和发展政策的内容。

1. 经济条件。我们反对将财富增长或 GNP 增长作为发展的唯一目标,但并不是说我们不重视个人收入与财富。个人福利能力首先表现在获得经济资源的自由能力上。为此,从正面说,发展的政策要保障经济交换和产品与劳务的交换自由,切实保障个人经营企业的自主权,并尽可能提供社会成员的经济机会与就业机会。从反面说,发展的政策就是要反对人身依附。"经验证明,否定参与劳动市场的自由,是把人们保持在受束缚、被拘禁状态的一种方式。反对受束缚劳工的不自由状态,在今天的许多发展中国家是重要的。"②我们不能够只将市场经济看作是调节资源分配、促进生产力发展的机制作用和自组织的最好形式。用马克思主义的以人为本的发展观和阿玛蒂亚·森的能力发展观来理解:"交换和交易的自由,其自身就是人们有理由珍视的基本自由的一部分。"③

---

① 阿玛蒂亚·森:《以自由看待发展》,任赜、于真译,中国人民大学出版社 2002 年版,第 24 页。
② 同上书,第 4 页。
③ 同上。

人们获得基本经济资源的自由能力,还要求经济保障。为此,从正面说,发展的政策要提供人们以起码的经济保障的机会,切实维护公民的生存权;从反面说,要解决饥荒、营养不良、可避免的疾病以及短命等经济上的不自由。这些不自由不仅对于生存能力是一种威胁,而且对个人自由、自信心、主动性和能力以及身心健康都是一种剥夺。

2. 政治自由。个人的福利能力还表现在他们对公共事务的政治参与能力上。提高这种个人的政治自由和政治参与,本身就是发展的目的。为此,从正面说,发展的政策要保障社会成员的公民权利,保障他们的言论、集会、结社、出版等的自由。且不说这些政治自由对经济发展和防止腐败的手段利益已有基本的实证研究给予证明,它本身就是发展的目的。为了达到这个目的,从反面说,就是要反对对公民政治自由的剥夺。阿玛蒂亚·森为此发表了一些发人深省的见解:"首先,按照以国民生产总值增长或工业化来定义'发展'的狭隘观念,经常会涉及以下问题:某些政治的或社会的自由,例如政治参与表达异见的自由,或者接受基本教育的机会,是不是对发展有利呢?根据以自由看待发展这一更为基本的观点,以这样的方式提出这个问题,往往缺乏一种重要的认识,那就是这些实质性自由是发展的组成部分。它们与发展的关联,并不需要通过它们对国民生产总值增长或工业化进程促进的间接贡献而建立起来。"[①]他又说:"再谈其他形式的对自由的剥夺,在世界不同国家有许多人被系统地剥夺了政治自由和基本公民权利。不时可以听到有人断言剥夺这些权利有助于刺激经济增长,而且对快速经济发展是'好'的。有些人甚至进而提倡那种更严厉的政治体制——否定基本的公民权利和政治权利——因为据说那样能促进经济发展。……事实上,更全面的国际比较从来没有证明这一命题,也几乎找不到证据表明权威主义政治确实有利于经济增长。"[②]

3. 社会成员的素质。个人福利能力的第三种表现就是他的健康水平、享有医护的能力,以及他的知识水平和受教育水平。这些能力本身不仅是工具性的手段,而且是价值性的目标和生活的质量。阿玛蒂亚·森称这种

---

① 阿玛蒂亚·森:《以自由看待发展》,任赜等译,中国人民大学出版社2002年版,第3页。

② 同上书,第11页。

素质和能力为"社会机会"。为了提高这种个人身心素质的福利能力,发展的公共经济政策是建立有效的医疗保健制度和全民的义务教育和高质量的高等教育。阿玛蒂亚·森十分肯定中国和日本在教育方面、在优先开发人力资源方面所取得的成就。他说:"尽管改革前的中国对市场是持非常怀疑的态度,但对基本教育和普及医疗保健并不怀疑。当中国在 1979 年转向市场化的时候,人们特别是年轻人的识字水平已经相当高,全国很多地区有良好的学校设施。在这方面,中国大陆与韩国或中国台湾的基本教育情况相差不太远。在这两个地方,受过教育的人口也在抓市场机制提供的经济机会上起了重要的作用。"①他极力反对这样一种观点,即认为"人的发展"仅仅只有富国才付得起的"奢侈品","也许始自日本的不少东亚经济体的成功最重要的影响,是彻底否定了这种偏见"②。它们在脱贫之前就实行了大规模的教育普及和扩展医疗保健设施。

4. 信息透明度的保证。获得并处理信息的能力是个人福利能力的重要组成部分,是人们在社会交际中获得幸福和自由的重要保证。基于提高这种能力的要求,发展的公共政策要反对新闻封锁,反对欺上瞒下,保证信息公开、自由传播,保障人民有足够的知情权。它对于防止腐败、防止桌子底下交易的作用是一目了然的。

这几项福利能力和相应的公共政策是相互联系和相互促进的,从而构成了以自由为核心的全面发展的整体。在这些公共政策中,人们处于一个行动主体(Agents)的地位。他们的前途是自主的,国家和社会在加强和保障人们的福利能力上有着广泛的重要作用,但最重要的还是一种在能力上给以支持性的作用,而不是提供成品的作用。

关于全面而自由的发展,是许多著名的哲学家和经济学家都论述过的理想。美国哲学家杜威在《哲学的改造》一书中的一段话对此即有清楚表述:"人的社会性之核心在教育中。……当道德过程和特殊成长过程的一致性得以实现时,人们将会看到,童年人的更为自觉的和正式的教育,将成为社会发展和重组的最为经济和有效的工具,并且对成年生活常规的检验,

---

① 阿玛蒂亚·森:《以自由看待发展》,任赜等译,中国人民大学出版社 2002 年版,第 34 页。

② 同上书,第 33 页。

显然就是这些常规在促进继续教育方面的效果。政府、商业、艺术、宗教，一切社会制度都具有了一种意义，一种目的。这一目的就是：不问种族、性别、阶段或经济地位如何而去解放和发展人类个体的能力。这对于下述说法也是一样的，即检验它们的价值的标准就是它们教育每个个人使其能力达于极致的程度。民主有多种意义，然而如果它有一种道德的意义的话，这一意义就在于它决定了所有的政治制度和工业组织的最高检验标准，就是它们对每个社会成员的全面成长所作的贡献。"①

▶▶ **4.5 本编结语**

本编主要讨论了道德哲学与经济分析中的伦理层面。当代经济学中有许多最基本的概念，例如"经济人"的概念，"偏好"与"效用"的概念，"社会福利"的概念。经济学家们只从"自利"的角度对它们进行"实证"的分析。本编突破了这个界限，对这些概念的伦理含义、伦理界限和伦理相关性进行了分析。我们指出，"经济人"只是对人们"自利"的一面进行抽象。现实的人不但是"自利"的，而且是"利他"的。"经济人"与"伦理人"是相互制约、相互补充的，只有将它们结合在一起应用于现实生活中，才能取得比较全面的结论和结果。"偏好"与作为个人偏好的满足的"效用"，在新古典经济学中作为一种主观心理现象是"给定"的，对于它是怎样形成的和应予怎样评价不加考察，对它应该怎样发展和将会怎样发展也不加研究。本编对这个问题进行了伦理的分析与评价，指出对这些个人的偏好应该从主观与客观相统一的角度进行分析。主观偏好的观点是片面的。"社会福利"的范畴，由于新古典经济学不能对不同人的个人福利进行比较和"加总"，只将它看作"个人效用函数的函数"，是一个很贫乏的概念。本编依据伦理学和心理学的研究成果，对人类的需要进行多维度的和演进性的考察，在其基础上建立了三个维度四个圈层的社会福利模型。

不但经济概念有它的伦理含义和伦理相关，而且许多经济命题，尤其是

①　约翰·杜威等：《实用主义》，杨玉成、崔人元编译，世界知识出版社2007年版，第262页。

在对经济问题的决策和经济问题的论证方面,都暗含着伦理前提、伦理论据和伦理结论。本编选用了一些案例,特别是改革开放与污染工厂迁入第三世界问题、医疗保障体制的建立和完善问题,以及用经济博弈来揭示分析其中的伦理前提、伦理论据和论理结论等来说明问题。

本篇还从哲学上阐明价值的概念,追问什么是最有价值的生活。从经济学上说,我们讨论主观价值论,导致走出古典政治经济学的某些主张;我们讨论客观价值论,走出边际效用论。我们较详细地讨论了福利的能力论和发展经济学的发展观,并极力提倡马克思的全面而自由的发展观。

第二编

道德哲学与经济系统的伦理调控

第 **5** 章
功利主义与规范经济学

上编我们讨论了经济概念的伦理分析。我们指出经济概念与经济决策是伦理相关的。但是经济生活与伦理道德观念相关的最高形态,并不只是概念相关,而是一个经济系统受着伦理观念的调控。马克斯·韦伯的《新教伦理与资本主义精神》,即着力说明资本主义的经济系统受着新教伦理的影响与调控,说明新教伦理的敬业精神,它所要求的"辛勤劳作"、"节制有度"作为上帝的"绝对命令",对资本主义经济发展的影响。这是一个经济系统受伦理精神调控的典型表现。不过本编并不准备从这方面来进行具体讨论。这是因为不同的伦理观念对于经济系统有不同的影响。为了集中分析当代不同的伦理观念对经济系统的不同影响与调控,我们选择了三个基本的政治伦理观念,来研究与它们对应的不同的经济政策,这就是自由主义的经济政策、民主社会主义的经济政策和生态主义的经济政策。我们将说明这些政策导源于不同的道德哲学,并会对经济系统产生实质性的、制度性的影响。为了达到这个目的,我们首先要从学理上分析清楚道德哲学的两大基本学派,即功利主义和道义论。本章首先讨论功利主义,第6、7章讨论道义论。

一种行为、一种政策法令或一种制度是好还是坏,是正当还是不正当,是道德上可接受的还是不可接受的,凡是主张这要视其效果而定的,就叫做效果主义(Consequentialism)。请看下面一个香港地区学生和一个广州地区学生之间的一段对话:

香港某学生:我们香港地区是废除了死刑的。我认为这是好的、正当的、道德上可接受的。不知内地为何主张死刑,而且每次"严打",都要杀许多犯人,你认为这是道德上可接受的吗?

广州某学生:大陆对杀人犯一般都判死刑,这是正确的,是在道德上完全可以接受的。因为:(1)将杀人犯杀了,他再也不能杀人了。(2)判杀人犯死刑,就向其他犯人或潜在犯人发出了一个信息:杀人者死。这就有一种威慑作用,会大大降低谋杀率和其他犯罪率。严打也是一样。所以死刑和严打解救了许多潜在受害者的生命,因而它在道德上是可以接受的。

香港某学生:不对! 不对! (1)将杀人犯杀了,当然他不能再杀人了,但给杀人犯判无期徒刑,他一样不能再杀人。(2)判杀人犯死刑再加上严打,把一些不一定要判死罪的人也判了死罪,固然对其他潜在杀人犯起到了威慑作用,但也有负面效果,就是杀人犯一经作案,反正死路一条,横死竖死,就会导致他们杀人杀得更多和更加残酷。而且社会因存在死刑和严打,变得不够宽恕与文明,反而使犯罪和犯罪受害者的人数更多了。(3)法院判决不会没有错。过去判错了不少案件就说明了这个问题。废除死刑可以挽救一些被错判的无辜者。割人的头不像割草一样,割草割了还会长出来,头割下来了,就再也长不出来了。(4)人的生命是宝贵的,杀人的原因是多种多样的,不能全由杀人犯负责;并且杀人犯也是可以改变的,废除死刑能够挽救一些可以挽救的犯罪者。所以废除死刑在道德上是可以接受的,因为它减少了潜在受害者和潜在犯罪者的人数。

从这段对话中可以看到,无论香港地区某学生还是广州地区某学生,不论谁的理论正确,他们都是效果主义者。以行为的效果论是非、论对错,一种行为或法令的是非对错,是行为后果的一元函数。如果一种行为的后果是比较好的、善的,该行为就是正当的,道德上可接受的。

现在我们有了"善"和"福利"的概念。在第 4 章中,我们已经分析了什么叫做"善"或"福利"。有些学者将一个人的福利理解为一个人的"快乐";有些学者将一个人的福利理解为一个人"偏好的满足";有些学者将一个人的福利看作是"客观需要的满足"和"个人潜能的发挥"。所谓功利主义就是一种效果主义。它认为一种行为、一种政策和一种制度是不是正当的、道德的,拿什么做标准呢? 拿什么去辨别它呢? 唯一的标准就是看它是否有利于提高"最大多数人的最大幸福"(the greatest happiness of the greatest number 或 the greatest aggregate of happiness),即以提高社会总福利

（the total welfare of community）这个后果为转移。

按经济学的译法，"功利主义"（Utilitarism）应译成"效用主义"。不过功利主义已成习惯用法，改了译名人家不知道说的是什么东西，所以即使功利主义被人看成是个贬义词，也只好用它。其实功利主义并非贬义，亦非"利己主义"、"急功近利"、"唯利是图"、"只讲目的不择手段"的同义词，因为它并不认为行为的对或错的标准要看它是否有利于自己个人的幸福或福利，而是说，衡量行为的最终道德标准是要看它是否提高社会的总福利；它不允许无视和侵犯他人的幸福和福利；为了社会的总福利的提高，有时它还要求人们牺牲个人的利益。

▶▶ 5.1 行为功利主义

为了理解功利主义的一般特征，我们最好引述它的创始人边沁（J. Bentham，1748—1832，英国哲学家）的下面一段话："功利原则指的就是：当我们对任何一种行为予以赞成或不赞成的时候，我们是看该行为是增多还是减少当事者的幸福；换句话说，就是看该行为增进或者违反当事者的幸福为准。这里，我说的是指对任何一种行为予以赞成或不赞成，因此这些行为不仅要包括个人的每一个行为，而且也要包括政府的每一种设施。

所谓功利，意即指一种外物给当事者带来趋福避祸的那种特性，由于这种特性，该外物就趋于产生福泽（benefit）、利益（advantage）、快乐（pleasure）、善（good）或幸福（happiness）（所有这些，在目前情况下，都是一回事），或者防止对利益攸关之当事者的祸患：痛苦、恶或不幸（这些也都是一回事）。假如这里的当事者是泛指整个社会，那么幸福就是社会的幸福；假如是具体指某一个人，那么幸福就是那个人的幸福。

社会利益（the interest of community）是在伦理词汇中可能出现的最为普遍的用语之一。这就难怪它的意义常常把握不准了。如果它还有意义的话，那就是这样：社会是一种虚构的团体，由被认作其成员的个人所组成。那么社会利益又是什么呢？——它就是组成社会之所有单个成员的利益之总和。

不了解个人利益是什么，而侈谈社会利益，是无益的。一件事物如果趋于增大某个人的快乐之总和,或者(也是一回事)减少他的痛苦之总和,那么我们就说它是增进那个人的利益或者有补于那个人的利益的。

从而有一种行为,其增多社会幸福的趋向大于其任何减少社会幸福的趋向,我们就说这个行为是符合功利原则的,或者为简短起见,只就是符合功利(意思是泛指社会而言)。"①

边沁这段话传达了两个非常重要的思路:

1. 十分强调个人的幸福和个人的福利。边沁是个快乐主义者,他认为所谓幸福或福利就是快乐,或能引起人们快乐的一切东西,而社会福利不是别的,正是个人福利的总和或"个人的快乐的总和"。他并且说过:"每个人只算一个,任何人都不能算作一个以上"。H. 范里安在他的《中级微观经济学:现代观点》一书中提出边沁的社会福利函数就是:$W(u_1, \cdots u_n) = \sum_{i=1}^{n} u_i$。他说:"有时它被叫做古典效用主义或边沁福利函数"。②这里 u_i 是第 i 个个人的效用函数或快乐函数。所以社会福利不过是社会成员福利的总和。任何阶级、政党、集团都不能借社会利益的名义,将他们自己的局部的利益看作是社会利益。

2. 个人行为、政府政策和社会制度的道德标准"是要看该行为是增多还是减少当事者的幸福(或社会福利)"。凡能增加社会总福利的行为就是道德上正当的行为,并不要求将社会福利最大化视作行为正当性标准。不过他后来的继承者则提出最大幸福原理。例如穆勒(J. S. Mill,1806—1873,英国哲学家)说:"那标准,并不在于行为者自己的最大幸福,而是在于全体人的最大幸福。"③西季威克(H. Sidgwick, 1838—1902,英国哲学家)说:"功利主义在这里所指的是这样的伦理学理论:在特定的环境下,客观地正当的行为是将能产生最大整体幸福的行为,即将受该行为影响的所有人们的幸福都考虑进去。"④当然将最大化社会幸福总量理解为行为的目标是无可非议的,但将它

① 边沁:《道德与立法的原理绪论》(1789)。转引自周辅成编《西方伦理学名著选辑》下卷,商务印书馆1987年版,第211—212页。
② Varian, H. R. *Intermediate Microeconomics*. W. W. Norton & Company, 1990, p. 548.
③ 周辅成编:《西方伦理学名著选辑》下卷,商务印书馆1987年版,第247页。
④ 西季威克:《伦理学方法》,廖申白译,中国社会科学出版社1993年版,第425页。其中译文略有改动。

作为道德正当性即道德与不道德的标准就要求太高了。

现在我们设想一个例子来说明问题:设想中国在美访问学者陈教授,他在普林斯顿附近租了一栋房子,在那里研究数学。他是很不喜欢在住宅周围剪草的,而宁愿让草地上的草长得高高的。同时,陈教授更不喜欢找剪草工来剪草,因为那里找人剪草工钱太高。可是陈教授的邻居却认为,陈不打理自己住宅周围的环境,使社区的环境美观受影响,甚至影响这个地区的楼价,这会给他们造成一些损失。这样,在陈教授面前有三个替代性方案,对相关人的福利(或快乐)带来如下的影响(这里正值表示福利或快乐的增加,负值表示福利的减少或不快的增加,福利或快乐的单位记作 W):

表 5.1

相关人士\方案	陈教授自己剪草	请剪草工剪草	不剪草
陈教授	−100W	−110W	+100W
邻居 50 户	+500W	+500W	−500W
剪草工	0W	50W	0W
总福利	+400W	+440W	−400W

这里,陈教授不剪草在道德上是不可接受的,因为他使相关人士的福利总量减少了400W。而陈教授自己剪草或请人剪草都是道德上要求的,因为这种行为导致社会福利增长 400W 或 440W。当然在这里道德上的最高标准是请人剪草。当然,他可以对自己不做道德上最高标准的要求。

而为了理解古典功利主义的"快乐"、"幸福"的含义以及边沁与穆勒之间的细微差别,我们最好还引用穆勒下面一段话(它和上面一段话一样,反复为现代伦理学家们讨论着)。穆勒说:

"……每一个持功利学说的作家,都不曾把功利一词认作与快乐有别,而认'功利'就是快乐的自身,和痛苦的消除……"[1]

"如果有人问我,我所谓快乐的质上的差别是什么意思,或者问,只就快乐论,一件快乐除了在量上较大以外,还有什么使之比其他快乐更可贵,

----

[1]　穆勒:《功利主义》。见周辅成编《西方伦理学名著选辑》下卷,商务印书馆 1987 年版,第 241 页。

那么，只能有一个可能的解答。对于两件快乐都具有经验的人，或几乎是都具有经验的人，都断然宁愿不顾任何道德义务感觉而择取其中之一，那么，那所择取的一个，就是更为可欲求的快乐。"①

"对于两件快乐是同样认识，并且能同样欣赏享受的人，都显著地择取那足以发展他们较高级的官能的一种，这是一件毫无疑问的事实。极少数的人会因为允许他尽量享受禽兽的快乐，就肯变成任何一种较低等的动物，有知识的人都不肯成为傻子。受过教育的人都不肯成为无知无识。有良心有情感的人，即使相信傻子白痴流氓比他们更满意于他们的运气，也不会愿意自私和卑鄙。他们不会因为他们与傻子同具的一切欲望可以满足，就会愿意舍弃他们比傻子所多有的东西。……做一个不满足的人总比做一个满足的猪要好些，做一个不满足的苏格拉底，总比做一个满足的傻子要好些。如果傻子或猪有不同的看法，那是因为他们只知道自己一方面的问题。苏格拉底一类人，则知道彼我两方面。"②

穆勒这段话，给边沁的快乐主义功利主义作了一些说明，即将快乐的含义弄得更加清楚了。它不仅包括感官上的享受，而且包括理性上的和文化上的满足，求知欲和受教育的满足，艺术上审美的满足；亦包含了他没有完全说出来的非道德义务感的（irrespective of any feeling of moral obligation to prefer）自由、权利、自尊等社会生活的满足。这个定义已经接近第 4 章我们所说的三个维度的福利观了。

现代功利主义和古典功利主义有根本的区别，他们完全回避功利（效用）的主观内容（快乐）和客观内容（客观的需要或福利的满足）。不是用功利来解释偏好，而是用偏好来解释功利，将功利看作是偏好的序的数学表示，而个人偏好本身是个心理黑箱，只能通过他的选择才被观察到。这样，偏好就被看作是自反的、完备的、可迁的和连续的效用函数，而社会福利的概念不被了解为个人福利之总和或个人快乐之总和，而是理解为一般的社会福利函数。这就是柏格森（A. Bergson）1938 年提出，而后为萨缪尔森（P. Samuelson）1947 年发展了的柏格森—萨缪尔森（Bergson-Samuelson）社会福

---

① 穆勒：《功利主义》。见周辅成编《西方伦理学名著选辑》下卷，商务印书馆 1987 年版，第 243 页。

② 同上书，第 244—245 页。

利函数（Social welfare funtion）：设社会成员为 1,2,…,n。任一成员 i 对社会状态 x 的偏好为效用函数 $U_i(x)$，则社会福利函数为：

$$W(x) = W[U_1(x), \cdots, U_n(x)]$$

而功利主义原则就是求得 $W(x)$ 的最大化，即

$$MaxW[U_1(x), \cdots, U_n(x)]$$

这就是现代经济学所保留的功利主义的理论结构或数学结构，而否定有可能或有必要去比较和加总人们之间的快乐与痛苦。如何求得这最大的社会福利 $MaxW(x)$ 呢？在 1955 年的论文中，哈桑伊（J. C. Harsanyi）建议我们做一个思想实验，将自己设想为一个不偏不倚的中立观察者，要确定社会福利状态 X_1 最优还是 X_2 最优。假定在社会福利状态 X_1 下喝咖啡收税而饮茶不收税，而社会福利状态 X_2 相反，饮茶收税，喝咖啡不收税。某甲偏好 X_1 胜于 X_2，而某乙偏好 X_2 胜于 X_1。这中立观察者要设想自己有 50% 的机会类似于某甲，又有 50% 的机会类似于某乙。如果这中立观察者这时偏好 X_1 胜于 X_2，则无论甲或乙的偏好如何，相对于 X_2 而言，X_1 就是最优的社会福利状态，即 $MaxW(x)$ 的解。关于现代功利主义如何回避个人福利的加总问题，后面我们还要讨论。

▶▶ 5.2 准则功利主义

在现代，功利主义又分为行为功利主义和准则功利主义。行为功利主义着重用功利原则直接判别人们的行为是正当的还是不正当的。它以行为的直接效果或它的直接价值来计算这些行为是否给相关的人们带来的幸福超过痛苦，来判定那些行为是否是正当的，是否是道德的。例如某人救死扶伤的行为之所以是正当的，有道德的，是因为它增进了相关人们的幸福，减少了他们的痛苦。从边沁上面的那段话可以看出，边沁是个行为功利主义者。与行为功利主义不同，准则功利主义着重用功利原则来作为判别社会

的道德准则是否正当的标准。换句话说,一种行为是否正当,只要看它是否符合道德的准则;而道德准则是否正当,要看它是否导致人们的最大幸福。例如白求恩的行为是正当的,是有很高的道德的,是因为他处处遵循医务人员要救死扶伤的道德准则,而救死扶伤这个道德准则是符合最大社会利益原则或最大功利原则的,尽管在他最后一次为伤员治病中,救了病人,但自己受感染中毒身亡。单看这次行动,因自己的牺牲虽然没有带来总量的幸福超过总量的痛苦,从行为功利主义的角度上看是得不偿失的;但从准则功利主义判断它,仍然是而且更加是一种有道德的行为。因为他所依照的准则,他的精神和德行是符合增进最大多数人的最大利益的。所以行为功利主义和准则功利主义是相互补充的东西。不过准则功利主义对于行为功利主义来说有它的明显优点,因为通常将一个最高的原则(例如功利原则)用于解释或证明、评价或决策某一项具体的行为的正当性,是一件很复杂的事情,要通过许多中间环节,甚至要排除许多表面上相互矛盾的现象,才能作出合理的说明和解释,就像几何学的公理要通过由它证明的许多定理和命题,才能具体解决某些几何问题一样。关于这个问题,我们在第 1 章图 1.1关于道德推理的基本结构图中已经讨论过了。在图 1.1 中,我们已经看到终极原则与行为后果之间联系的复杂性。因此,(1)人们的行为通常是紧迫的和有时间性的,常常没有时间对自己的行为和行为选择是增加总体幸福还是减少总体幸福做出计算,如果做什么事情都要经过计算,那许多事情都做不成了。所以人们的行为通常都是直接由一些"低阶的"道德准则作指导,遵守社会道德准则便成为人们行为的一种合理动机和道德期望,好像人们先天就有良心一样,评价别人的行为也是如此。(2)世界上的有些道德行为孤立地来看可能是有悖于功利原则、从而是得不偿失的,但从整体上看,从该类行为的整体效果来说,则是有利于人民利益的,这类行为就形成为道德准则,要求我们去做。1938 年某月,希特勒掉进贝尔希特公园附近一个湖里,有人跳入水中救起了他。① 这个人的行为当然是正当的有道德的,但其结果对世界人民福利来说,倒不如不救为好。准则功利主义因为在这类问题上有较好的解释力,与人们常识相符,并能消除行为功利主义不能

---

① 参见斯马特、威廉斯《功利主义:赞成与反对》,牟斌译,中国社会科学出版社 1992 年版,第 47 页。

消除的许多反例,而有自己的说服力。

准则功利主义的思想可以追溯到穆勒。他在《功利主义》第二章中说过:"在需要克制的情况下,……有些事情虽然在特定的情况下会达到有益的效果,但人们从道德上考虑还是禁止这样做。对这样的事情,有理智的人如果不认识到,它是一种行为的类,这种行为的类在实践上一般是有害的,所以有义务去禁止它,那是很糟糕的。"①准则功利主义在 20 世纪中叶开始流行起来。奥斯汀(J. Austin)在 1954 年将准则功利主义概括为一句话:"我们的准则建基于功利,而我们的行为建基于准则"②;而布兰德(R. B. Brand)在 1959 年出版的《伦理学理论》中正式区分了行为功利主义和准则功利主义③。

但是,准则功利主义也有它的弱点。他们固然通过"道德准则"将功利原则与行为的正当性联系起来,但因此又将功利准则与行为的正当性隔离开来。难道判断一种行为的正当性只根据它依据的准则而完全不依据它的直接后果是否增进相关的人们的福利吗? 准则功利主义会导致斯马特所说的"准则崇拜",④或者只注意行为动机而不注意行为的效果。而我所主张的功利原则,可以称之为系统功利原则,整合和兼顾行为功利主义和准则功利主义二者,现将它的要点说明如下:

设某道德行为为 x,它给相关人们造成的功利效用为 $U(x)$。行为功利主义评价某个道德行为 x 时,只考虑该其直接效用 $U_d(x)$;而准则功利主义考虑道德行为 x 的效用时,只考虑它符合道德准则 R 所带来的社会效用 $U_r(x)$。例如舍己救人的行为因符合仁爱原则 R 而给社会带来了效用或价值,它体现了一种高尚行为准则或良好社会风气的作用,从而肯定增加了社会的利益。在评价计量行为的效果时一定不能忽视这项社会效益。因此系统功利主义将某一道德行为的总效用 $U_c(x)$ 看作上述两项效用的函数,即

---

① 穆勒:《功利主义》,叶建新译,九州出版社 2007 年版,第 206 页。
② 转引自 Mackie, J. L., *Ethics: Inventing Right and Wrong.* Penguin Books, 1977, p. 136.
③ 参见斯马特、威廉斯《功利主义:赞成与反对》,牟斌译,中国社会科学出版社 1992 年版,第 4 页。
④ 斯马特、威廉斯:《功利主义:赞成与反对》,牟斌译,中国社会科学出版社 1992 年版,第 5 页。

$$U_c(x) = f(U_r(x), U_d(x))$$

这里 $U_c(x)$ 叫做 x 行为的系统功利函数。其中自变量 $U_d(x)$ 表示该行为的直接效用,而 $U_r(x)$ 则表示该行为因符合某种道德准则而间接获得的效用。这里的效用可以计量,在可以分离变量和线性化的简化情况中,我们有:

$$U_c(x) = f[U_c(x), U_d(x)] = RU_r(x) + DU_d(x)$$

这里 R 为准则的功利系数,D 为行为的功利系数。R/D = k 为准则功利对行为直接功利的权重。这里不妨用一个中国哲学的名称,称 k 为义利系数。一般说来,对于"重义轻利"的评价者来说 k 值较大,而对于"重利轻义"的评价者来说 k 值较小。例如要孟子评价某一个行为的系统功利或系统价值,他的 k 值较大,而要梁惠王来评价一个行为的系统价值,他的 k 值就较小。大家知道孟子去梁国这个行为,二人的评价发生分歧:"孟子见梁惠王。王曰:叟,不远千里而来,亦将有利于吾国乎。孟子对曰:王何必曰利,亦有仁义而矣已"。然后孟子说了一通道义准则的根本功利如何比行为功利重要得多的言论。当然孟子与梁惠王都没有行为功利效用的概念,也没有准则功利效用的概念,我们只是为了说明问题的方便,借用一些类比称系统功利系数为义利系数罢了。

在第二次世界大战期间,波兰有一个德国关押犹太人的集中营,那里有一次发生了一个事件,可以说明我们的义利系数的作用。据说,该集中营关押了几千名犹太人,其中一个分营就关押了 80 人。某日,这 80 人中有 13 人越狱逃跑未遂,被德军捉回。德军军官命令枪毙这 13 人,但有一附加条件:每人必须在 80 人中选一人陪死,否则这 80 人全体枪毙。于是,在这 13 人中,立即出现行为功利主义和准则功利主义,以及功利主义和道义主义的价值冲突。我们到底应不应该找一个无论我所至爱的人还是我所不爱的人与我一同死呢? 按行为功利主义的原则,我们应该找一人陪死,因为否则 80 人将全部死掉;比起 26 人死掉来说,还是后者的功利比前者大 (−26 > −67)。但是,如果这 13 人都是我们在第 6 章将会讨论到的道义主义者,他们会提出这样的问题:按照必须尊重别人的生存权利的原则,我不应该让无辜者受死;按照责任的原则,我根本不对 67 人的全部受死负责,负起这个道义责任的是那德国的军官;按照仁爱的原则,我也没有理由去选一个人陪我一同死。所以我不应做任何违反良心与道德准则的事。他们是动机主义者而不是后果主义者,是原则主义者而不是功利主义者,所以他们选择了不找人陪死的道德立场,其结果当然是 80 人一起被枪决。据说,那次事件中那 13 个人还是做了功利主义的选择,实际上挽救了 80−26 = 54 个人的生命。在这个例子中,我们可以运用 $U_c(x) = RU_r(x) + DU_d(x)$ 的公式来作道德的决策。在这里完全的行为功利主义者令 R 趋向于 0 而使义利系数趋向于无穷小,从而忽略不计;而道义主义者或完全准则功利主义者则令 D 趋于 0,而使义利系数趋于无限大,从而忽略行为的直接功利。假定我们是系统功利主义者,假定在这个个案中我们的义利系数 k = R/D = 2,又假定在这个案例中我们违反道德准则所带来的损失为 10 条性命,不违反道德准则所带来的利益为 10 条性命,则我们做选人陪死的道德决策的系统功利的伦理价值量为 $U_c(x) = 2×(−10) + 1×(−13) = −33$;而我们做不选人陪死的决策的系统功利的伦理价值量为 $U_c(x) = 2×(10) + 1×(−67) = −47$;因 −33 > −47,所以我们仍然选择找人陪死的立场。我们这里义利系数和准则效用的数字完全是虚拟的,并且用人命来作价值单位也有几分任意性,目的只是想说明我们应该系统地综合准则功利主义和行为功利主义,兼顾准则的功利和行为的功利。[①]

▶▶ 5.3 功利主义的优点与困难

功利主义非常明显的优点, 就是用统一的原则来解释道德行为和道德准则, 以及一切社会制度、政治措施和社会运动的标准, 说明人类行为的主要目标、根源与动力。它指出人们的行为与社会建制的目标应走向最大的社会福利状态。而制定公共政策这样的政治伦理问题, 可还原为对它所

---

① 参见张华夏《现代科学与伦理世界》,湖南教育出版社 1999 年版,第 102—104 页。在盛庆来的《功利主义新论》(上海交通大学出版社 1996 年版)第六章中,对这种整合功利主义(unified utilitarianism)有更详细的说明。

达到的社会福利的评估和计算问题，这在人们当中容易取得一致的意见。所以功利原则对于其他道德原则来说常常具有优先的地位。所有这些都颇与人们的要求与常识相吻合。值得注意的是，马克思主义的政治哲学和伦理学从根本上说也是功利主义的。马克思主义主张，一切政治制度和经济制度的合理性，应该视它们是否适合和促进生产力发展而论。这个是否适应生产力发展的标准，粗略地说来，也就是是否促进社会总福利的最大化的标准。它大致可以用劳动生产率或社会平均总效用来衡量。而马克思主义道德原则的根本标准就是为最大多数的人民群众谋幸福，这也可以在功利主义的基础上加以阐明。当然马克思主义的功利主义是无产阶级的阶级功利主义。① 不过无产阶级的功利本身就是全人类功利的组成部分，并且按照马克思的说法，无产阶级只有解放全人类才能最后解放自己，所以应该将马克思的功利主义看作全人类的功利主义的一种形态。正因为这样，许多马克思主义者都公开宣布自己是功利主义者。毛泽东在《在延安文艺座谈会上的讲话》中说过："我们是无产阶级的革命的功利主义者。"②

同时，功利原则对于现代社会的自由与民主理念总的说来也是支持的，尽管是将它们作为手段，作为对福利的影响因素而受到支持的。因为只有自由与民主才能发挥个人的聪明才智，只有自由的批评与对政府的民主监督，才能抑制和消除贪污腐败，促进社会的进步，即促进个人幸福的总量和社会福利总量的最大增长。反过来说，社会福利最大化的不断实现，就有很好的物质条件和教育条件来实现充分的民主与自由。同时，功利原则在个

----

① 马克思主义的功利主义常常被一些人加以曲解。第一种曲解是，马克思主义所主张的功利，主要是物质的功利，而不包括精神的功利和社会文化的功利。第二种曲解是，将某一个阶级或某几个阶级的功利视作唯一的社会功利，对于其他阶级成员的功利可以不屑一顾，他们的利益可以不予照顾，他们的人格尊严可以任意否定，他们的权利可以任意剥夺，甚至他们的生命也可以随便加以消灭。苏俄集体化时期将富农加以人身的消灭就是一例。第三种曲解是，将阶级的功利看做代表这些阶级的集团的功利，再将代表这些阶级的集团功利曲解为少数一些人的功利，从而导致权力集中与分配不公，即导致特殊形式的利己主义。第四种曲解是，将生产力的发展看做是社会发展最后的推动力。这种推动力是物质的，看不到人的目的性在其中的根本作用。其实社会成员追求自己价值的实现，追求自己利益的最大化，是生产力发展的能动的源泉。

② 《毛泽东选集》第3卷，人民出版社版1991年版，第864页。

人幸福在整体的社会幸福的权重上是人人平等的。这表现在边沁与穆勒的格言中:"每个人只算一个,任何人都不能算做一个以上。"①所以功利主义也是对平等理念的一种支持。

　　然而,功利主义有相当大的缺点,甚至有相当大的困境。首先,它的概念不明确、不统一。对"功利"(效用)、"福利"、"社会福利"这些词,可以有多种多样的理解:可以理解为主观的快乐,也可以理解为客观的福利,还可以理解为偏好、选择的有序函数。因而有各种各样的功利主义:快乐功利主义、福利功利主义、满足偏好的功利主义、行为功利主义、准则功利主义、狭隘功利主义和系统功利主义等,各有各的缺点,各有各的困难。其次,功利主义是效果主义,以实践的效果作为好坏的价值标准。可是,一种行为、一种政策和一种制度的社会福利后果是不确定的,而且常常滞后很久才表现出来。而我们不仅要对行为与政策做事后的道德评价,还要做事先的道德决策,对于这些行为和决策在道德上的正当性事先就要做判断。因此功利主义讲的福利后果,指的是最大的期望效用呢? 还是实际获得的最大效用呢? 这在功利主义那里没有一个统一和明确的答案。还有,所谓最大的社会福利,指的是谁的福利? 是现在这一代人的福利,还是包括未出生的后代人的福利,甚至是包括一切有感觉的动物的福利呢? 在计算社会福利最大化的时候,是指所有人口的福利(或快乐)的总量的最大化呢? 还是指按人口平均福利的最大化呢? 对这个问题也没有统一的看法。不过,对功利主义威胁最大的还是两个问题:效用与社会福利的计量与比较问题,以及效用或福利在社会成员中的分配问题。

▷▷ 5.3.1 效用和社会福利的计量与比较问题

　　功利主义既然强调"快乐之总和"、"幸福的总量"和"社会福利总量",就有两个问题发生:(1)对同一个人在不同时期,或对不同种类的快乐、幸福,如何比较和加总? 例如,对今天晚上我参加一个音乐会所带来的福利与我和朋友沿着海边散步所带来的福利,按什么尺度、什么单位对之进行比较和相加呢? (2)对不同人的快乐、偏好或福利,又如何比较与相加呢? 在宴会上我喝的是可口可乐,你要的是啤酒,是我得到的偏好满足大一些,还是

---

　　①　穆勒:《功利主义》,叶建新译,九州出版社 2007 年版,末页。

你得到的偏好的满足大一些？又怎样将它们加总起来呢？功利主义的反对者通常用个人的不同性质与不同内容的快乐与福利的不可通约性以及它们在人际之间的不可通约性来质疑"最大幸福总量"或"最大社会福利总量"这个功利主义关键词。

功利主义的创始人边沁早就企图回答这个问题。他将福利了解为快乐，而苦乐的大小可以依照七个指标来进行比较与计量，即强度、持久性、确定性或不确定性、迫近性或遥远性、继生性（乐后之乐和苦后之苦）、纯度（不产生乐后之苦、苦后之乐的程度）、范围（受苦乐影响的人数）①。但他始终没有做出可操作的度量比较，例如他不能算出我参加音乐会带来的快乐比我沿海边散步带来的快乐大多少或少多少。如果说前者的快乐比后者的快乐大两倍又是什么意思？这是快乐功利主义的难题。偏好功利主义明白这是一个有关精神状态测量的难题，它的创始人有点实证主义精神，用可观察的选择来说明偏好。如果你愿意选择去参加音乐会而不去散步，则前者的效用（或福利）大于后者。至于对效用（或福利）在人际之间的比较，偏好功利主义者可以设想两种方法：（1）如我们在本章第 1 节中所说的 1955 年哈桑伊设想的中立观察者，当比较某甲偏好 X_1 胜于偏好 X_2，而某乙偏好 X_2 胜于 X_1，何者的偏好大一些时，中立观察者有一种移情作用，使他有 50% 类似于某甲的偏好又有 50% 类似于某乙的偏好。当那"不偏不倚的"中立观察者偏爱 X_1 时，某甲的偏好大于某乙，以此来测量某项导致社会福利状态 X_1 的社会政策 $P(X_1)$ 好还是另一项社会政策 $P(X_2)$ 好。可是移情是常常会出错的，而且用自己的偏好去测量他人的偏好，是不可能有不偏不倚的移情的。哈桑伊的不偏不倚观察者本身就有个不可克服的概念矛盾，并不比边沁的快乐测量好多少，因为后者至少没有概念问题。（2）还可以用多数表决的方法来决定社会是偏好于 X_1 还是 X_2，从而采用政策 $P(X_1)$ 还是 $P(X_2)$。如果多数人偏好 X_1 胜于 X_2，我们就说"社会偏好" X_1 胜过 X_2，从而政策 $P(X_1)$ 产生的社会福利大于 $P(X_2)$。可是经济学家和社会学家的进一步研究表明，多数投票表决的方法不可能产生一个确定的可迁的社会偏好序：$X_i, X_j, X_k \cdots, X_m$。即不存在一个完备的（perfect）方法将个人偏好"加总"成社会偏好。这就是所谓阿罗不可能定理：如果一个社会决策机制满

---

① 参见周辅成编《西方伦理学名著选辑》下卷，商务印书馆 1987 年版，第 227 页。

足某种公认的性质,则它必定是一个独裁:所有的社会偏好顺序就是一个人的偏好顺序。[1]

偏好功利主义在人际福利比较上碰了这两颗钉子之后,一般便放弃了对人们偏好之间的比较了。他们对不同社会政策或制度引起的福利效果的比较,只是这样进行的:看它们是否对某一个人的偏好满足得更好,而不会使其他人的状况(偏好的满足)变坏。这就是所谓帕累托改进。它的最佳状态就是所谓帕累托最优。在这种状态里,不可能提高一个人的效用或福利而又不导致他人效用或福利的降低。可是这样来理解最大社会福利就太狭隘了。首先,因为任何社会政策或制度都需要成本,要由社会上的人们接受负担,都会导致有些人得益,有些人受损。对于这个典型的情况,偏好功利主义和帕累托标准不能做出任何比较。其次,即使一个社会状态达到了帕累托最优,这"最优"也是一个变量,在二维空间中是一条曲线。帕累托标准不能帮助我们在曲线上选出最好和最理想的那一点,它根本不能解决公平与效率的问题。要解决第一个问题,就要超越偏好功利主义、超越帕累托;而要解决第二个问题,还要超越一般功利主义。如果将福利不了解为个人偏好的函数,而了解为客观需要的满足,如个人所具有的衣、食、住、行、教育、卫生等项总和,如同我们的三维四层福利模型中所指示的那样,就有可能建立一个客观的综合指标,赋予不同的权重在人际间进行福利的比较和加总。不过这只是我们的一些设想,在功利主义的框架下,我们也走不出计量困境。

▷▷ 5.3.2 幸福与福利的分配问题

功利主义常被批评为只顾社会福利总量的增长,而忽视这些福利在个人之间如何进行分配,甚至容许为了最大多数人的利益总量而牺牲少数人的利益,甚至剥夺少数人的自由。它把人类社会的选择原理理解成放大了的个人选择原则。这些批评也许有些偏激,但不是完全没有道理。

设想一个例子:某厂生产出来可用于分配的财富 30,000 元,有两个可能的分配方案 A 与 B。方案如下:

---

[1] Varian, H. R., *Intermediate Microeconomic*. W. Notron & Company,1996,p. 547.

	方案 A	方案 B
企业家	20,000 元	29,000 元
工人甲	5,000 元	500 元
工人乙	5,000 元	500 元
总 数	30,000 元	30,000 元

批评功利主义的人认为,功利主义将方案 A 与方案 B 看作没有区别,而方案 B 是很不平等的。功利主义不能回答哪一个方案比较合理、比较正义的问题,它只顾增加社会总福利,不顾福利如何分配。可是偏好功利主义反驳说,你这里假定每元钱给企业家和工人带来的效用是一样的,而根据边际效用递减律,假定一元钱对工人的效用比对企业家的效用大 2 倍,则上例的 A、B 两方案效用不相同,其效用分配方案如下(U 为基数效用单位):

	方案 A	方案 B
企业家	20,000 元 U	29,000 元 U
工人甲	10,000 元 U	1,000 元 U
工人乙	10,000 元 U	1,000 元 U
总 数	40,000 元 U	31,000 元 U

因此追求效用最大化的功利主义采用了 A 方案,所以功利主义并没有导致不正义分配。经济学的"新剑桥学派"福利经济学家庇古(A. C. Pigou)早在 20 世纪 20 年代就已指出,由于同量收入和货币对穷人的边际效用大于对富人的边际效用,因而采用诸如征收累进所得税和遗产税、扩大失业补助和社会救济等收入均等化政策,将会在同等国民收入总量的条件下,增进社会福利。[①] 不过,对于现代功利主义来说,这只是一个趋势。这种平均化的趋势却导致了帕累托的无效率(Pareto-inefficiency)。于是追求帕累托最优,把它作为社会福利最大化的标志的"偏好"功利主义者又反对这样做,并力图在二者之间求得一个平衡。这个平衡在福利经济学上得出一些古怪

① 张培刚:《微观经济学的产生和发展》,湖南人民出版社 1997 年版,第 208 页。

的结论,导致将"懒人得益,勤劳者吃亏"当作是正义的分配。①

　　不过如果我们设想另一个例子,功利主义没有很好考虑分配问题就很明显了。设想我们将工厂的收入分配反过来:

	方案 A	方案 B
工人甲	14,000 元	10,000 元
工人乙	14,000 元	10,000 元
企业家	2,000 元	10,000 元
总　数	30,000 元	30,000 元

　　从金钱角度来说,功利主义将方案 A 与方案 B 看作是一样的;而从效用角度看,因我们假设一元钱对工人的效用大于对企业家的效用 2 倍,故方案 A 被看作是最优的。

　　以上讲的只是一个收入分配问题,功利主义者未能给我们一个满意的决策原则。收入分配问题只是整个社会福利分配问题的一个部分。至于幸福或福利总量如何分配、按什么原则分配问题,毕竟与幸福与福利总量问题是两个不同的问题。财富与所得应遵循什么基本原则来进行公平分配,这是功利主义原则所不能直接推出结论的。至于对社会基本的善的其他方面的分配问题,例如,对基本人权(生命权、生存权、自由权、安全权等)的分配问题,更不是最大幸福原理所能直接推出的。这些基本善的分配问题,或者说权利义务的分配问题,就是所谓正义问题。解决正义问题的原则称为正义原则(the principle of justice)。正义原则不能由功利原则直接推出,只能由功利原则对它做局部辩护,这一点正意味着正义原则是独立于功利原则的基本道德原则。这正是我们不同于完全功利主义的基本立场。所有这些都说明,我们既应该走进功利主义,也应该走出功利主义。

---

①　Heap, Shaun. H. et al. *The Theory of Choice: a critical guide*. Oxford: Blackwell, 1994, pp. 269 – 270.

▶▶ 5.4 功利主义研究对规范经济学的启示

根据休谟的事实与价值二分法①,经济学分为实证经济学和规范经济学。前者研究"事情实际上是怎样的",用以解释与预言消费者、生产者以及政府的经济行为实际上是怎样发生和怎样进行的;而后者研究"事情应该是怎样的",应该如何安排生活,应该如何生产,应该如何分配,应该按什么标准来评价不同的资源分配方案,应该如何作出资源分配的决策等。福利经济学由于比较集中地研究这些问题,而成为规范经济学的核心。规范经济学对经济安排和决策所提出的评价标准自然离不开评价者的价值观念和伦理标准,因此福利经济学便与伦理学特别是功利主义有着千丝万缕的联系。福利经济学和功利主义都将社会福利的最大化作为评价人们行为(包括经济行为)、社会政策(包括经济政策)、社会制度(包括经济制度)的最主要标准,因此道德哲学对功利主义的分析对福利经济学或规范经济学的研究有很大的启发性意义。

1. 偏好型功利主义由于不能进行人际福利的比较,在寻找社会福利最优时,只能假定在社会其他成员的状况不会变坏的情况下,如果至少有一人认为某状况更为可取时,就当做社会福利的改进。这个帕累托标准即使从功利主义的角度看也是很有局限性的,因为社会政策和分配方案之比较总是有关利害之比较,总是有得有失的。如果我们能建立以客观需要为标准的功利概念,就可以在人际之间做福利的比较,从而会拓宽规范经济学的视野。所以功利主义的研究有助于我们从帕累托福利经济学过渡到非帕累托福利经济学,或超越帕累托福利经济学,建立一般功利主义的福利经济学。

2. 一般功利主义也是有局限的。超出功利主义,重视自由、平等、权利、正义、环境这些概念的内在价值,而不使自己的视野局限在狭义的福利上,将有助于规范经济学提出新的标准对不同的经济政策和经济制度进行评价、选择与决策。特别是阿玛蒂亚·森提出的能力福利观,超越了功利主义的狭隘效用福利观和道义论的狭隘自由观,在对福利经济学的研究上引起重大的突破。

① 对这个二分法,我们将在本书第12章进行详细讨论。

第 **6** 章
道义论与康德主义

虽然功利主义从行为功利主义发展到准则功利主义,再发展到将行为功利与准则功利统一起来的系统功利主义,已经在相当大程度上概括了本章将要讨论到的道义论的规范伦理内容,然而功利主义只从行为或准则的后果(或功利后果)论伦理价值,并存在着效用和福利的量度与分配问题,不能直接导出政治上的自由以及分配上的公正这样一些现代伦理理念,因此有很大的局限性。

针对这种局限性,道义论(deontology,又译为义务论)反其道而行之,认为人们的行为或行为准则的正当性或伦理价值,不是由行为的后果或结果(功利的或福利的后果)来决定,而是由它自身固有的特点(the merit of their own)和内在价值(intrinsical value)决定的。决定这些行为和行为准则正当性的是"良心"、"道德直觉"、"神颁布的戒律"、"正义感"、"权利与义务"、"自明的准则"、"实践理性"、"契约关系"等,它们都不考虑行为的后果和所得的利益,都不能由功利后果推出。这些理论的倡导者有 E. F. 卡里特(Carrit)、T. 黎德(Thomas Reid,1710—1796)、H. A. 普里查德(Prichard)、W. D. 罗斯(Ross)、I. 康德(I. Kant,1724—1804)以及当代美国著名哲学家 J. 罗尔斯(J. Rawls)。让我们选择最有影响的道义论者来加以分析。这要首推康德,他认为人们先验的实践理性才是决定人们行为正当性的最后准则。

▶▶ **6.1 康德的善良意志概念**

为了了解康德的道德哲学怎样不同于功利主义的后果论,让我们首先来看一看下面的一段对话：

某国有企业进行改革，厂长张小三有权辞退他的下属，即有权决定工人是否下岗。张小三某日辞退了工人李小平，李小平告到纪律检查委员会主席陈公正那里去。于是陈公正找张厂长谈话。

> 陈公正：张厂长，你为什么要辞退李小平呢？
>
> 张厂长：唉！这个人我一看到他就不顺眼。
>
> 陈公正：你认为当领导的对凡是不顺眼的人都可以辞退吗？
>
> 张厂长：是这样。
>
> 陈公正：那我看你也不顺眼，我建议上级将你撤职你愿意吗？
>
> 张厂长：不！不！不！
>
> 陈公正：这样看来，你刚才说的做领导的人看到哪个不顺眼就可以辞退哪个就是不对的了。
>
> 张厂长：我不知道。不过当领导的人有时是不讲逻辑的，特别是当事情关系到自己利益的时候。
>
> 陈公正：不对！理性的人应该讲逻辑，避免逻辑矛盾。

从这段话可以看出，在这里陈公正是站在道义论立场上而不是站在功利主义立场上分析问题。他不问张厂长开除李小平会带来什么效果，也不问对不顺眼的人进行打击这个准则会带来什么效果，而是诉诸逻辑矛盾。他认为理性的人应该避免逻辑矛盾。看到哪个下级不顺眼就打击哪个下级，这类行为是非理性的。因为这类道德论证上的自相矛盾是不容易看出来的，而且又是颇有争议的，所以康德很用心去分析这类问题。

康德首先提出，决定人们行为善恶的最高标准是"善良意志"（Good will）。他在《道德的形而上学基础》（1785）一书劈头一句就说道："在这个世界之内，甚至在这个世界之外，除了善良意志之外，再没有任何东西可以称为绝对的善了。"①他说，当然，心灵上的智力、机敏和智慧，感情上的勇敢、决断和坚韧，幸福所包含的权力、财富和荣誉以及健康与安乐，都是好

---

① 周辅成编：《西方伦理学名著选辑》下卷，商务印书馆 1987 年版，第 354 页。Good without qualification（绝对的善）又可译为"无条件的善"。

的、善的,但不是无条件的善,因为这些品质、能力和智慧可以用于罪恶的目的。如智慧可以用于害人,勇敢可以用于谋杀,它们是否真正是善的,依赖于它们是否有善良的意志。只有善良的意志才是绝对的、无条件的善,而成为其他行为的正当性的标准。这对于康德来说是毫无疑问的。因为康德认为,人的行为(action)是由愿望(desires)决定的,而人的愿望与欲求的目标是由人的意志发出的。所以只有善良的意志,才能决定人们的行为是正当的还是不正当的,是有道德价值的还是没有道德价值的。

可是,什么叫做善良意志呢? 善良意志就是按理性的要求办事,而不只是为了追求生活的幸福:"人生有比幸福(或享乐)更崇高的目的,理性的真正使命,就在于保证实现这个目的"①。而所谓按理性的要求办事,在道德上,就是按义务(duty)的要求办事,以履行义务为自己的行为动机。比如,我自己做生意不欺骗顾客,应看作是我自己的义务。如果只是为了自身的利益而不去欺骗顾客,那还不算是具有善良意志,只有我认识到,我不欺骗顾客是我的义务,我才算是有善良意志。所以康德说,善良意志预设了义务的概念,"义务包含了善良意志"。②

可是,什么叫做按义务行事、出自义务的动机呢? 康德认为这就是尊重道德规律,按道德规律行动。他说"义务是一种出自尊重规律而必须做的东西"(duty is the neccessity to do an action from respect for law),"即使牺牲一切自然的爱好,也要顺从道德律"③。而最高的或最基本的道德规律,就是康德所说的"绝对命令"(categorical imperative)。他说:"……因为一个意志有了它,本身就会是善良的,而这种意志,是具有无与伦比的价值的。"④绝对命令是决定个人的义务与善良意志的东西。

所以康德认为,所谓道德的价值或道德的行为,必须从动机上看,而不要从后果上看;必须从理性规则上看,而不要从感性经验的规则上看;必须从义务上看,而不要从爱好与欲望上看。我们的普遍的义务的理性必须战胜特殊的自利的情欲,才能获得真正的道德和道德原则。这就是康德善良意志概念

---

① 　周辅成编:《西方伦理学名著选辑》下卷,商务印书馆 1987 年版,第 355 页。
② 　同上。
③ 　同上书,第 357 页。
④ 　同上书,第 359 页。

的要领,也就是康德主义义务伦理学区别于经验主义的功利主义的地方。

▶▶ 6.2 康德的绝对命令

康德坚信,人的行为是有理性的,它总是自觉不自觉地遵循一定的规律(Laws)或准则(Maxims)行事的。这些行为的规律或准则被人们理解到,就表现为一种"命令式"(imperative)。用"应该"这个词来表达,叫做行为律令或行为命令。有两种行为律令必须区分清楚。第一种命令式称为假然律令(hypothetical imperatives),它是有条件的。它说明在某种条件下,为了达到某个目的,我们应该采取某种行为。例如假设甲乙丙三人各捐款十万美元作慈善事业,对于这个行动三人心中各有自己的假然律令,表达一定的行为准则,按顺序记为(M1)、(M2)、(M3)。

(M1)甲想:如果能够达到为我的乡亲谋福利的目的,我应该捐款给慈善事业。

(M2)乙想:如果能够有利于我们公司的出名和声望,我应该捐款给慈善事业。

(M3)丙想:如果有利于我谋取重要社会职务,我应该捐款给慈善事业。

这些行为律令表达了某种行为准则,其形式是:"在环境 C 之下,为了达到目的 P,我应该采取行动 X"。

第二种命令式称为绝对命令(categorical imperatives),它表达了最高的道德原则。它是没有条件的,不用条件语句来表达,不牵涉自身以外的任何目的;它不是为了别的什么才去做的,它自身就是目的,是因为自身而必须要做的。既然这样,它的本质特征就在于它是普遍化(universalizability)的。而所谓普遍化,就是它可以应用于所有人的身上而不在愿望上发生自相矛盾。

这样,我们便通过理性的分析得到了绝对命令的第一种表达式:

"你必须遵循那种你能同时也立志要它成为普遍规律的准则而去行动。"①(Act only according to that maxim by which you can at the same time

---

① 参见周辅成编《西方伦理学名著选辑》下卷,商务印书馆 1987 年版,第 368 页。

will that it should become a universal law.)

这样康德便提出了一个理性标准来辨别指导人们行动的行为准则哪一些是道德上可以接受的,哪一些在道德上是不可接受的。凡是这些准则在变成普遍准则时是意愿协调(consistent will)的而不发生意愿矛盾(contradiation in willing),就是道德上可接受的;而如果将自己的行为准则变成普遍规律时发生意愿的矛盾,就是道德上不可接受的。

例如现在我们将(M1)、(M2)、(M3)变成普遍的规律,得到:

(UL1)如果能够达到为他们自己乡亲谋福利的目的,所有的人都应该捐款给慈善事业。

(UL2)如果能够有利于他们自己公司的名望,所有的人都应该捐款给慈善事业。

(UL3)如果能够有利于他们谋取重要社会职务,所有的人都应该捐款给慈善事业。

看来,(UL1)对于甲,(UL2)对于乙和(UL3)对于丙,都不发生意愿的矛盾,所以是道德上可接受的。但是我们也发现指导人们行为的许多准则,通不过这些理性的检验。例如我们在第3章讲到的利己准则就会如此。下面我们将它记作(M4):

(M4)我只应该做有利于自己的事,即使这些事不利于他人甚至伤害他人,对我来说也应该做。

当这个利己准则变成人人遵守的普遍准则时就得到:

(UL4)所有的人都只应该做有利于他们自己的事,即使伤害其他人也在所不惜。

很显然,坚持(M4)的人是不愿意将(M4)变成所有人都遵守的规则的。因为这时他既意愿利己害人,又意愿为他人所害,陷入意愿矛盾和逻辑矛盾。所以(M4)与(UL4)都是在道德上不可接受的。

再来看本章第一节所举的陈公正与张厂长辩论的例子。张厂长的一个行为准则记作(M5):

(M5)凡是我看上去不顺眼的下属(工人),都应该将他们辞职,让他们下岗。

张厂长是不是意愿将这个准则变成普遍规律呢? 这普遍规律是:

(UL5)所有人都应该将不顺眼的下属革职。

当然他是不意愿这样做的,否则他就既意愿因其不顺眼就革别人的职,又意愿自己因被人看作不顺眼者而被革职。

康德说:"你必须遵循那种你能同时也立志要它成为普遍规律的准则而去行动","从这个绝对命令里,如同从它的原则一样,一切义务的命令都能推演出来。"①一切不是义务命令的东西,都能加以否定。例如,按照这个绝对命令,说谎、不信守诺言是不可能成为一个道德准则的。因为虽然你可能要说谎或不守信用,但你不会愿意说谎或不守信用成为普遍准则的,以致于别人也因此而对你说谎,对你不遵守信用。又如不帮助别人也不能成为道德准则,因为你可以不帮助别人,但你却不会愿意在自己有困难的时候无人帮助你。这就是说根据第一绝对命令即基于普遍性形式的绝对命令,可以演绎出"不说谎"、"守信用"、"不自杀"、"不偷盗"、"不过寄生生活"、"要帮助别人"这些道德准则。应该注意,康德不是功利主义者,康德推演出这些低一个层次的道德准则,并不是因为这些准则对于人类或对于自己有利益,不遵守它们就对人类或对自己有害,而是因为不遵守它们就会陷入愿望的矛盾中。

由于绝对命令的表达式不牵涉除自身之外的别的目的,它指的就是人的行为不是作为达到其他别的目的的手段,而人的本身就是目的。于是绝对命令便有了一个等价于第一种表达式的第二种表达式:

"你一定要这样做:无论对自己或对别人,你始终都要把人看成是目的,而不仅要把他作为一种工具或手段。"②(Act so that you treat humanity, whether in your own person or in that of another, always as an end and never as a means only.)

在这里康德首先区分了相对目的和绝对目的,他认为,那些只与当事人特殊欲望有关的目的,必因人而异,它是相对的目的,只有相对的价值;只有人才是目的本身,"凭它的存在本身就具有绝对价值"③。这个目的自身就是绝对命令的基础,普遍适合于一切人,一切有理性者。其次,康德又区分了人与自然,认为人与其他自然物的根本区别在于人有理性,应该把它看作

---

① 周辅成编:《西方伦理学名著选辑》下卷,商务印书馆 1987 年版,第 368 页。
② 同上书,第 370 页。译文有所更正。
③ 同上书,第 371 页。

目的自身来对待。关于这一点,康德似乎掌握了人之所以区别于物的最关键的地方。根据现代科学,人与物的区别主要有三点:(1)人是有意识的,他能意识到周围环境,想象出周围的世界。(2)人有自我意识,能意识到自己是与周围环境相分离的存在物,在时间上经历了自己的过去、现在与未来。(3)人是有理性的,有思想、有智慧,有认识世界、改造世界的能力,能自觉地利用周围的条件来达到自己的目的。这三点中最关键的当然就是有理性。康德说:"大自然中的无理性者,它们不依靠人的意志而独立存在,所以它们至多具有作为工具或手段用的价值,因此,我们称之为'物'。反之,有理性者,被称为'人',这是因为人在本性上就是作为目的自身而存在,不能把他只当作'物'看待。人是一个可尊敬的对象,这就表示我们不能随便对待他。……我们不能把他看作只是达到某种目的的手段而改变他的地位。"①"人是无价之宝……人是有尊严的(一种绝对的内在价值),由此而受到所有其他理性存在物的尊重。他用他们其他的同类者来衡量自己,站在与他们平等的地位上来评价自己。"②

要将人看作是目的,而不仅看作是手段。这件事是很重要的,它是人权的一种理论基础。例如对于"物",因为它只是一种手段,所以你想怎样处理它就怎样处理它。一个手提电脑,如果你不喜欢它,你可以将它砸烂扔进垃圾箱。但对待人就不能这样。一群猪仔,你可以将它们饲养大,然后吃掉它们,但对待人就不能这样。在健全社会中,将人看作目的,而不仅看作手段,就意味着人们之间不存在主子与奴隶、压迫者与被压迫者的关系。即使是雇主与雇员的关系,雇主或老板也不能将雇员仅仅看作是获取利润的工具。(1)他们之间的雇佣关系是自愿的,不同于主与奴、压迫者与被压迫者。(2)他们之间的关系是互利的,雇主从雇员的工作中得益,而雇员从雇主中获得工资,而这份工资应该尽量达到这样的水准:使其本人及其家属的生活足以维持人类尊严,并有其他社会保障以资补益。(3)他们之间的关系是互相尊重的,都应该礼貌地、诚恳地相互对待,雇主对雇员不能侮辱人格、进行体罚、任意延长工作时间。除商业

---

① 周辅成编:《西方伦理学名著选辑》下卷,商务印书馆1987年版,第371页。

② I. Kant. *The Metaphysics of Morals*. New York:Cambridge University Press,1991,p.230.

秘密外，不能向雇员隐瞒事实真相，雇员对受雇的单位有工作安全的知情权，对单位的经营事务有参与权等。我们在第 2 章中所讲的不让锯石工人充分了解该车间石粉污染对工人肺部的伤害，在第 3 章中所讲的不让工人了解玩具工厂即将迁出香港，这些都是违反商业伦理，违反康德的人本身是目的、不仅仅是手段这个原理的。

将人本身看作目的，不能只将它看作达到目的的手段而改变他的地位，因而赋予任何人以最高的而且是相互平等的内在的道德价值，这个原理叫做康德人类尊严原理，"是人类行为的最高制约"。根据这个绝对命令，如同第一个绝对命令一样，可以推出人应保存自己的生命，发展自己的才能，不侵犯他人的自由与财产，应增强他们的幸福等，因为人本身就是目的，应给予最大的尊重。在当代生命伦理、生态伦理等应用伦理学科中，我们还可以看到人类尊严原理（The principle of human respect）有着非常广泛的应用，并将这个原理发展为"尊重生命原理"和"尊重生态系统的完整性原理"。

由于在社会中，所有人都是目的，便构成了一个"目的王国"。在这目的王国里，由于要尊重别人也是个目的，这就需要一个"自律的意志"，受自己制定的普遍规律的约束，由此引出绝对命令的第三种表达形式。

绝对命令的第三种表达形式："每一个有理性者，都有一个制定普遍规律的意志……这意志要使自己行为准则成为普遍可行的规律，那他就必须不受任何自己利益的影响。"①他必须对自己行为有一种克制与自律，不是出自情感的冲动而是出于义务而行动。所以这个道德原则就是将自己的意志与普遍的意志统一起来的"意志自律的原则"。

在一个理性的社会中，由于人人都有制定普遍可推行的自律原则的意志，人人都将别人看作目的而不是手段，这便组成了一个有秩序的社会系统，这就是康德所说的"目的王国"。目的王国的概念可以揭示康德道义论道德的本质，因而需要仔细地分析。康德说："每一个有理性者，必然要凭他的行为准则把自己看成是在普遍目的王国中的立法者。（Therefore, every rational being must so act as if he were through his maxim always a legislating member in the universal kingdom of ends.）所谓'王国'，我是指各个不同的有理性者，通过共同的规律而组成一种有秩序的组合。凭规律，一

①　周辅成编：《西方伦理学名著选辑》下卷，商务印书馆 1987 年版，第 373 页。

个目的,就可具有普遍的效力,所以,我们若把有理性者互相间的差异和他们各个人的目的的差异一起抽出,那末,我们就可得到一个剩下的目的的整体,并依赖这些目的构成一个有秩序的系统。……每个有理性者,都遵从同一规律,要他把自己与他人都当作自身就是目的看待,而不只当作手段看待。这样,通过一个共同规律建立起来的有理性者的有秩序系统,简言之,就是一个王国。……道德就不外是一个行动和使'目的王国'得以建立的规律系统之间的关系。"①

康德的目的王国观念很明显是一种社会契约的观念,是用一种人人自律的普遍的道德规范来约束人们的行为,从而建立起有秩序的社会组合和社会系统。这些普遍的道德规范的确可以从我们第 7 章中将要详细讨论到的"理性的人"对道德准则进行理性选择的概念中加以推出。它不过是从平等、自由和独立的理性观念中发展出来。康德的绝对命令的三种表达形式已暗含了平等、自由和独立人格的原则,它不过是将人作为平等、自由的理性存在的本质表现为行为的准则而已。首先我们来看康德的绝对命令的第一表达式,它的否定表达式不过是说:"不要去做你不希望它成为普遍原则的事"。或如孔子所说的"己所不欲(其成为普遍规则),勿施于人"。这实际上就是在遵守道德准则方面,人人平等。反之,不可能或不意愿做到人人平等地遵守的准则,就不是道德准则,就是不道德的。所以绝对命令的第一表达式就包含人人在某种权利和义务上平等的思想。人们将这个准则称为"黄金准则"(对人们做你愿意人们对你做的事)。道德哲学家西季威克(H. Sidgwick)将它精确表述如下:"A 以 B 对 A 所使用的错误做法来对待B,A 就不可能是正确的。唯一的理由就是:他们虽属不同的个体,但两者之间并无本质或处境的根本不同来作为不同对待的合理根据。"②这个"西季威克公正原则"所反映的平等理性与康德目的王国中"把有理性者的互相间的差异和他们各个人的目的差异一起抽去"的平等的理性,大体相同。至于康德的绝对命令的第二表达式——各个人都应将别人当作自身就是目的来尊重,就反映了一种反对人身依附、人身奴役的主张,强调各社会成员

---

① 周辅成编:《西方伦理学名著选辑》下卷,商务印书馆 1987 年版,第 373—374 页。译文略有改动。

② 西季威克:《伦理学方法》,廖申白译,中国社会科学出版社 1993 年版,第 395 页。

均有自由的权利和独立的人格。所以康德的著名的人类尊严原理,也可以翻译成人的普遍权利与义务的说法。这就是:"我们应该将任何人看作是具有平等的权利与义务的人来看待,不能将他们看作手段,侵犯他们的权利,阻碍他们执行自己的义务。"关于这一点,我们将在第 8 章中进行论述。总之,在这样的具有平等自由的理性存在者所组成的社会中,人们一定会理性地选择包含康德三个绝对命令表达式在内的道德规范或道义规范。将康德的道义论思想更加明白、更少神秘性地发挥出来并加以发展的,就是当代美国道德哲学家罗尔斯。他在 1971 年出版了 20 世纪最为重要的伦理学著作:《正义论》。

康德对于道德问题的义务论处理方法,的确是具有原创性的。他将逻辑与理性的普遍性与一贯性在建立道德规范中的作用发挥得淋漓尽致,并由此得出结论:基本道德原则的建立,是与经验、利益和结果无关的,它们是先验理性的产物。他发现了绝对命令的三种形式,十分得意,在他的《实践理性批判》一书的结论中写下了这样一段话:"在我头上面的是灿烂的星空,在我心中的是道德律令"。这句话在他死后还刻在他的墓碑上。人类对宇宙与人心的奥秘的探索永无止境。康德绝对命令的发现和建构,可以看作是一个伟大的里程碑,的确可以与头上灿烂的星空,与康德在天文学上另外一个发现——星云假说的提出相媲美。不过康德在建立他的道德理论时,只讲动机不讲结果、只讲理性不讲经验、只讲义务不讲利益的进路是值得怀疑的。事实上,他从普遍的先验理性来寻求道德的根源时,已经有意无意地掩盖了它们的根源之一仍然是个人的利益应该得到尊重。例如,为什么"不要说谎"是一条道德原则?康德认为,因为说谎会导致意愿的矛盾,违反普遍理性;我虽然意愿说谎欺骗别人,可是我并不愿意别人用谎言欺骗我,所以根据绝对命令第一原则就可推出不要说谎。可是,说谎之所以发生意愿矛盾,固然是因为我的理性要使它能够成为普遍准则而引起的,但这只是必要而非充分的条件,这个意愿之所以发生矛盾的另一根源仍然是个人的利益所致。"我不愿意别人用谎言来欺骗我",是因为我的意愿受个人利益所决定。假设我愿意生活在一个谎言的世界里,人家用谎言欺骗我,我反而感到高兴,说谎也就能够成为普遍的道德准则了。所以,康德道义论用先验理性来掩盖尊重个人利益在道德发生中所起的作用,而我们则要揭示个人利益在其中的作用,这是第一;第二,康德并不说明他的绝对命令的起源,而我们虽然申明社会理性的确在道德规范形成中起到重要的作用,不过这社会理性也有它的起源,这是自利的个人在多次博弈中通过学习与境界的提升而获得的。这境界的提升不能完全由经验得出。这是我们以后还要讨论的问题。这就是我们的模型与康德的绝对命令模型的基本区别之所在。康德强调了社会理性而抹杀了个人利益、个人理性在道德起源中的作用;而我们承认社会理性在道德起源中的作用,但更加重视个人理性所起的作用,由此而力图综合功利主义和道义论的主要成果。

第**7**章

道义论和社会契约

　　道义论主张,一个行为是否是道德的,不是由它的结果或造成的功利来决定的,而是由其他的道义因素决定的。这些道义因素起源于神授、人性、直觉、理性的绝对命令、社会契约等。这就有了各种各样的道义论。上一章我们讲了最著名的一种道义论——康德主义,本章要讨论的是与此有密切关系的另一种有代表性的道义论,即社会契约理论(the moral theory of Social Contract)。

　　在讲契约伦理以前,我们先简单讨论一下人性论的伦理理论,即所谓自然法理论(natural law theory)。自然法理论认为,人类的道德规则是由人性、特别是由人独有的理性决定的。正像鲨鱼要在水中用鳃获得氧气而鲸鱼只能在空气中呼吸、牛羊只能吃草而狮子不能吃草却要吃牛、羊这样的动物一样。人的道德行为是由他们的天性决定的。例如不许通奸、不许滥杀无辜者、不许偷盗、要帮助他人等,都是由人性决定的,是自明的。主张这种论点的,在欧洲,其代表人物是托马斯·阿奎纳(Thomas Aquinas,1227—1274),在中国则有孟子与荀子等人的"人性善"与"人性恶"论。不过,我们在上一章和第 3 章中都讲过,单从人性的事实判断是不能推导出关于道德的价值判断的。而且,人类的道德行为绝不像人的生理行为(例如呼吸、胎生、杂食等)那样,是由人的生理特征决定的。人性是很复杂的东西。通奸、杀人、偷盗、抢掠之类的行为,并不像人不能吃木头那样违反人性,相反自有人类以来,人群之间的战争一直没有停止过,说明人类有攻击性的一面,但也不能因此说明杀人、抢劫、发动侵略战争就是有道德的。① 而"自

---

① 著名生物学家康拉德·洛伦兹在《论攻击》一书中写道:我们同许多其他动物一样,也有一种对自己同类采取攻击行为的天生动力。这是对整个人类历史上的冲突和战争、对本属理性的人而不断做出非理性行为的唯一可能的结论(见 K. Lorenz, *On Aggression*. Harcourt, Brace and World, New York, 1963, pp. 203 – 204.)。

利",或追求自己的最大利益,也是人性之一。但也不能因此说利他主义是不道德的,违反人性的。当然你也可以说人有利他的基因或群体行为的基因,但光只这一点生物基因不够用,是不能充分说明人类的道德行为的。从方法论上说,这种还原主义是必要的,但不是充分的。总之,人性是复杂的,它有很大的容量容纳各种各样不同的甚至完全相反的道德行为。所以是社会建构了道德规范,而不是人的生理心理特性决定道德规范。道德规范,既不是人的生理功能,也不是人的心智的功能,它只能是社会地形成的。在这里我们又碰到了一个整体论题:社会道德现象不能通过将其还原为人们的生理规律和心理规律来做出完整的解释。

社会契约论认为,调整人们之间的相互关系的道德规范和行为规则是社会或集团的个人之间达成协议(reaching an agreement)的结果。这个协议或一致意见被称为社会契约(social contract)。"契约"一词最初表示为某种"出卖、抵押、租赁"等经济合同文书之类的东西,后来发展为政治法律的约定法规。所谓"约法三章"就是一种政治契约,再推广到各种约定俗成的伦理规则,也当作是某种由默契表示的契约。总之,它意味着有某种约束性的共同协议,大家遵守的共同承诺,以及由此产生的义务与权利。

▶▶ 7.1 霍布斯的自然状态与社会契约

英国哲学家霍布斯(Thomas Hobbes,1588—1674),是近代社会契约论的首创者。他的观点非常彻底,认为所有的道德规律、道德规范和道德责任都来自人们相互同意的社会契约。说到这里,我们先让大家看一看下面一幅漫画,它说明主张道德起源于人的理性的康德道义论和道德起源于社会契约的霍布斯道义论在逻辑上是同构的。

▷▷ 7.1.1 自然状态

霍布斯认为,社会,包括政府、法律、道德等社会的事物,都是人们为了自身的利益而创造出来的;在此以前,个人生活在一种无组织的甚至连部落都没有的"自然状态"(the state of nature)中。

霍布斯所描述的自然状态是比较恐怖的。那里没有政府、没有警察、没有法律、没有治安、没有人与人之间的协调与合作,有的只是弱肉强食、人对人施暴以及无休止的"一切人反对一切人的战争"。

为什么会是这样呢? 霍布斯认为这是"人类的天性"①造成的。霍布斯说:"自然创造人类,在人类身体和心灵的机能上,是造得极为平等的"。"由能力的平等,便产生对于达到我们目的之希望的平等。因此,如有任何两人欲求相同的事物,而这事物却不能为他们所共同享受时,他们便成了敌人。他们在求达他们的目的(而这目的主要的是他们的安全,有时则仅是他们的愉快)时,他们便彼此互相摧毁,或互相压倒。由于当一个侵略者,除了另一人的单独力量外,并没有其他的畏惧时,那末如果这另一人在种植、播种、建筑上占有方便的地方,他人即可以联合的力量前来处置他,剥夺他,不仅剥夺他的劳动的成果,也可剥夺他的生命或自由。但是侵略者的自身也一样有受他人攻击的相同危险"。② 这就是说,在自然状态下,人类能力不平等固然会导致弱肉强食。假定人的能力平等,也就意味着有平等权利互相毁灭,因为"人的天性"就是为利益而竞争,为安全而猜疑和为荣耀而侵犯,这又推动和加剧了这种对立与斗争。"因此,很明显的,当人类居住在没有共同权力来把他们都压服的时候,他们是在所谓战争的状态中,而这种战争乃是一切人反对一切人的战争。"③

(漫画说明:

(1)霍布斯:每当我做一些重要问题的思考,我都要到林中去散步。

(2)霍布斯:把这些动物搞死,有无限的乐趣。

(3)霍布斯:我不相信有任何伦理可言。

(4)霍布斯:目的为手段辩护,为了自己的安全与快乐,可以无所不为。

(5)霍布斯:我们现在处于自然状态,这是一个弱肉强食的世界,每一个人对每一个事物都有处置的权利,甚至对彼此的身体亦然。

---

① 周辅成编:《西方伦理学名著选辑》上册,商务印书馆 1987 年版,第 660 页。
② 同上书,第 659 页。
③ 同上书,第 661 页。

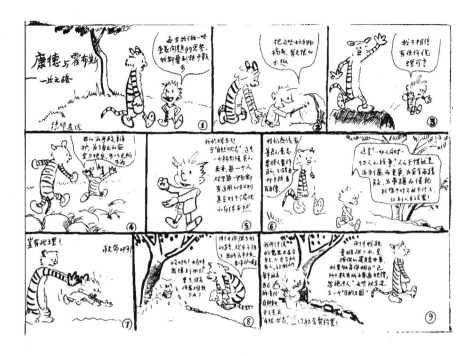

图7.1 一幅漫画:康德与霍布斯的对话

(6)康德:我们应该有善良意志,要将人看作是目的而不要把人只看作手段,要有自律。

霍布斯:这是一切人反对一切人的战争,人的天性就是为自己的利益而斗争,为安全而猜疑,为荣耀而侵犯,我想干什么就干什么。

(7)康德:岂有此理!

霍布斯:救命啊!

(8)霍布斯:你为什么推我下水?

康德:刚才你阻了我的路,现在不阻了,目的为手段辩护嘛!

(9)霍布斯:我刚才说的意思只适合我自己,不适合所有人,让我们都放弃自己的一部分自然权利,签订社会契约,走出自然状态吧。

康德:刚才我故意推你下水,是按你的逻辑办事。我要教育你明白"己所不欲其成为普遍规律,勿施于人"的道理,这就会建立一个"目的王国"。)

霍布斯深信,在这种自然状态下,是没有什么道德规律和道德准则的。所谓没有什么道德,就是说在这里没有什么行为是不道德的,没有什么行为是被禁止或被谴责的,人们彼此之间并没有什么可要求的,也没有什么责任可承担。

霍布斯说:"人类的欲求,及其他情感,本身实不是罪恶。即由这些情感而来的行动,非到他们知道有法律禁止这些行动时,也不是罪恶。这又非到法律已成立之后,他们是不能知道的。而法律又非到他们已同意于创造法律的人时,是不能成立的。"①

"对于这种人人相互为敌的战争,尚有另一后果,这就是:没有什么是不正义的。对和错,正义和不正义的概念在这里没有存在的余地。因为没有公共的权力,即没有法律。没有法律,也即没有不正义。武力和欺诈是在战争中的两种主要的品德(cardinal virtues)……在这种状态中,仍有其他的后果。如在这种状态下是没有财产的,没有主权的,没有你的和我的之别的,而只有:每一人所能得的,即为每一人之所得;这所有他能保守多久,即能占有多久。"②

所以,自然状态是一个没有政府的世界,没有法律和治安的世界,也就是一个没有道德的世界,即干什么事也都无所谓有"罪恶"的世界。

由此而产生什么后果? 霍布斯说:"在这种状态下,是没有发展工业的余地的,因为他们的成果是不可靠的缘故。因此,便也没有土地的开辟,没有航业,没有舶来品的应用,没有宽阔的建筑,没有推动、搬迁需要极大力量的事物的机器,没有地理知识,没有时间的计算,没有艺术,没有文学,也没有社会,最甚的是,人们都在不断的恐惧中,都有暴死的危险,而人类生命是孤独,是贫穷,是龌龊,是凶残,是短促的。"③

▷▷ 7.1.2 自然权利与自然法

霍布斯认为,在自然状态下,每一个人都有为了保存自己而无所不为、无所不用其极的权利。

---

① 周辅成编:《西方伦理学名著选辑》上册,商务印书馆 1987 年版,第 662 页。
② 同上书,第 663 页。译文略有改动。
③ 同上书,第 661 页。

霍布斯说:"自然权利,乃是每一个人有运用他自己的权利以求保全他自己的本性即保全他自己的生命的自由。所以他可以有权利依据他自己的判断和理性去做他所认为最有利于自己的事情。"①

为什么会是这样呢?因为这种自然权利就是一种自然律:每一个人都倾向于自我保全(self-preservation),人们服从这个表示自身驱动力的自然律,就如同一切物体都要服从万有引力定律一样。

正是这种自然权利即自我保全的驱动力,产生了人们需要遵守的自然法。这里所谓的自然法,就是达到自我保全目的最有效的手段。这样第一个而且最根本的自然法就是走出人人为敌、人人自危的自然状态,寻找和平而遵守之。但如何能够达到和平呢?霍布斯说:"第二个基本的自然法就是:为着和平,及为着防卫自身之故,当他人也一样愿意时,一个人是应该愿意放弃运用一切物的权利的。至于他个人对于别人享有的自由,应当以他自己允许别人对于他自己所享有的自由的程度为满足……这就是己所不欲,勿施于人"。② 由这两个基本的自然法可以推出"信守诺言"、"互惠与感恩"、"和顺与合作"、"宽容"、"反侵犯反报复"、"勿傲慢"、"平等待人"等其他自然法,这里所谓"自然法"就是人们必须遵守的道德原则,这就是霍布斯的契约伦理。他认为道德哲学就是关于自然法的科学,③而一切自然法都从自我保全的公理推出。

▷▷ **7.1.3 社会的创立与契约的遵守**

霍布斯将个人看作是极端自利的,在自然状态下会发生一切人反对一切人的战争,为了自己的安全有权无所不为,无所不可以用其极。正是为了同一目的、受同一驱动力的作用即自我保全驱动力的作用,人们可以签订互相让渡同等的权力,防范过度竞争和实现和平共处的契约;签订遵守自然法即道德准则的契约。这就出现一个问题:如何能够保证自利的个人不为了自己的利益而撕毁协议呢?于是霍布斯认为,必须建立一个有绝对权威的、用其威慑力量和刑法使契约生效的政府。他称这个政府为"利维坦",即

---

① 周辅成编:《西方伦理学名著选辑》上册,商务印书馆 1987 年版,第 664 页。
② 同上书,第 665、670 页。译文略有改动。
③ 同上书,第 671 页。

《圣经》中记载的"海上怪兽",是至高无上的"上帝代理人"。可是组成政府的那些人也是自利的,他们有了权力更加可以胡作非为,谁又来监督政府秉公办事并尊重人权? 霍布斯没有回答这个难题。他之所以陷入困境,用系统论的语言来说是由于他只相信"他组织",不相信"自组织",因此便不能解决这个问题。而用逻辑学的语言来说,自利的个人或"经济人"这个前提是不能单独地、完全地推出各种伦理原则或伦理人的论述的,必须附加上某些辅助前提或辅助假说,才能解释人类的基本的伦理现象。自利的个人是道德推理的必要而非充分的条件,是第一的原则而非唯一的原则。霍布斯强调这个前提是完全正确的。他的错误在于当他不能由"经济人"单独导出"伦理人"的时候,加进了一个强权政府,而这不但不能消除这个逻辑鸿沟,而且加深了这个鸿沟。

荀子的《礼论》与霍布斯的《利维坦》有异曲同工之妙,都视自利的个人为伦理礼义的出发点。荀子说:"礼起何也? 曰:人生而有欲,欲而不得,则不能无求,求而无度量分界则不能不争。(这就是霍布斯所说的'两人欲求相同的事物而成为敌人'。)争则乱,乱则穷。(这就是霍布斯的'一切人反对一切人的战争',结果导致'人类的生命的孤独、贫穷、凶残、恐怖和短促'。)先王恶其乱也,故制礼义以分之,以养人之欲,给人之求。使欲必不穷乎物,物必不屈从于欲,两者相持而长,是礼之所起也。"①荀子在这里也和霍布斯一样强调从个人长期利益出发来看礼义伦理,强调君主政府在维护伦理上的作用,不过中国古代哲学没有西方近代哲学那种论证的严密逻辑推理,因而它的缺点与矛盾并没有暴露得那么明显。

▶▶ **7.2 洛克的社会契约论**

英国哲学家约翰·洛克(John Locke, 1632—1704)继承和发展了霍布斯的自然状态与社会契约理论,在某些方面将它发展到更加完善的地步。

1. 关于自然状态

洛克认为,在公民社会出现前,或在公民社会没有得到很好控制的地

---

① 《荀子·礼论》。

方,就出现自然状态。洛克在1690年写的《关于政府的两篇论文》中,对于自然状态(the state of Nature)和公民社会(the civil society)有这样清楚的定义:"正当地说来,自然状态就是:人们按照理性而生活在一起,地球上没有一个共同的长官能在他们之间做出权威的判决。"①"那些联合为一体,并且有一个共同的既定法律和审判制度可以求助、可以权威地断决他们间的纠纷并且惩罚违法者的人们,彼此生活在公民社会中,但那些在地上世界没有这样共同的权威可以求助的人,则仍然生活于自然状态中。"②从以上定义看,现在我们仍然可以找到人类的自然状态。"世界上过去或将来都不会没有在自然状态中的人。"例如17世纪的美洲,人们大部分处于这种状态。一个瑞士人和一个印度人相会在美洲丛林中,就处于自然状态。洛克时代各国的王子或统治者之间,由于没有更高权力去支配他们,"他们彼此仍然存于自然状态"之中。

人是有理性的,自然状态就是人们按理性而生活在一起,因此他们并不总是处于战争状态。战争状态是"对一个人的人身不正当地使用武力的结果"。这种情况无论在自然状态还是在公民社会中都是存在的。自然状态和公民社会都有时处于和平状态,有时处于战争状态。只不过自然状态爆发战争的可能性更大且修正战争更加困难一些罢了。所以洛克反对霍布斯关于自然状态是"一切人反对一切人的战争状态"的观点,他想象的自然状态远没有霍布斯想象的那么凶残。他认为在自然状态中,人们大部分时间还是和平共处的,而且爆发战争的原因主要不是由于人性的侵犯性,而主要是由于资源的匮乏。在自然状态中,也不是像霍布斯所想象的那样没有任何道德与法。他认为在自然状态中存在着自然的权利和自然法。

2. 关于自然法和自然权利

洛克在这里所说的自然法,并不是霍布斯所说的签订社会契约以后大家协议要遵守的自然法,而是在自然状态下,在人们之间一直存在着节制自己行为的义务,这就是约束人们行为的"自然法"。这个自然法用一句自然义务的语言来表达,就是"任何人都不应伤害另一个人的生命、健康、自由

---

① Adler, Martimer et al. (ed.) *Great Books of the western world.* Vol. 35, Chicago: Encyclopedia Britannica, Inc., 1952, p. 29.

② Ibid., p. 44.

或财产",用自然权利的语言来表达就是"任何人都有生命、自由和财产权"。

洛克说:"尽管自然状态是一种自由状态,但它却不是放纵的状态;虽然在这种状态下,人们具有安排自己的人身与财产的无需管束的自由,但他们却没有自由去破坏他们自己以及为此而具有的创造物,这是人们为了自我保存而需要它的。自然状态是由自然法来支配的,这自然法是所有人们都要服从的。而理性就是这个法,教导只求教于它的所有人类:他们都是平等和独立的,任何人都不应该伤害另一个人的生命、健康、自由或财产……由于具有同样的功能,共同享有着一个自然共同体的一切,就不能设想我们中间存在着使我们有权力彼此毁坏的隶属关系,好像我们被创造来是为了彼此利用,像低等创造物为我们所用那样。"①大概正是在这种论述的启发下,康德提出了上一章讨论过的人是目的而不是手段这样的"绝对命令"。

这种自然法的根源是什么呢? 洛克认为,这就是每个人要保存自己以及当与自我保全不发生矛盾时还尽可能保护人类其他成员的天性。不过对于这一点,洛克是采用宗教的语言来述说的。他说:"上帝植入人们中并使之成为他们本性的原理的第一和最强烈的欲望便是自我保存,""因为上帝已将自己保存自己的生命和存在的强烈愿望作为行为准则而植入到人们的心中,作为上帝在人们心中的声音的理性就不得不教导他们并使他们确信当他们追随那种保护他们的存在的自然倾向时,他们正遵循着创造者的意愿。"②

洛克在讨论人在自然状态下的自然权利时,十分重视讨论财产权,并论证了私有财产的起源及其在社会发展中的积极作用。洛克认为,原始社会是每个人对自然界赐予的一切(如野果与野兽)都有权取走的时代,这就根本没有财产(或所有权)的概念。因为所有权的概念就是"没有一个人的同意,他人就不能从他那儿擅自取走"③。那么私有财产(property)是如何出

---

① Adler, Martimer et al. (ed.) *Great Books of the western world*, Vol. 35, Chicago: Encyclopedia Britannica, Inc., 1952, p. 26.

② 洛克:《关于政府的两篇论文》《论文 I》,第 86、88 节。转引自列奥·施特劳斯等著《政治哲学史》,李天然等译,河北人民出版社 1993 年版,第 575 页。

③ Adler, Martimer et al. (ed.) *Great Books of the western world*, Vol. 35, Chicago: Encyclopedia Britannica, Inc., 1952, p.69.

现的呢？首先是每个人自己的身体是他的财产,除他之外,其他人没有占有它的权利。进而"他身体的'劳动'和他双手的'工作'可以正当地说是他的"①。这是他原始的、自然的、非导出的私有财产。当未开垦的土地非常广阔,而人口又非常稀少时,个人的劳动与共有的土地相结合的产物(如种得稻谷以及猎取野鹿)也是属于劳动者的私有财产,别人无权向他索取。因为要索取等于索取他身体固有的东西(劳动),而因为自然资源并不匮乏,他并不妨碍别人也用自己劳动取得这些。因为自然物品容易腐烂,人们事实上从自然界中取得的私有财产是不很多的,人们也无需花费很大的精力来保护这些私有财产。但是随着货币自发的出现,人们贮存货币而不是贮存易腐的劳动产品,于是私有财产便进一步扩大。赤贫的平等为经济上的不平等所取代,而这个也没有什么不正义之处。因为农业与货币社会最贫穷的人也会比前农业的狩猎社会最幸运的人富裕得多。"一片广大而富饶的国土上的(美洲印第安人)的国王的衣着也要比英国的工人的衣着寒酸得多。"②而"通过自己的劳动将土地据为己有的人并没有减少而是增加了人类共同的库存"。③ 不过由于私有财产日渐增多,保护这些私有财产就成了问题。自然状态的人类已无法提供保护私有财产的手段,这就迫使社会从自然状态走向公民社会。

3. 社会契约与有限政府

洛克认为,在自然状态下,每一个人都有两种自然的权利:"有权做在他看来适于保护他自己和其他人的合乎自然法的任何事情。""有权惩罚违犯自然法的任何罪行。"④即当有人侵犯他人的生命、自由、财产等权利时,对之进行处罚。这样社会就产生了三大问题:①每个人对自然法的解释不同。②每个人都是相关案件的裁决者,即每个案件至少有两个由当事人自己担当的裁判,这就必然引起争论而无第三者主持公正。③社会缺乏强权来强制执行判决。这种情况在私有财产产生与发展之后更加严重。这样,处于自然状态的人们就不可避免地要签订契约,将自己的惩罚权力转入一

---

① Adler, Martimer et al. (ed.) *Great Books of the western world*, Vol. 35, Chicago: Encyclopedia Britannica, Inc., 1952, p. 30.

② Ibid., p. 34.

③ Ibid., p. 33.

④ Ibid., p. 54. (§128).

个政府之手,这个政府机构具有对应于自然状态下人们具有的三种权力的三种机构:立法机构、司法机构和行政机构。

洛克在谈到建立公民政府的必要性时讲道:"我无疑承认公民政府是自然状态的不便之处的适当的补救方法,这种不便在人们可以是自己的事情的法官的地方,无疑是很大的,因为很容易设想,一个如此不公正以至于伤害了自己的兄弟的人,几乎不会做到如此的公正,以致因此会谴责他自己。"①"人们结合为国家并将自己置于政府的管理下的首要目的是保护他们的财产。"②

而由于政府的目的只是保护公民的生命、自由与财产,执行人们在自然状态下没有很好地执行的惩罚职能,因此政府的权力必然是有限的。洛克说:"如果社会和政府不去保护人们的生命、自由和财产,不借助于宣布了的权力和财产规章去保护他们的和平和安宁,那么人们也就不会为了它们而丢弃自己的自然状态下的自由并在它们的统治下联合为一体。我们不应该认为,如果人们有权力的话,人们可以给任何一个人或更多的人以对于他们的人身和房地产的绝对任意的权力。"③洛克关于有限政府的观点,后来被诺齐克于20世纪70年代发展为"最弱意义的国家"或"守夜人式的国家"理论。关于这个问题,我们将在下一章中进行讨论。

▶▶ **7.3 罗尔斯的假想社会契约与正义论**

霍布斯所言的自然状态并非实际存在,人类一开始就是社会的动物,不过假想一个无政府、无社会的自然状态,对于我们理解社会规范的产生以及社会的本质和政府的作用甚为重要,而且在一种政权崩溃、社会失控和侵略战争导致的社会混乱之时,我们真的好像看到了这种自然状态。所以自然状态这个理想模型或者说这个概念创新是一个很好的思维工具。但是霍布

---

① Adler, Martimer et al. (ed.) *Great Books of the western world*, Vol. 35, Chicago: Encyclopedia Britannica, Inc., 1952, p. 28. (§13).

② Ibid., p. 53. (§124).

③ Ibid., p. 56. (§137).

斯并没有明确地这样说明问题，就把自然状态看作社会发展的一个实际演化阶段了。不过有许多道德哲学家直截了当地放弃实际社会契约的观点，而提出假想社会契约(hypothetical social contract)的理想。其最著名者就是当代美国哲学家约翰·罗尔斯(John Rawls，1921—　　)。罗尔斯说："我一直试图做的就是进一步概括洛克、卢梭和康德所代表的传统的社会契约理论，使之上升到一个更高抽象的水平。"①而在方法论上罗尔斯则采取他所说的"反思平衡"(reflective equilibrium)。他首先设计了"原初状态"的环境条件，然后由"原初状态"中人们所做出的理性选择中导出一些正义的原则，再将它与日常的道德信念(considered convictions of justice)、正义感(sense of justice)或日常判断(considered judgments)(例如不应有种族歧视等)相比较。如果选择的正义原则及其条件违背人们日常最坚定的道德信念，那么就修正这些原则与条件；而如果我们的原则体现了那些普遍享有和很少偏颇的条件，但导出结论与日常道德信念不一致，就修改调整我们的日常道德信念与道德判断。这样，罗尔斯相信，通过这种相互调整，"我预期最后我们将达到这样一种对原初状态的描述：它既表达了合理的条件，又适合我们所考虑的并已及时修正和调整了的判断。这种情况我把它叫做反思平衡"。② 显然罗尔斯正义论的方法不是先验论的方法，也不是经验论的方法，而是经验与理性相互调整的方法。他的"原始状态"不是实际状态，而是假想的理想模型。

　　罗尔斯的正义论是作为功利主义的替代性道德哲学理论而提出来的。他认为功利主义——以古典功利主义为代表——最根本的错误在于，当讨论什么是社会正义原则的时候，将"作为一个整体社会的理性选择采取了对一个人适用的理性选择"③。作为个人的选择原则，自然是以最大限度地达到自己的最大幸福或最大效用为行动原则，可是如果把一个社会制度安排得正义与否的原则看作是看它是否最大限度地达到社会幸福的总量或社会成员的利益总额，那就等于承认"可以为了使很多人分享较大利益而剥

---

① 约翰·罗尔斯：《正义论》，何怀宏等译，中国社会科学出版社 1988 年版，第 2 页。

② 同上书，第 18 页。

③ 同上书，第 24 页。

夺少数人的自由"①。尽管罗尔斯的这个评论有点夸张,但功利主义理论没有专门讨论基本的社会的善、基本的权利与义务在个人之间的合理分配问题则是一个事实。这些功利主义没有注意到的问题,罗尔斯作为基本问题注意到了。他说:"正义的主要论题是社会的基本结构,或更准确地说,是社会主要制度分配基本权利与义务以及决定分配社会合作所得的利益的方式。"②现在让我们具体分析一下罗尔斯怎样导出它的基本的价值和基本的权利义务分配的正义分配原则吧。

▷▷ **7.3.1 原初状态:无知之幕与相互冷淡的理性人**

原初状态(the original position)是这样的一些公平的初始条件,由之而推出支配社会的基本结构、基本权利与义务的分配之正义原则。不过这里所说的"推出",指的是在这样的公平条件下,这些正义原则或正义观是社会成员们理性地进行选择的结果(他们按理性一致同意这个结果)。这些初始条件是:

1. 存在着使人类合作有可能和必要的客观环境,特别是他们在确定的资源有限的区域中生存,到处"存在着一种中等程度的匮乏。自然的和其他的资源并不是非常丰富以致使合作的计划成为多余,同时条件也不是那样艰险,以致有成效的冒险也终将失败"③。

2. 契约各方都是按自己生活计划行动的理性人。他们虽然有着彼此大致相同的"基本的善",即第4章第3节所说的基本需要,但他们的生活计划(以及善的观念)是彼此不同的, 甚至是相互冲突的。他们要最大限度地实现自己的利益、自己的需要和自己的有价值的计划,而对别人的利益则是相互冷淡的 (mutually disinterested)。原初状态的 "相互冷淡" 一词是罗尔斯对理性人的独特的表述。他认为这个概念不可以与 "利己主义"(egoism)相混淆。因为在契约前的原初状态中人们彼此漠不关心,绝不等于他们订契约后——即已选择了正义原则后——在日常生活中对别人的权利、要求和共同利益漠不关心。对于这个条件,我们也是支持的。为什

① 约翰·罗尔斯:《正义论》,何怀宏等译,中国社会科学出版社1988年版,第23页。
② 同上书,第5页。
③ 同上书,第121页。

么我们应该设想原初状态的个人的根本特征是"自利的",关于这一点,我们在第3章中也详细分析过了。

3. 参与者在"无知之幕"(the veil of ignorance)背后选择正义原则。为了大家理性地选择出正义原则,必须假定大家在公平状态下进行选择,为此"我们假定各方不知道某些特殊的事实。首先,没有人知道他自己在社会中的地位,他的阶级出身或社会状态,他也不知道他的天生资质和自然能力,他的理智和力量等情形在社会配置中的运气。其次,也没有人知道他的善的观念,他的合理生活计划的特殊性,甚至不知道他的心理特征:像讨厌冒险、乐观或悲观的气质。再次,我们假定各方不知道这一社会的经济或政治状况,或者它能达到的文明和文化水平。处于原初状态中的人们也没有任何有关他们属于什么世代的信息"①。由于剥夺了这些信息,人们选择正义原则就不受自己的财富、能力、爱好、偏见以及种种偶然因素的影响,而"使一种对某一正义观的全体一致的选择成为可能"②。我们认为,"原初状态"是一个很好的分析工具,其中"无知之幕"也是一个很好的设想。因为要对一个社会基本制度的正义性作一个公正的道德判断和评价,假定我们不知道自己在其中的地位,以便排除偏见,是很有必要的。

4. 选择正义原则还必须受一些形式条件的约束,如正义原则必须具有一般性和普遍有效性,原则之间排列必须有次序性,以及这些原则必须是终极性的等。

有了以上四个条件,理性地选出的正义原则就是"作为公平的正义原则"。当然其对原初状态的描述,特别是对相互冷淡的理性人和无知之幕的描述,并不是真实的历史状态或文明之初的最初状态,它是一种纯粹假设的状态。正如我们前面所说的,它是一种抽象人的理论实体,是为了讨论公平与正义而设计出来的最低限度的简洁的条件与公理。

▷▷ **7.3.2 两个正义原则**

原初状态相互冷淡的理性人在无知之幕后面对支配社会基本结构的正义原则的选择问题,就成了一个在不确定条件下理性人的选择问题。对于

---

① 约翰·罗尔斯:《正义论》,何怀宏等译,中国社会科学出版社1988年版,第131页。
② 同上书,第134页。

运用什么决策来处理这个问题,按照决策论和对策论(博弈论),有两个不同的学派。第一个学派是贝叶斯学派(Bayesian School),建议采用期望效用最大化的原则。这是功利主义者采取的基本原则,我们在第5章中已经分析过了。第二个学派建议运用最大最小原则(maximin rule)。所谓最大最小原则,又称为小中求大的原则,是一种比较保守的决策原则。它认为无论我们采取什么方案,都应从最坏处着想,我们的对策是从最坏的状态出发谋求最好的方案。以我们在第2章第2节讲述的"情侣博弈"为例,假定大海选择看足球这个方案,他很可能因丽娟选择看芭蕾舞而丧失了二人相会的机会而得0分,即 Min(2,0)=0;而如果大海选择芭蕾,他很可能因丽娟选择看足球,又丧失了二人相会的机会而得−1分,即 Min(−1,1)=−1。小中求大,大海还是选择了看足球的保险方案。这样的决策方法,叫做最大最小原则。罗尔斯正是运用第二个学派的最大最小原则对正义原则进行选择的。其结果便是罗尔斯的两个正义原则,它可以陈述如下:

"第一个原则:每个人都拥有一种与其他人的类似自由相容的最广泛的基本自由的平等权利。"①"第二个原则:社会的和经济的不平等应这样安排,使(1)对处于最不利地位的人最为有利;(2)依附于机会公平平等条件下的职务和地位向所有人开放。"②这是因为在无知之幕的掩盖下,每个人都不知道自己的天赋和社会地位,也不知道将会落入什么结果的概率,他们绝不会拿自己以及子孙后代去做一锤定终身的冒险,这种冒险有可能使自己及其子孙成为奴隶。为保险起见,他们自然要求有平等的基本自由。这种情况,正像你在"无知之幕"的遮盖下,不知道自己是男人还是女人,你大概会选择男女平等的道德原则,而不会选择男人可以压迫女人的社会制度,因为你也有50%的概率做女人。至于社会经济的不平等,因为无知之幕的阻碍,谁都有成为得益最小者的可能,因此人们自然选择这样的社会分配原则,它进可以攻,求得自己最大利益,退可以守,即使自己在处境最为不利的情况下其生活状况也有所改善。那个正义原则是明显地符合于最大最小原则的,因为最大最小原则的基本精神就是从最坏的状态出发谋求最好的方案。这里值得注意的是,罗尔斯在这里讨论的是"基本的善"即生存与福利

---

① 约翰·罗尔斯:《正义论》,何怀宏等译,中国社会科学出版社1988年版,第56页。
② 同上书,第79页。

生活的最基本条件的分配问题。人们自然不愿意拿它去冒风险。因此运用最大最小的原则来取得它,这当然有它合理的地方。现在我们需要进一步分析两个正义原则的内容:

第一个原则是自由原则,人人都有最大限度的平等自由权利。"大致说来,公民的基本自由有政治上的自由(选举和被选举担任公职的权利)及言论和集会自由;良心的自由和思想的自由;个人的自由和保障个人财产的权利;依法不受任意逮捕和剥夺财产的自由。按照第一个原则,这些自由都要求是一律平等的。"①这些自由是不可侵犯的,唯一的限制只是每个人具有的自由权利并不妨碍别人也具有类似的自由权利,所以叫做"平等的自由权利"。

第二个原则讨论的是社会经济所容许的不平等的限度。这限度就是机会平等原则和最不利者也受益。机会平等原则表明,虽然社会在财富、权力和职位等分配上实际不可避免有不平等的存在,但机会必须平等。就是说各种地位、财富和职位不仅向有相应的才能和禀赋的所有的人开放,而且要使所有人有平等的机会获得它。这里最为重要的是政府试图通过补贴私立学校和建立公立学校体系,保证不管生来属于什么收入的阶层的人都有平等受教育受培养的机会,进入公平竞争的行列,以尽可能填平阶级之间的沟壑,这就是说不仅具有形式上的机会平等,而且有实质的机会平等,否则就是不正义的,这就是所谓机会平等原则。②

最不利者受益原则,又称为适度差别原则。适度差别原则承认人的能力、才干以及其他条件所造成的财富分配的不平等,但这种不平等必须以状况最差者亦有所改善为限度,以这种原则来选择分配的方案。这就要求社会实行某种福利国家的政策,规定社会最低受惠值,通过税收和对财产权的必要调整,在国民财富再分配中对贫穷者加以补贴,否则就是不正义的。

▷▷　**7.3.3　正义原则的字典式的次序**

《正义论》所讨论的平等自由原则、差别原则(包括机会平等原则和适

---

①　约翰·罗尔斯:《正义论》,何怀宏等译,中国社会科学出版社 1988 年版,第 57 页。

②　同上书,第 69、266 页。

度差别原则），以及我们在上一章中讨论的功利原则，是三项基本的原则，都是现代社会应该用以调节社会基本结构、调节社会权利与义务分配、规范政府与公民行为的基本道德原则。我们应该给予赞同，将它们视作规范伦理学的基础。现在的问题是：虽然这三项基本原则之间总体上是统一的、相互补充的，但在执行过程中，在一些问题上是不可避免地会有冲突的，这就有一个优先考虑哪个原则的问题。例如社会或个人为了取得总体上的效益或效率，是否可以牺牲个人的某些平等和自由呢？为了提高整个社会的效率，是否可以让一些人先富起来并裁减一些工人的福利呢？这就是平等与效率的矛盾与冲突，是效率优先还是平等优先的问题。又如，不发达国家的人民，有些人为了提高自己的生活，移民到一些发达国家做"二等公民"，如果这些国家还有不同程度的种族歧视，我们自愿牺牲个人的某些自由权利而取得生活水平的提高，是否合乎正义呢？这里我们是否应该优先考虑平等自由原则呢？对于这类优先性的问题，罗尔斯的解答是：在各项正义原则之间有一个不可逾越的字典式的排列。其英文为 lexicographic，是《正义论》的一个很重要的观念。

大家知道，奥运会奖牌国家的名次是按其运动员获奖牌的多少而排序的。首先按获金牌多少顺序排名，金牌相同时按银牌多少顺序排名，金牌银牌相同时按铜牌多少顺序排名。这就是所谓字典式的排列。如果日本得 1 枚金牌 50 枚银牌，韩国得到 2 枚金牌而无银牌，则日本应排在韩国之后。罗尔斯正是以这种字典式的次序来排列各个正义原则的。这就是说，人们的平等的自由原则比差别的原则有"绝对的重要性"。"自由只能为了自由的缘故而被限制"，它是"不可侵犯的"，对它的违反是"不可能因较大的社会经济利益而得到辩护或补偿"的。① 而在差别原则中，"机会平等的原则"对于财富分配适度差别原则来说也是绝对的。社会制度只有这样安排才是合乎正义的，财富的分配必须服从平等自由原则和机会均等原则。举个例子来说，不论一个国家怎样穷，它的普及教育是不可或缺的，否则就违反了机会均等原则。至于第二个正义原则，对于效率原则或功利原则来说也是绝对重要的。罗尔斯说："第二个优先原则是正义对效率和福利的优

---

① 约翰·罗尔斯：《正义论》，何怀宏等译，中国社会科学出版社 1988 年版，第 292 页、第 57 页。

先。第二个正义原则以一种字典式次序优先于效率原则和最大限度追求利益总额的原则;公平的机会优先于差别原则。"①这就是说,对于罗尔斯来说,社会的基本善(基本价值)的各个维度(自由和机会、收入和财富、自尊的基础等)之间具有不可通约的性质。由于这种不可通约性,就带来了字典式的次序。比如,一个社会有三个人 x_1,x_2,x_3。在一个社会状态中,他们的福利分配是 14,12 和 13。而在第二种社会状态中他们的福利分配是 200,12 和 11。按照功利主义的福利总值最大化的算法,第二种社会状态优于第一种社会状态。因为 200+12+11>14+12+13(这里略去了收入的效用递减律)。而按罗尔斯的观点,差别原则优于利益总额的追求,第一种状态优于第二种状态,因为在第一种状态中最小受惠者 x_2,其得福利 12,比第二种状态最小受惠者 x_3 所得的 11 在状况上有所改善。无论按照"第二个正义原则优先于效率和福利原则",还是按照最大最小原则,社会均应选择第一个社会状态,因为在第一种状态下的 x_2 的 12 是最小中的最大。这里已经显示出罗尔斯的正义原则的字典式序列过于机械,以至于造成一些反例。

还可以举出另一些事例来说明罗尔斯的正义原则字典式排序原则,特别是最小受惠者也得益的差别原则优于效用原则,会发生什么问题。假定某医院有两个病人都患上致命的肺炎,A 病人原是年轻且身强力壮者,而 B 病人本来已患上了不治之症肺癌,医生判明只能活半年左右。不幸由于医疗资源的缺乏,只有一份能治好肺炎的抗菌素。按照罗尔斯的字典式排序,那最少受惠者应优先受益,这一份药应给 B 病人治疗。这显然是不适当的。而按照期望功利效用最大化的原则,这份药应给 A 病人用,那样无论对个人对社会都会得到最大的利益。同样假定一个家庭有两个孪生兄弟 A 与 B,A 特别聪明,有极好的数学天赋,送他上大学很可能被造就成为一个数学家,而 B 特别愚蠢,要花上与上四年大学的学费同样多的钱教育他才会譬如说自己穿袜子,而父母只有供得起一个人上大学的费用,这一笔钱应怎样花呢? 按照罗尔斯最差状况者(worst-off individual)也得益原则优于功利效率原则,那状况最差者自然就是 B,他应该得到这笔钱去学会穿袜子。而根据功利主义原则,这笔钱应提供给 A 去上大学,这无论对这个家庭还是对整个社会都有最大的效用。在这里我们并不准备否定罗尔斯的差别原

① 约翰·罗尔斯:《正义论》,何怀宏等译,中国社会科学出版社 1988 年版,第 292 页。

则,包括机会平等原则和最少受惠者应得益的原则,我们只是说当这个原则与功利原则发生冲突时,不能机械地执行罗尔斯的字典式排列,何者为优先要视具体的境遇而定,不能有一个机械决定论的排序。

第 **8** 章

新自由主义及其经济政策

　　从第6、7章讨论道义论基本原理的论述中我们已经看出,在人类伦理价值体系中,除了功利与福利的概念之外,自由、平等、正义、权利这些概念也是十分重要的,并且具有根本的重要性。不理解后面一组概念及其对经济生活的影响,我们对于人类追求和人类生活的理解就是片面的。而上一章就洛克关于私有财产权利的讨论以及关于罗尔斯的两个正义原则的讨论,已明确向我们表明,自由、平等、正义和财产权利这些概念对于经济分析和经济决策是十分重要的。对于这些原则的不同理解,导出了不同的国民财富分配和再分配的经济政策。罗尔斯从他的"机会平等"和"最不利者也受益"的原则中导出了一系列有关社会福利的经济政策,预设了国家和政府对其必须加以解决。但是如果我们不同意或部分地不同意罗尔斯的两个正义原则,立刻就会看到有不同的经济政策和社会政策的设计。其中,本章要讨论的新自由主义就包含不同于罗尔斯《正义论》中主张的伦理原则和经济政策。20世纪以来,由于市场经济在全球领域向纵深发展,导致经济迅猛增长、社会经济福利极大提高,也导致经济危机、失业、贫富悬殊、生态破坏等一系列问题。发展需要市场,市场需要宏观调控,这已经成为经济学家们乃至一般老百姓的共识。可是应该按照什么原则进行调控,怎样的调控才是公正的,这根本上就是一个伦理问题,它需要一门正在产生和发展的学科——伦理经济学(ethical economics)来加以解决。不但微观经济学需要了解道德哲学,宏观经济学在进行经济分析和经济决策时更需要道德哲学。从本章开始,在接下来的3章中,我们将要介绍新自由主义、民主社会主义和生态主义三个不同伦理学派的基本观点及其经济政策主张。我们将从介绍他们的观点中,尽可能地阐明自由、平等、权利、正义、功利这些伦理概念及其在经济系统调控中所起的作用。

▶▶ 8.1 新自由主义的基本伦理观点

在历史上,自由主义(liberalism)就是一种政治和经济学说,它是强调个人政治自由和财产权利,主张限制政府权力,实行自由市场经济,并为此进行理论辩护的诸多道德哲学学派的总称。在现代,自由主义至少有三个不同学派:(1)功利主义自由主义。功利主义者可以是自由主义者。不过他们认为,他们之所以强调政治自由、个人财产权利以及自由企业制度,只是因为它们能够提高社会福利,而社会福利是最基本的价值,其他一切价值都是第二位的或由此而派生出来的。(2)平等自由主义。道义论者罗尔斯也是自由主义者,在他的价值系统的字典式排列中,个人的自由权利是第一位的,它是优于社会经济福利的,并以此为政治自由、个人财产权利和市场经济作辩护。但是他认为,自由必须是平等的自由。因此,他同时又主张福利国家,支持每个公民享有福利生活权、充分受教育权、健康医疗服务权等平等权利。这些都只有通过政府对国民财富的再分配才能达到。(3)自由的自由主义或新自由主义(neoliberalism)。新自由主义并不只是一般地将自由权利放在价值的首位,而且是将个人的人身自由和财产权利看作是不可侵犯的、最基本的伦理价值,是人权中的终极的人权。福利国家和再分配政策都是违反人权的,因为它侵犯了个人的财产权利。本章要分析评价的就是这种新自由主义。新自由主义是 20 世纪 60 年代发展起来的政治运动,将古典自由主义运用于社会正义、自由市场和私有化,反对政府干预经济生活。它的代表人物是罗伯特·诺齐克(Robert Nozick,1938—2002)、冯·哈耶克(F. A. Hayek,1899—1992)和卡尔·波普尔(K. R. Popper,1902—1994)。诺齐克在他的《无政府、国家和乌托邦》(1974)一书中为新自由主义奠定了正义的权利定向的道德哲学的基础,而冯·哈耶克的《通往奴役之路》(1944)、《自由主义纲领》(1960)与《致命的自负》(1978)则特别注重自由主义经济政策的分析,波普尔的《开放社会及其敌人》(1945)则侧重于为自由主义作认识论的论证。本节的分析主要依据于诺齐克的《无政府、国家与乌托邦》。

▷▷ **8.1.1 分配的正义根源于持有的正义**

诺齐克认为,目前人们讨论正义原则,主要讨论的是分配的正义。人们首先给我们一个表格,其中占社会百分之 x 的特定阶层的社会成员占有百分之 y 的社会财富或国民收入,然后问我们这种分配是否正义、是否不平等之类的问题。其实这样提问题的人已经作了两个预设:

1. 已经存在着一口"社会大锅",这口"社会大锅"中的资源等待着中央权威对它们做公正的分配。

2. 应该存在着一种分配模式:按需分配、按人头分配、按劳分配、按权(利)分配、按罗尔斯"最不利者也受益"原则进行分配……诺齐克指出,他们"认为一种分配的正义理论的任务就是在'按照每个人的——进行分配'这个公式中填空,就具有寻找模式的倾向";"人们提出的几乎所有的分配正义的原则都是模式化的"。①

但是,第一,这口"社会大锅"根本不存在,只存在着个人、个人组成的集体、自然界已有的东西和人们生产的东西。分配不能与生产相分离,分配的所得不能与所有权相分离。我们要问分配是否正义,就首先要问人们对生产资料的持有是否正义。所以诺齐克的正义论是持有正义论(the theory of justice in holdings)②。

第二,只要不干涉人们行动的自由,一切模式化的分配都要被打破。假定你在上述的"按____分配"的模式中填上一个项,并认为这个财产分配模式 D_1 是正义的或平等的。现在假设"威尔特·张伯伦是篮球队非常想要的选手,能吸引很多门票……(并且)和这支球队签了这样一个契约:在国内的每场比赛中,从每张门票的票价中抽出 25 美分给他……假设在一个赛季中,100 万人观看了他的比赛,威尔特·张伯伦得到了 25 万美元。这笔收入比平均收入大得多,甚至比任何人的收入都多。他对这个收入有权利吗?这一新的分配 D_2 不公正吗?"③D_2 显然是一种代表财富分配集中于少数人并导致贫富悬殊的分配,如果认为 D_1 正义而 D_2 不正义,就一定要干预人们

---

① Nozick, R., *Anarch, State and Utopia*, New York, Basic Books, 1974, pp. 156 - 160.
② Ibid., pp. 156 - 160.
③ Ibid., p. 161.

的转让的自由,即干预人们的财产权利。否则,出发点 D_1 是正义的、过程(这里是转让的自愿过程)是正义的,则 D_2 也应该是正义的。

于是,诺齐克提出了他的正义的权利理论。

▷▷ 8.1.2 正义的权利理论

在新自由主义看来,问题不在于分配的正义,而在于财富的持有是否正义,即财产的获得和转让是否正义,以及当获得与转让出现不正义时如何矫正。于是诺齐克宣称,如果世界是完全公正的,"下列的归纳定义就将完全包括持有正义的领域。

1. 一个人按照获取的正义原则获得持有物,他对那个持有物是有权利的。

2. 一个人按照转让的正义原则从另一个对持有物有权利的人那里获得持有物,他对那个持有物是有权利的。

3. 除非是通过对(1)和(2)的(重复)应用,无人对一个持有物拥有权利。"①

这里有三个正义原则:获得的正义原则、转让的正义原则和矫正的正义原则。

当今世界离开私有财产产生的年代已经很远很远了。个人或个人集团的财产,除了那些由盗窃、抢夺和欺诈得来的不义之财外,绝大部分都是通过交换与转让得来的。因此研究持有的正义就应重点研究转让的正义。不过从逻辑上说,转让必须有个最初的获得、最初的持有。因此必须首先研究从自然界无主之物中最初的持有是否正义,这即重大问题——关于私有财产的产生是否正义以及通过什么途径、按什么标准持有最初的私有财产才是正义的。

为解决这个问题,诺齐克首先指出,个人是自主的和分立的(separateness of persons)。所以他首先具有绝对的、不可侵犯的自我所有权。这就是说:只有你有权支配你的生活、你的自由和你的身体,因为它是属于你的而不属于他人的。诺齐克说,假设眼睛的移植技术高度完善,以致于100%成功而无多大痛苦,又假设这个社会有许多盲人,我们是否可以用

---

① Nozick, R., *Anarch*, *State and Utopia*, New York, Basic Books, 1974, p.151.

抽签的方法,强迫抽到了签的人将眼睛移植给盲人呢? 如果可以强迫这样做,其结果是每个人都能看到东西,看到这个世界多美好,而社会总福利将会大大增加。但是除非出于自愿,这样做就是侵犯人们对自己身体的所有权。各人拥有对自己身体的所有权在这个意义上是绝对的:除了惩罚和自我保护之外,任何人不得侵犯他人的人身权利。自我所有权是凌驾于需要、美德或幸福等考虑之上的。从自我所有权可以导出个人自由:我做什么是我自己的事,在尊重他人权利的前提下,我可以做任何我自己喜欢做的事,别人无权对此进行干涉。

既然个人对自己的身体具有绝对所有权,他就对自己的劳动同样具有所有权。那么为什么这种劳动与自然界无主之物(例如土地)结合在一起而得到的劳动成果以及从自然界中取得的劳动资料本身是属于付出劳动的人所有的呢? 洛克认为,因为他的劳动与这些事物"不可解脱地混合"在一起了,而这种占有如果给"别人留下足够的同样好的"东西,这种占有就是正义的。他具有获得这些劳动资料和劳动成果的权利。这是获得的正义的洛克条件。诺齐克关于获得的正义条件大体与洛克相同。他相信,土地的私有化对于不能占有土地的人来说会比没有私有制的"大锅饭"的情况要好一些。他说:"通过将生产资料放在那些能够最有效地(有力地)使用它们的人的手中而增加社会产品,因为由不同的个人掌管资源,就不存在有新思想的人必须说服某个人或某个小团体才能进行实验的现象;实验受到鼓励;私有制使人们能够决定他们愿意承受的冒险的形式和类型,从事不同的冒险事业;私有制通过使一些人为将来的市场而节制对现在资源的消费,保护了未来的人们;它为那些不从众和媚俗的人们提供了不同的谋生之道,使他们不必说服任何人或小团体雇佣他们等。"① 由于私有制有调动生产者的积极性与创造性、节制资源、积累资本、承担风险、增加社会产品这些优点,有了这些条件,"如果占有不使未占有者情况变坏",这种通过劳动占有劳动资料和劳动成果的行为就是正义的,他对那个持有物是有权利的。当然,如果对无主的自然资源的占有会使一些人的情况变坏,占有者就应给予他们以相应的补偿,否则就是不正义的。只是在这一点上他得出了类似于罗尔斯的"最不利者也受益"的结论,不过在学理上是完全不同的。

---

① Nozick, R. , *Anarch, State and utopia.* New York, Basic Books, 1974, p. 177.

　　什么是转让财产的正义原则呢？这里所有的转让,包括交易、赠送、继承等。诺齐克认为,如果交易或转让是自愿的,那它就是正义的或公正的,因为自愿的行动是属于一种人身自由的权利。不过这里有一个界限必须划分清楚,什么是自由与自愿的交易,什么是强迫的交换与转让呢？用一支枪指住你的后背问你"要钱还是要命",这种钱与命的交易当然是强迫的。但是工人为生活所迫,不得不出卖劳动力,接受私人企业主的雇佣,来攒钱糊口养家,这是自愿的还是强迫的呢？因而工人攒了工钱,资本家攒了利润并发了财,这种交易是公正的还是不公正的呢？在珠江三角洲中的几百万外地劳工,是被迫到这里来打工的吗？按照马克思的观点,他们是被强迫的,被迫当了"雇佣奴隶"。而按照诺齐克的观点,他们都不是被强迫的,因为他们的权利并没有被侵犯,并且他们仍有各种不同选择的自由。诺齐克说:"一个人的行为是否是自愿的,取决于限制他的选择的是什么东西,如果是自然的事实,这种行为是自愿的(我可能喜欢乘飞机去某地,没有飞机,我步行去某地就是自愿的)。他人的行为限制一个人可利用的机会。这是否使一个人的行为不自愿,依赖于那些人是否有权利那样做。"[1]私人企业主或资本家有权用开办工厂的方式来处理自己的财产,因为他处理自己财产的时候没有侵犯他人的人权,也没有侵犯工人的生命、自由和财产权利。北方工人、农民有选择是否南下打工的自由。如果他不满意某工厂的雇佣条件,他可以自由到其他工厂去,而如果他不愿意被雇佣,他可以留在农村过自给自足的生活,也可以冒风险自己去闯世界,开办工人合作社或经营自己的生意,许多个体户不就是这样起家的吗？相反,不让他们南下打工,就是侵犯他们的自由权利。诺齐克认为,以高风险的"大利润"交换高安全的"大损失",这种交换对资本家和工人都是公正的和互利的。所以转让(包括交易)是否公正取决于这个交易是否自愿,而是否自愿取决于自我的所有权是否被侵犯。这就是诺齐克的转让正义原则。

　　关于矫正的正义原则,指的是当出现违反上述两个正义原则时,按什么原则进行矫正。只要看一看私有财产的历史和私有制的现实生活,看一看马克思《资本论》中的原始积累章节和欧洲人怎样侵略、残杀、掠夺美洲的印第安人,就会知道许多持有、包括获得和转让都是不正义的。如何进行矫

---

[1]　Nozick, R. , *Anarch, State and utopia*. New York, Basic Books, p. 262.

正呢？诺齐克只提出了这个原则并没有加以阐述。他说："这些问题很复杂,最好留给一个充分阐述的矫正原则的理论去解决。在缺少这样一个可以用于特殊社会的阐述的情况下,一个人不能用这里提出的分析和理论来谴责任何特殊的福利支付计划,除非显然不能用矫正不正义的考虑来证明它。尽管引入社会主义作为对我们罪过的惩罚是走得太远了,但过去的不公正也许太严重,以致一种旨在矫正它们的多功能国家在短期内是必要的。"①但是除了这一点点保留之外,新自由主义者根本否定多功能的国家。

▷▷ **8.1.3 最弱意义的国家**

从上面的分析我们已经看到,从新自由主义的观点看,个人有对生命与自由的绝对权利,也有对财产的至高无上的、不受侵犯的权利。不过我们如何能够保障这些权利得到实现呢？这就需要国家。国家之所以必要,是因为它起到保护人们免于暴力、欺诈、偷盗和强制执行契约与合同的作用。国家只是在保护人民权利的范围内才是正义的,超过这个范围做更多的事情,它就侵犯了人民的权利。诺齐克称这样理解的国家为"最弱意义的国家"（minimal state）或"守夜人式的国家"（nightwatchman state）。

这种守夜人式的国家和 20 世纪后期的多功能国家大不相同。只要查看一下当今中国、美国或俄国的政府机关,我们就发现它们有许多部门：国防部、教育部、卫生部、公安部、交通部、能源部、工业部、农业部、福利部等。它们至少有下列四种功能：(1)保护公民免受外来侵略,保护公民免受相互侵犯。这就是国防部、公安局、警察与法庭等部门所做的工作。(2)提供各种公共产品或公共服务如道路、消防、图书馆与文化局等,以改善人民生活质量。(3)照顾某些老、弱、病、残者以及贫困、失业者,给予他们救济金和福利援助,以缩小贫富的差距。(4)对人民生活的某种监督(如电影、书报以及药物的检查等)以及施行义务教育。这些都是政府为了人民自身利益而强制他们做或不做某些事情。

在现代国家的四种功能中,新自由主义者只承认第 1 种功能——即保护人民不受侵犯的权利方面的功能——是正义的。第 2 种功能是否正义,还需要分析。至于第 3、4 种功能,就是提供商品和服务,帮助社会中的一部

---

① Nozick, R., *Anarch*, *State and utopia*. New York, Basic Books, 1974, p.231.

分人,以及不管你同意或不同意政府都要提供(或禁止)某种商品或服务。而为了达到这个目的,政府通过征税来获得执行这些功能所需要的资源。诺齐克认为,这两项功能是不正义的。因为它侵犯了个人的财产权利。诺齐克论证说:"国家不可以用它的强制机构强迫一些公民帮助另一些公民,为了人民自身的利益和保护人民而强制禁止人民从事某种活动。"①

新自由主义的这种主张,并不表示他们反对帮助穷人以及缩小贫富的差距。他们甚至可以告诉富人,当你们有条件帮助穷人时却让穷人饿死,这是不道德的。但是他们反对政府通过税收来"劫富济贫",侵犯他们的财产权利。道德正确与强制执行是有区别的。正义原则与仁爱原则也是有区别的。财产权利优于慈善义务。社会可以通过自愿实行的大规模的慈善事业和保险事业来接管政府的这些不正义功能。

很显然,新自由主义伦理的基本观点是:个人自由是最基本价值,尊重个人权利是最基本的事情。所谓正义或不正义,是以权利是否被侵犯为标准的。正义的充分必要条件是不侵犯他人的权利。

▶▶ 8.2 新自由主义的经济政策

当我们理解了新自由主义的基本伦理观点之后,它所要实行的经济政策的框架就比较清楚了。尽管自由主义的经济学家们如哈耶克那样,其提出的自由主义经济政策是着重从它们的效果大大提高经济效率和社会福利来看的,但这些政策也同时可以从权利基础的正义论中加以推出或加以说明。这些自由主义者的经济政策可以归纳为下列几个要点:

1. 崇尚市场经济,主张创造条件以最大限度地发挥自由竞争的作用,使之成为调节和协调个人努力和资源分配的机制。由于老自由主义和新自由主义主张个人是自主的和分立的,他们的自我所有权是绝对的,因此就应充分尊重个人,尊重他的个人的天赋、知识、才能、看法、爱好、选择、决策与行动。而在经济生活中,只有自由的市场经济才能充分发挥自发的、不受拘束与干预的个人才能与智慧,由此达到个人活动的大解放,以及由此而来的

---

① Nozick, R., *Anarch*, *State and utopia*. New York, Basic Books, p. ix.

经济繁荣和科技发展。最近几百年来工业社会的历史就是这样写的。因此新老自由主义者都强调市场经济和自由竞争。老自由主义者亚当·斯密说过,在市场经济中,"人人想方设法使自己的资源产生最高的价值。一般人不必去追求什么公共利益,也不必知道自己对公共利益有什么贡献。他只关心自己的安康和福利。这样他就被一只看不见的手引领着,去促进原本不是他想要促进的利益。在追求自身利益时,个人对社会利益的贡献往往要比他自觉追求社会利益时更为有效"①。不过当代自由主义者并不主张自由放任,而是主张创造条件充分发挥市场和自由竞争的作用。例如哈耶克说:"在安排我们的事务时,应尽可能多地运用自发的社会力量,尽可能少地借助于强制,这就是自由主义的基本原则,这个基本原则能够做千变万化的应用。""自由主义者对社会的态度,像一个照顾植物的园丁,为了创造最适宜于它们成长的条件,必须尽可能了解它们的结构以及这些结构是如何起作用的";要"深思熟虑地创造一种使竞争能尽可能地有益进行的体制"。② 他又说:"自由主义的论点,是赞成尽可能地运用竞争力量作为协调人类各种努力的工具,而不是主张让事态放任自流。它是以这种信念为基础的:只要能创造出有效的竞争,这就是再好不过的指导个人努力的方法。它并不否认,甚至还强调,为了竞争有益地运行,需要一种精心想出的法律框架,而现存的和以往的法律无不具有严重的缺陷。它也不否认,在不可能创造出使竞争有效的必要条件的地方,我们必须采用其他指导经济活动的方法。然而,经济自由主义反对以协调个人努力的低级方法去代替竞争。它将竞争视作优越的,这不仅因为它在大多数情况下都是人们所知的最有效的办法,而更因为它是使我们的活动在没有当局强制和武断的干预时能相互协调的唯一方法。"③在哈耶克看来,与自由竞争相比,计划经济就是一种调节个人努力的低级的方法,即"令人难以置信地笨拙、原始和范围狭小的方法"④。生活在 20 世纪社会主义国家的人们,当他们艰难地从计划经

---

① 亚当·斯密:《国民财富的性质和原因的研究》,下卷,郭大力、王亚南译,商务印书馆 1996 年版,第 27 页。

② 哈耶克:《通往奴役之路》,王明毅、冯兴元等译,中国社会科学出版社 1997 年版,第 24—25 页。

③ 同上书,第 41 页。

④ 同上书,第 53 页。

济的困境中走出来时,是不难理解新自由主义这个观点的正确性的。不过却有许多人只从经济运行机制的本体论意义上理解市场机制的功效,却没有从尊重个人自由、尊重个人权利的价值学上来理解市场经济的伦理本质。就算是发展民主和自由暂时还未能取得很好的经济利益,也是值得实施的,因为对事业的个人民主的参与性与个人权力的保证本身就是发展的目的,而不能仅仅将它看作是手段。

2. 反对计划经济,反对对社会成员的一切活动进行集中的管理。哈耶克等自由主义者指出,生产力越发展、技术越复杂、分工越细致,就越不能集中管理,用"某种中央机构进行调节",进行有意识、有组织、有计划、人为地进行控制。这是因为:(1)个人需求无限多样,满足这些需求的条件变化万千。"绝不可能由任何一个中心对它加以充分的了解,或很快地把它收集起来和传播出去。"①所以计划经济总是产销脱节、供需失衡。以指令性计划经济的"人为机制"代替市场自发价格体系的自动调节,必然产生官僚主义、无政府状态和资源的大量浪费。20世纪许多社会主义国家指令性计划经济的失败证实了自由主义者哈耶克在20世纪30年代和50年代的论证具有极大启发性。(2)如果实行中央集权、全国统一的指导性计划经济,各种技术专家都必然企图通过计划统一调拨资源来实现他们的宏大的技术理想和技术雄心。这些技术家们都只有一孔之见、一德之功,他们的理想与雄心是局限性观察的结果,而且是彼此相互冲突的。对"这些最渴望对社会进行计划的人们,如果允许他们这样做的话,将使他们成为最危险的人物——和最不能容忍别人的计划的人。从纯粹的并且真心真意的理想家到狂热者往往只不过一步之遥"②。他们不可避免地要成为"无所不知的独裁者"③。一个有单一观念的集中统一的经济计划,是不可能一项项地通过民主表决用妥协的方式来建立的,为制订和推行这个统一计划,计划者必然压制民主,实行专断与独裁。所以计划经济必然与专制或极权联系在一起。"集中计划要在很大程度成为可能的话,独裁本身是不可少的。"④(3)价值

---

① F. A. 哈耶克:《通往奴役之路》,王明毅、冯兴元等译,中国社会科学出版社1997年版,第52页。
② 同上书,第57页。
③ 同上书,第58页。
④ 同上书,第60页。

和人们遵循的伦理准则是多元的。每个人有每个人的爱好、兴趣、追求、生活方式和目标。"根本就不存在这种完整的伦理准则","没有这样包罗万象的价值尺度"①,"千百万人的福利和幸福不能单凭一个多寡的尺度来衡量"②。因此,每个人是自己目标的最终裁决者。在限定的范围内,应该允许个人遵循自己的而不是别人的价值和偏好,而且在这些领域内,个人的目标体系应该至高无上而不屈从于他人的指令,硬要制订一个统一调拨资源的国民经济计划,对人们一切经济行为从而对人们的生活方式进行统一集中管理,就是侵犯个人的自由,侵犯个人目标至高无上的自主领域。人们失去了选择工作、选择职业、选择闲暇时间、迁居、言论、出版、集会、结社等自由。我们特别应该从尊重个人价值的观念来认识计划经济的弊端。当然自由主义者并不否定有社会共同目标,但它不过是许多个人目标的共同点或一致性。它不是个人终极目标而是达到个人多种多样意图的手段。只有这样才可能对共同行动达成协议。

3. 提倡逐步的零星的社会工程,反对宏伟社会蓝图和乌托邦社会工程。卡尔·波普的哲学理论为新自由主义奠定了认识论基础。他从归纳方法的局限性和不完备性出发,认为通过观察与实践都不可能确实证实科学的规律与理论。科学理论是从问题开始,通过大胆的猜测和思想自由创造而产生,进而经过严格的批判、反驳与证伪,从而发现新问题而不断向前发展。科学的本质特征是可证伪的、可错的和可反驳的与非权威的。科学虽然旨在追求与事实相符合的真理,但谁也不能证明我们已经发现了它。因此尝试——消错——再尝试——再消错就是一个认识过程。将这个认识论用到社会改造工程上,我们就要反对乌托邦社会工程,即雄心勃勃地企图建立一个尽善尽美的"理想国"和"人间天堂"的庞大社会计划。因为:(1)这种理想社会蓝图及其实现手段无法用科学的方法来证明,也无法用科学方法来否证。它们无法用经验知识来知道,只能从梦想中知道它,因为"社会生活如此复杂,以致很少有人或者根本无人能够在总体的规模上评价某项社会工程的蓝图;评判它是否可行;它是否带来真正的改善;它可能引起何种苦难"。对于其采取的

---

① F. A. 哈耶克:《通往奴役之路》,王明毅、冯兴元等译,中国社会科学出版社 1997 年版,第 61 页。
② 同上书,第 60 页。

各种手段和步骤是否能达到其遥远目标,根本无法证明和无法检验。因此对进行这些步骤与手段给许多人带来的不便和抱怨,工程管理者必然置若罔闻。结果实践起来就有大失败和大灾难的危险。(2)这种社会蓝图由于是某种虚幻的东西,就只有少数预言家才能说得出来,这些计划不是诉诸于理性,而是诉诸于人们的感情,不是交给人们来自由讨论,而是从房顶的喇叭来进行宣布。而为了对全社会进行全盘的彻底改造,就要求少数人集中统治,必须导致独裁。而为了要实现这种尽善尽美的社会理想,就必然要铲除一切现存制度、传统和机制,对不合"理想社会"要求的人进行净化、清洗、驱赶、流放和杀戮。这就是柏拉图"洗净画布"以便画上最优最美图画的观念。好心好意要把尘世变成天堂,而结果只能是将其变成地狱。

波普尔等自由主义者所提倡的逐步的零星的社会工程,在目标上是不求在人间达到最大的幸福和最完善的希望,"因为或许不存在使每个人获得幸福快乐的制度与手段"。但是社会上每个人都有"一种在能够避免的情况下要求不被造成不幸的权利","因此,零星工程将采取找寻社会上最重大最紧迫的恶行并与之斗争的方法"。① 总之,它的目标不是最大限度地增大一切可能的快乐,而是最大限度地减少可以避免的痛苦。而在手段上,逐步零星社会工程要求在每一步骤上必须能够检验,能够将实行的结果与预期的目标进行比较:"它们是关于单项制度的蓝图,例如关于健康和失业的保险,或关于仲裁法庭,或是关于编制反萧条的预算,或是关于教育改革的蓝图。如果它们出了错,损害不会很大,而重新调整并不非常困难。它们风险较小,且正是由于这个原因,较少引起争议。"② 一切科学与社会工程的最本质特征就是可错的和非权威性的。对任何一种社会理论和政府工作进行批评的权利,是最重要的人权。③ 逐步零星社会工程不是保证不失误,而是保证我们可以通过尝试——消错——再尝试——再消错进行学习的社会工程。这应该是"摸着石头过河"的社会工程。

4. 实行国有企业私有化与民营化,反对企业国有化和福利国家政策。

---

① 波普尔:《开放社会及其敌人》,第 1 卷,郑一明等译,中国社会科学出版社 1999 年版,第 293 页。
② 同上书,第 294 页。
③ 同上书,第 344 页。

第二次世界大战前后,世界兴起企业国有化浪潮,不仅以苏联为首的社会主义国家如此,资本主义国家亦然。由于战时经济需要国家控制,战后迫切进行的迅速恢复与重建经济需要国家的干预,经济危机需要国家宏观调控,高风险投资(如原子弹、航天以及某些新兴高科技等)以及公共设施、公共产品需要国家投资。又由于福利国家中社会主义思潮和凯恩斯经济学思潮的影响,欧美国家,特别是英、法、德等国国有化企业发展迅速。根据世界银行的资料,国有企业在全国非金融固定资本总额中所占的比重,英国为17%(1978—1981),意大利为 15.2%(1979—1980),法国为 12.1%(1978—1981),联邦德国为 10.8%(1978—1979)。至于一些第一产业部门,也大多数为国有企业所控制。如英国,邮政、电讯、电力、煤气、铁路、采煤和造船等7 个部门 100% 为国有企业,法国除造船外,其他 6 个部门 100% 为国有企业。[1] 这些企业后来在经营效益上、企业管理上和激励机制上发生许多问题。1980 年英国钢铁公司亏损 6.12 亿英镑,1981—1982 年英国利兰汽车公司每年亏损 5.35 亿英镑。而资本主义国家出现的"滞胀"又使凯恩斯主义者束手无策。于是有些新自由主义者如哈耶克等人一贯主张的非国有化和自由市场的经济政策便得到许多政治家们的拥护。例如英国撒切尔夫人保守党政府上台(1979)就连续大搞私有化运动。新自由主义者认为国有制是低效率、资源配置浪费和官僚主义的根源,应该将其减缩到最低的限度,即限于公共产品和非竞争性行业。而一些极端的自由主义者则主张,将所有的道路、高速公路和桥梁进行私有化也没有坏处。[2]

至于福利政策,新自由主义者中的唯自由主义者认为是自由优于并且独立于福利的后果。他们反对征收累进税、遗产税,反对政府给予公民有福利权、医疗服务权,认为这些来自国民财富再分配的措施是侵犯了一部分富裕阶层的所有权。

在下一章中,我们将会看到与这种自由主义相反的伦理观念和经济政策。

---

① 江瑞平、邹建华、金凤德:《国有企业的改革和中国的抉择》,广东人民出版社 1996 年版,第 14、59 页。

② Walter Bock, "A free market in roads". In Tibor Machan(ed.) *The libertarian reader*. Totowa, NJ: Rowman and Littlefield 1982. pp.164 – 183.

第 9 章
民主社会主义及其社会经济政策

邓小平说过:"资本主义国家中一切要求社会进步的政治力量也在努力研究和宣传社会主义,努力为消灭资本主义社会的各种不公道、不合理现象直至实现社会主义革命而斗争。我们要向人民特别是青年介绍资本主义国家进步和有益的东西,批判资本主义国家中反动和腐朽的东西。"①我们认为,欧洲的民主社会主义,特别是德国、奥地利和瑞典、挪威等国的社会主义思潮的有些重要方面,也应属于"努力研究和宣传社会主义,努力为消灭资本主义社会的各种不公道、不合理现象……"之列,值得我们特别予以研究。它们的价值体系、政治理念和经济政策对他们社会的经济体系或经济体制产生了重要影响,也是值得我们特别注意的。那么,什么是社会主义呢?

社会主义是一个十分广泛的家族类似概念。一些具有或缺少原来认为是本质特征的东西(共产党的领导、公有制为主体、实行计划经济、按劳分配等)的社会价值、社会运动和社会制度都可以叫做社会主义。如原来认为苏联社会主义是比较典型的社会主义,但现在有中国的市场社会主义,或叫做社会主义市场经济,包含有较多私有经济成分。欧洲的福利国家如瑞典、德国,不仅它们的执政党社会民主党认为自己实行的是社会主义,许多社会科学家都认为,这是一种类型的社会主义。那么到底什么是社会主义呢? 我在《实在与过程》一书中曾经作了这样的概括:"社会主义是对资本主义产生的异化、不平等和各种弊端的一种抗衡,它是对社会公正、共同富裕和人类的自由而全面发展的一种追求。人们大致是在这个范围里用社会

---

① 《邓小平文选》第 2 卷,人民出版社 1994 年版,第 168 页。

主义这个词来指称一种思想、一种价值体系、一种社会运动和一种社会制度。"①由于我们假定大家对苏联社会主义模式和中国社会主义市场经济比较了解,便不去分析其中的价值体系和社会制度,所以在本章中我们侧重介绍当代欧盟中一些国家所实行的社会主义价值体系以及由此决定的社会经济体制和社会福利政策。在进行这个介绍之前,先分析一下传统社会主义的价值体系。

▶▶ 9.1 马克思主义的社会主义价值体系及其实践

近现代的社会主义作为一种社会运动,主要有两个起源:第一,18世纪早期的工人运动,包括工会运动。它对于工人阶级的被剥削、贫困和苦难生活进行反思和反抗,要求改善劳动条件,改善工人阶级地位,于是便产生了一种对未来社会的理想,认为这种未来社会一定是没有剥削、没有资本家与地主、人人过着自由、平等、博爱、幸福的新生活的社会。第二,社会主义是对文艺复兴以来启蒙运动的人道、人权、民主、自由,特别是平等与公正的理念的进一步继承和发展。有关这些概念,在本书前面关于功利主义、康德主义、罗尔斯的道义主义的章节中曾有所分析。

马克思的社会主义理论从一开始就十分重视发展人道主义和自由平等的理念。早在《1844年经济学哲学手稿》中,他就已经指出,资本主义之所以是反社会的,就是因为它不能实现人的潜能的自由而全面的发展;分工、私有财产和"过去的对象化劳动就统治现在的活劳动"②,使人性被异化了,而"自由的有意识的活动恰恰就是人的类特性"③。所以未来社会"将是这样一个联合体,在那里,每个人的自由发展是一切人的自由发展的条件"④。在《资本论》中,他又进一步发挥这个论题:代替资本主义的未来社会将是"一个更高级的,以每一个个人的全面而自由的发展为基本原则的社会形

---

① 张华夏:《实在与过程》,广东人民出版社1997年版,第93页。
② 《马克思恩格斯全集》第32卷,人民出版社1998年版,第125页。
③ 马克思:《1844年经济学哲学手稿》,人民出版社2000年版,第57页。
④ 《马克思恩格斯选集》第1卷,人民出版社1995年版,第294页。

式"①。这时,"作为目的本身的人类能力的发挥,真正的自由王国,就开始了。"②对资本主义产生了极大的生产力的肯定,对资本主义的剥削、异化的批判和对未来社会的个人的真正自由的追求,是马克思关于社会主义和共产主义的中心概念,离开了这些中心概念,便很难算是真正的马克思主义者。

关于如何实现社会主义这种理想的价值体系及由此建立的社会主义制度,马克思和恩格斯在他们 1847 年合著的《共产党宣言》中,以及在此前一两个月恩格斯写的《共产主义原理》(《宣言》许多地方运用了《原理》的内容)中有非常明确的界定:

1. "工人革命的第一步就是使无产阶级上升为统治阶级,争得民主"。③ "他们的目的只有用暴力推翻全部现存的社会制度才能达到。"④

2. "无产阶级将利用自己的政治统治,一步一步地夺取资产阶级的全部资本,把一切生产工具集中在国家即组织成为统治阶级的无产阶级手里,并且尽可能快地增加生产力的总量。"⑤"能不能用和平的办法废除私有制?但愿如此,共产主义者也会是最不反对这种办法的人。共产主义者很清楚,任何密谋都不但无益,而且有害。"⑥

3. "征收高额累进税。"⑦

4. "废除继承权。"⑧

5. "通过拥有国家资本和独享垄断权的国家银行,把信贷集中在国家手里","把全部运输业集中在国家手里"。⑨

6. "一旦社会占有了生产资料,商品生产就将被消除,而产品对生产者的统治也将随之消除。社会生产内部的无政府状态将被有计划的自觉的组

---

① 《马克思恩格斯文集》第 5 卷,人民出版社 2009 年版,第 683 页。
② 《马克思恩格斯文集》第 7 卷,人民出版社 2009 年版,第 929 页。
③ 《马克思恩格斯选集》第 1 卷,人民出版社 1995 年版,第 293 页。
④ 同上书,第 307 页。
⑤ 同上书,第 293 页。
⑥ 同上书,第 239 页。
⑦ 同上书,第 293 页。
⑧ 同上。
⑨ 同上。

织所代替。"①

在《共产党宣言》出版后,马克思穷其毕生努力写下了《资本论》第一卷和第二卷。第三卷为未完成稿;第四卷是有关阶级和革命的最重要的一卷,却没有留下手稿;第二卷与第三卷在马克思逝世后由恩格斯整理出版。马克思的其他手稿在恩格斯逝世后,交由考茨基编辑为《剩余价值学说史》。马克思写作《资本论》的目的,就是为了论证资本主义经济由于其内部矛盾,必然导致经济危机和革命,必然被社会主义和共产主义所代替。

有关对未来社会的推测以及如何向未来社会主义和共产主义过渡的问题,绝不是一两个伟大的思想家所能包揽解决的问题。马克思和恩格斯之后,如何评价启蒙时代的人道、人权、民主、自由、平等的理念,和平过渡(通过议会选举过渡)到社会主义社会的可能性,无产阶级专政或一党专政是否必要和如何实行,资本主义的经济危机是否可以通过其自身的发展加以解决或减缓、从而资本主义是否尚有生命力,对这些问题,马克思、恩格斯的认识和论证也有一个发展过程,许多并无定论。这样,对于社会主义的理论和实践,必然为理论家和实践家留下各种研究、争论和实践的空间,形成各种不同的学派,即使他们都宣称自己是"以马克思主义做指导",亦都如此。由于时代、国情的不同,对马克思主义的理解也有一个不断深化和丰富的过程。

▶▶ 9.2 伯恩斯坦和民主社会主义的理念

在马克思和恩格斯时代,社会主义运动有一个统一的国际组织,这就是1864年成立的英法德意诸国工人联合会,简称第一国际。这个国际由于种种原因,1876年宣布解散。1889年德、法、英等国工人政党(社会民主党、社会党、工党等)重新成立国际组织,由恩格斯当主席,叫做第二国际。恩格斯死后,倍倍尔、伯恩斯坦和考茨基相继担任过第二国际的领袖。这就是人们常说的社会民主党国际,俄国的社会民主工党也是属于这个社会主义国际。俄国共产党原名就是俄国社会民主工党的多数派(即布尔什维克)。20世纪初,特别是在第一次世界大战中,社会主义国际发生分裂,其中主张

① 《马克思恩格斯全集》第25卷,人民出版社2001年版,第412页。

立即进行暴力革命的社会主义政党,以德国的罗莎·卢森堡和俄国的列宁为代表,从第二国际中分裂出来,组成第三国际。列宁等人领导了俄国十月革命,建立了无产阶级专政的政权。这个政权后来由斯大林领导,全面推行指令性的计划经济,生产力有较大的发展;在第二次世界大战中在欧洲战场作为主力战胜了德国法西斯。同时实行独裁统治,大搞个人崇拜,制造大量冤假错案。有关列宁和斯大林的社会主义模式及其价值体系,我们在此不加论述;这里要讨论的是另外一派的社会主义学说,即民主社会主义或社会民主主义(二者有很大的区别,不过我们着重讨论其共同点)的学说。这个学说的主要创始人就是曾被恩格斯指定为其遗嘱执行人之一的德国社会民主主义的理论家与政治家伯恩斯坦。

爱德华·伯恩斯坦(Eduard Bernstein,1850—1932)出生于德国柏林,16岁时开始当学徒,20岁后曾在一家银行当职员。1872年,伯恩斯坦加入德国社会民主工党,1878年,伯恩斯坦开始担任社会民主主义赞助人卡尔·赫希伯格(Karl. Hochborg)的私人秘书,1881年开始在瑞士苏黎世担任德国社会民主党的机关报《社会民主党人报》主编;1888年在德国俾斯麦政府的压力下被逐出瑞士,移居英国伦敦继续办报。1901年伯恩斯坦返回柏林,出版自己主编的《社会主义文献》杂志(1901—1905)。1902—1928年期间,伯恩斯坦三次当选为国会议员。

在1880—1890年间他因为著有《社会民主党人》(1891)、《社会主义问题》(1896)以及《社会主义的前提与社会民主党的任务》(1899),被罗莎·卢森堡、考茨基等人称为改良主义与修正主义。他的主要论点是:资本主义世界尚有发展潜力,社会主义革命的政治前提与经济前提尚未成熟,社会主义政党的任务是通过民主改进工人阶级的政治经济地位,进一步促进民主自由与人权的发展;通过议会道路和平过渡到掌握政权,实行社会主义的政治政策和经济政策。在这些主要论点中,前者属于事实判断,后者属于价值判断。其要点如下:

1. 他批评《共产党宣言》中有关"资产阶级社会崩溃就要到来"、阶级决战和"社会大灾变即将到来"①的见解,认为这种估计是建立在以下假设

---

① 伯恩斯坦:《社会主义的前提和社会民主党的任务》,舒贻上、杨凡等译,三联书店1958年版,第1页。

的基础上:资本主义生产过剩危机越来越尖锐,使整个社会已达到失控和崩溃的地步;工人阶级生活条件和工资水平越来越低下,他们不仅相对贫困化而且绝对贫困化,以至于到了不得不进行暴力反抗的地步;而资本的集中,使中小资产阶级越来越少,资产者越来越少,社会剩下的是极少数的大资产阶级和赤贫化的无产阶级的两极对立①。他反对这些论点,所提出的理由是:

(1)根据事实,"不论绝对的或相对的,有产者人数都在增加。如果对社会民主党的活动和前途的估计以有产者人数减少的理论为依据,那么,社会民主党实际上等于'睡着'了。""社会的构成,并没有变化得比过去更单纯,而就所得额来看,或就职业来看,毋宁说正在划分为非常多的阶段和分化为很多种类。"②随着社会财富的庞大增殖,中、小资本家人数不断增加,工人的生活也得到改善,并可以争取得到更大的改善。"工人阶级如果要等待'资本'把中产阶级从这个世界上消灭的一天,那他们的确在做白日梦了。"③有人用现在的事实证明,伯恩斯坦的这个估计是正确的,"特别是到了 20 世纪 90 年代,产业工人的比重在不少(先进)国家已实际上降到 20%以下"④。中产阶级和小公司大量增加,现代管理学权威彼得·德鲁克估计,2010 年,在发达国家中产业工人占劳动力的比例不到 1/10。⑤ 这就出现了与马克思《资本论》的预言完全不一样的情况。

(2)关于资本主义经济总危机问题。伯恩斯坦认为,资本主义经济危机每 10 年一次的循环不是由于大众贫困和消费减少造成的,而主要是由固定资产的周期更新引起,并且近年的经济事实"既未能证实激烈无比的世界经济危机的征象,也不能断定介于危机之间的事业复兴是特别短命的",⑥这是由于世界市场远未完成并且信用制度和卡特尔、托拉斯亦有调

① 伯恩斯坦:《社会主义的前提和社会民主党的任务》,舒贻上、杨凡等译,三联书店 1958 年版,第 50 页。
② 同上书,第 50 页。
③ 同上书,第 51 页。
④ 郑永朝:《冷战后民主社会主义"神奇回归"探析》,《理论与改革》杂志 2005 年第 1 期,中国社会科学院网站:http://myy. cass. cn/file/2006011221586. html p. 2.
⑤ 彼得·德鲁克:《后资本主义社会》,张星岩译,上海译文出版社 1998 年版,第 43 页。
⑥ 伯恩斯坦:《社会主义的前提和社会民主党的任务》,舒贻上、杨凡等译,三联书店 1958 年版,第 59 页。

整生产和减缓经济危机的作用。"它通过对于生产活动和市场情况的关系的显著影响，能够使危机发生的危险减少。"①况且，"在所有先进国家，资产阶级的特权在政治上正不断向民主让步"；"各国政治组织越是民主化，政治大灾变的必要和机会便越是减少。"②因此建立在政治经济大灾变即将来临的暴力社会主义大革命的行动是不可取的。至于工人阶级是不是绝对贫困化，伯恩斯坦根据19世纪英国工人阶级的状况的事实回答说，工人阶级的状况确实有了很大改善。

2. 伯恩斯坦特别指出，社会主义经济的条件尚未成熟。他认为当时欧洲先进国家，生产社会化和集中化的程度还是比较低的，"微不足道的"。在工业上进行国有化，或合作化，在农业中全面建立合作社，在经济效率上不会有什么良好效果。他说："生产物的生产和分配即时全部移交国家，无可争辩地是离题太远。恐怕国家接办大中经营的大部分都肯定是不可能的，地方自治体作为中间机关也几乎是无济于事的。……任何人都不能想象把那些截至今天为止一直为大市场而生产的企业，突然全部都归地方自治体公有。"③"为了能够担负起这样庞大的组织的最高管理或经济统制的责任，政府或国民议会又需要发挥如何丰富的判断力、实际的知识和行政的能力啊！"④至于在广大的农村建立社会主义的农业生产合作社，"六十年代的生产合作社，差不多到处立刻遭到失败，不是全部解散，就是变为小型公司企业。"⑤"苏格兰合作农场还遭到大失败。"⑥当然，伯恩斯坦还没有从经济利益和运行机制上分析非资本主义合作企业或合作农场的失败原因，他只是说社会主义的经济前提尚未成熟。"既然经济的进化所需要的期间比预想的要长远得多，那么进化或许会采取《共产党宣言》中所没有预想到、亦不能预想到的形式也未可知，或许会达到《宣言》中所没有预想到，亦不能预想到的状况也未可知。"⑦这就为主张国有化、集体化和计划经济的社会主义形

---

① 伯恩斯坦：《社会主义的前提和社会民主党的任务》，舒贻上、杨凡等译，三联书店1958年版，第66页。
② 同上书，第3页。
③ 同上书，第79页。
④ 同上书，第75页。
⑤ 同上书，第30页。
⑥ 同上书，第30页。
⑦ 同上书，第2页。

式留下了退路,为各种后资本主义和市场社会主义的主张留下了余地。

3. 民主社会主义之所以可以称为"民主的社会主义",是因为它将自由、民主与人权的价值概念置于一个很高的位置,认为它不仅是社会主义的前提和手段,而且是社会主义的基础和社会主义的首要目标之一。

伯恩斯坦虽然并不是一般地反对暴力革命,只是说这种大灾变与暴力革命的条件尚未成熟,但实际上,他一般地反对暴力,认为无产阶级及其政党可以通过"行使选举权和利用其他一切合法手段的议会斗争的方法"[1]获取政权。而在获得政权之前,在资本主义社会里,民主有利于保护工人利益,维护工人的福利,并打破寡头政治。在这方面,他特别重视基层民主,即工会的作用。他说:"工会或职工会,是工业方面的民主要素。它的倾向是打破资本的专制主义,建立劳动者在工业管理方面的直接的努力。"[2]

伯恩斯坦对民主的理解与主张无产阶级专政的列宁主义对民主的理解有相当大的区别。他认为应"把民主解释为不实行阶级政治,即任何阶级都没有对整个社会的政治特权",不实行"垄断团体"也不实行"多数人压迫少数人"并"危害个人自由"。所以他的民主概念是与正义、自由和平等权利的概念是联系在一起的。他说:"民主这个概念,按照今天的解释是包含着正义的观念的。所谓正义的观念,就是社会全体成员的权利平等,而且正是这个权利的平等才是多数人的统治的界限。权利越是平等,权利平等的观念越是支配着一般的意识,民主对人民说来也就越成为可能的最高程度的自由的同义语。"[3]他针对民主就是无政府主义以及民主就是选举"屠手"的权利这种论点指出:"民主制度存在得越久,少数者的权利越是被尊重,而党派斗争中也越是没有憎恶的观念";"民主就是妥协的大学","使各党派都认识到一旦实行民主时对自己势力的界限";"而随着劳动者的数量的增加和知识的提高,选举权是会成为使人民代表者从人民主人变为人民的真正仆人的"。[4]

因此,民主社会主义者将民主与自由不仅看作是手段,而首先看作是目

---

[1] 伯恩斯坦:《社会主义的前提和社会民主党的任务》,舒贻上、杨凡等译,三联书店1958年版,第75页。
[2] 同上书,第85页。
[3] 同上书,第86页。
[4] 同上书,第88页。

的。他说:"社会民主党在理论上也公开地以普遍选举权和民主为基础";"作为世界历史的运动的自由主义,无论从时代的连续上来说,还是从它的精神内容上来说,社会主义都是它的正统的继承者";"事实上,自由思想,从它的概念的内容来说不能不是社会主义的";"在社会民主党看来,保障国民的自由(例如法定最长劳动时间),要比实现某项经济要求占据更高级的地位。培养和保障自由的人格,是一切社会主义的手段的目的。"①所以"社会民主党是从更高度文明的开拓者这种意识中汲取鼓舞和动力的,""而阶级专政却是属于较低的文化。不管事情的当否与实现的可能性如何,阶级专政必须看作是一种倒退或政治的隔世遗传"②。

4. 伯恩斯坦虽然宣布社会民主党是民主社会主义的改良政党,后来欧洲社会民主党的实践证明,民主社会主义实即改良资本主义,或者在现阶段是改良资本主义。不过伯恩斯坦写《社会主义的前提和社会民主党的任务》这本书的时候,恰好是 19 世纪最后的一年,社会民主党还没有取得政权,并没有 20 世纪在全球各地实行的社会主义的社会实验。不过他似乎对于实行工业国有化和农业集体化持一种保留和审慎的态度,而主张建立一种混合经济。他说:"采取措施,按照上面所略述的制度使任何人都不至于因极度的穷困而以微不足道的条件出卖自己的劳动力。在这种情形下,就是为自身的利益而由私人经营的企业同公营经济和合作社经济同时并存,对社会说来也并无不可。"③"建立上述制度,或在已经建立这种制度的情形下理直气壮地发展这种制度,是生产的社会化的必不可少的前提条件。如果没有这个前提条件,则所谓生产机关的社会所有只能引起生产力的荒废、无意义的实验和徒劳无益的暴力行动,而劳动者阶级的政治统治也只能采取以革命家俱乐部的恐怖的独裁政治为支柱的独裁的革命中央集权的形式。"④而"无产阶级的专政就意味着俱乐部的演说家和著作家的专政"⑤。这些论断说明伯恩斯坦企图改变这样的模式:在经济上,社会主义=国有化

---

① 伯恩斯坦:《社会主义的前提和社会民主党的任务》,舒贻上、杨凡等译,三联书店 1958 年版,第 91 页。
② 同上书,第 89 页。
③ 同上书,第 95 页
④ 同上书,第 95 页。
⑤ 同上书,第 132 页。

和集体化+计划经济的模式;在政治上,社会主义=暴力革命+无产阶级专政的模式;而代之以民主的和市场的社会主义模式。不过对于后者,即市场经济,他确实没有把握而且说得前后矛盾。

▶▶ **9.3 第二次世界大战后社会民主主义的价值理念和经济政策**

　　第二次世界大战后,在西欧各国,社会民主党恢复了活动,并且恢复了社会民主党的国际(其前身就是上面所说的第二国际)。不久这些国家的社会民主党或社会民主工党通过选举纷纷获得了政权。现在的欧盟 15 个国家中,社会民主党执政的占了 10 个左右。其中最有代表性的是原联邦德国社会民主党、瑞典社会民主党和奥地利社会党。

　　战后的社会民主主义继续坚持 20 世纪初的民主社会主义的基本价值观念,认为社会主义与民主是必然联系着的,社会主义者就是 18 世纪启蒙运动中自由、平等、博爱理念的继承人和向前推进者。战后德国社会民主党的奠基人、曾历任德国社会民主党主席和联邦德国总理的维利·勃兰特写道:"社会民主主义者或相同含义的民主社会主义者,所追求的是这样一个社会,'在这个社会中,每一个人的个性都可以得到自由发展,同时作为社会共同体的有用之材能够负责任地在人类的政治、经济、文化生活中共同发挥作用'(1959 年德国社会民主党哥德斯堡纲领)。自由与公正互为前提是我们的出发点。社会主义意愿的基本价值就是自由、公正与团结,即'从共同联合中产生出的相互义务。'"[1]奥地利社会党领袖、连任四届奥地利政府总理的布鲁诺·克赖斯基对于民主社会主义的基本价值也有类似的提法。他说:"我们的维也纳纲领写道:社会主义者要的是这样一种社会秩序,即以个人的个性能得以自由施展为目的的生活和人际关系秩序。他们要消除阶级、公平分配社会劳动成果。社会主义是不受约束的政治、经济和社会民主;社会主义是尽善尽美的民主。"[2]我现在仅仅从他们对社会主义基本价

---

① 勃兰特等:《社会民主与未来》,丁冬日等译,重庆出版社 1990 年版,第 2 页。
② 同上书,第 19 页。

值的表述上来分析,如果说这些"第二共产国际"的继承人对马克思、恩格斯的《共产党宣言》有继承的话,就是继承了其中的一句话。这使人想起在恩格斯逝世前一年,意大利社会党人朱·卡内帕提出希望有关于未来社会主义纪元基本思想的一段题词,这段题词要用简短的字句表述未来的社会主义纪元的基本思想,以之别于但丁曾说的"一些人统治,另一些人受苦难"的旧纪元。恩格斯是这样答复的:"我打算从马克思的著作中给您找出一则您所期望的题词。我认为,马克思是当代唯一能够和那位伟大的佛罗伦萨人相提并论的社会主义者。但是,除了《共产主义宣言》中的下面这句话(……),我再也找不出合适的了:'代替那存在着阶级和阶级对立的资产阶级旧社会的,将是这样一个联合体,在那里,每个人的自由发展是一切人的自由发展的条件'。"① 他们将社会主义的价值体系表达为"民主、自由、公正、团结"。当然我不了解西欧和北欧的社会状态,更对东西方比较政治学没有研究,我只是说,照理说来,这里的民主应该不仅包括政治民主,而且包括经济民主和社会民主;这里的自由应该不仅包括政治自由,而且包括追求自己有价值的生活质量的能力自由;这里的公正,应该是比较平等地分配社会权力和社会财富,即社会成员劳动所取得的成果;这里所说的团结,应该是社会成员之间的团结合作、相互帮助、相互友爱。至于这些民主社会主义的领袖是否这样理解,就不是我在这里要讨论的问题了。由于这时社会民主党是执政党,所以他们有能力尽可能做到从政治民主扩展到经济民主和社会民主,即勃兰特所说的他所一贯理解的"民主化"就是系统地削弱特权。它包括全面改善个人生活机遇、发挥寄寓于群众中的才能、将他们各种形式的参与决定当作共同承担责任及和平解决社会冲突的手段。② 这个基本价值体系,使得它们对社会经济体系发生了极为重大的影响,同时这种基本价值体系也在他们的经济政策和经济生活的方方面面表现出来。下面我们将要稍为详细一点地讨论民主社会主义在欧洲的经济政策,包括所有制、市场与计划、工人参与、人民福利、社会保险以及环境保护等方面。不过,典型的案例主要来自瑞典和北欧一些国家的民主社会主义政策,因为像瑞典社会民主党执政的历史有六七十

---

① 《马克思恩格斯文集》第 10 卷,人民出版社 2009 年版,第 666 页。

② 勃兰特等:《社会民主与未来》,丁冬日等译,重庆出版社 1990 年版,第 33 页。

年，积累了较多的经验。

▷▷ **9.3.1　倡导混合所有制的市场经济**

　　社会民主主义者认为社会主义的一个基本理念是社会化,只不过目前条件尚未达到能够实行以公有制为主体的经济体系罢了。所以当他们执政以后,便将一些重工业以及公共产品企业收归国有。例如第二次世界大战后英国工党执政,将主要的煤炭和钢铁工业收归国有,由国家雇用经理人员经营;同样,在天然气、电力、公共交通等主要基础设施及其服务方面也进行了类似的国有化改革。尽管后来有许多经验说明,国营经济的效率不高,但是正因为如此,政府接管了一些经营失败和无利可图的事业,以为社会服务,并避免企业破产,工人失业。在北欧许多国家中,国有企业仍占相当的比例。在斯堪的纳维亚,国家控制了90%—95%的铁路网,瑞典、丹麦控制电力生产50%,挪威则控制着电力的80%以上。按产值计算,1978年瑞典国营企业在公用事业中占95%,在交通运输业中占60%,在采矿业中占56%,在制造业中占9%。① 现在国营企业在所有工业总销售额中所占的比例为:挪威10%,瑞典7%,芬兰15%,意大利40%,奥地利25%,法国20%。所以,连任过四届奥地利政府总理的社会党领袖布鲁诺·克顿斯基(1911—　　)说:生产资料私有制对政治权力的监督这个前提今天在许多国家已经有了根本性的变化。某些经济部门——例如重工业——已实现了国有化或者变成公共经营,私有制对生产资料的传统模式也就部分地被废弃了,或者被新的统治形式所替代了。

　　在一些经济部门内,许多大型企业是靠国家和投资扶助才得以生存的,如飞机制造业、电子工业以及原子能行业。我们时代的标志是各种所有制形式彼此并存。②

　　由于不以国有企业为主体的混合型经济体制的存在,便只能提倡自由的市场经济,但这种市场经济是需要用计划来进行调控的。所以勃兰特说:"一切合乎情理的经验都赞成我们让市场和竞争的力量进一步尽可能全面

---

① 向文华:《斯堪的纳维亚民主社会主义研究》,中央编译出版社1998年版,第141页。
② 勃兰特等:《社会民主与未来》,丁冬日等译,重庆出版社1990年版,第38页。

地得到发展。……但市场有多大的可能性,规划也就有多大的必要性。"①

民主社会主义思潮与新自由主义思潮不同,他们不认为自由市场自发地会达到社会福利的实现,他们主张通过对市场机制的有计划的宏观调控以及开展民主运动来达到社会主义者所要达到的目标。布鲁诺·克赖斯基1972年说了一段非常有趣的话,他说:"计划经济思想经过共产主义实践在很大程度上明显而彻底地降低了价值……(今天)我们正在一定范围内为计划思想恢复名誉,这是社会主义理论家和实践家们做梦都想不到的。但是我们有必要补充的是,今天,我们通过控制论科学方法制定规划和计划。"②勃兰特说:"市场经济和竞争最终要成为社会机制,这种机制通过确实完成期待它所完成的任务而得到证实。我预计,要解决未来的问题,除必要的机制外还将会出现越来越多的公共监督手段",例如"投资监督手段有可能成为市场机制的补充,也就是在运转明显不畅时,它能部分地取代市场"。③ 很可能在欧洲社会民主党的政策中,为工人阶级、人民大众的利益而有计划地调控市场,要比有些发展中国家发展市场经济做得好得多。

▷▷ **9.3.2 实行工业民主**

一些社会民主党长期执政的国家(例如自20世纪30年代以来瑞典社会民主党就一直掌握政权),由于长期的民主化实践的经验,在20世纪70年代和80年代就开始推行工业民主和经济民主的政策,主要包括对劳动环境的改善,大幅度延长解雇通知期限和实行解雇保护政策。特别是成立劳资双方合作委员会,劳动双方在合作委员会上讨论提高劳动生产率和工作条件的满意度问题,包括工人培训、工作范围的保健、安全措施、福利与人事等广泛问题。在这个委员会中劳资双方代表是平等的,工人不仅有咨询和知情权,而且有决策权。实行工业民主的一种更高的形式是工人(雇员)代表参加董事会。20世纪70年代末80年代初,挪威和瑞典都已做出立法,在雇用200人以上的公司和企业中工人(或雇员)有权选出1/3的董事会成员,其余成员由股票持有者、老板选举产生,在不到200人的企业中至少有2名工人代

---

① 勃兰特等:《社会民主与未来》,丁冬日等译,重庆出版社1990年版,第68页。
② 同上书,第22页。
③ 同上书,第67页。

表参加董事会。由此瑞典就有 8 万工人进入董事会。有关工业民主,瑞典 1977 年颁布的《共同决定法》规定:"1. 分配和工作组织等问题都要由劳资双方谈判来决定,不再完全由资方控制。2. 在做出影响雇员利益的变化之前,雇主完全有责任与雇员进行谈判。3. 雇员有权要求在广泛的问题上与雇主进行谈判,例如工作组织与分配问题。4. 在劳资双方对一项协议的解释有分歧的情况下,雇员有解释的优先权。"①工业民主的目的,不但是要实现人民的政治民主,而且要实现人民的经济与社会民主;不但要实现人民政治上的平等权利,而且要实现人民在经济上与社会上的平等权利。不过上述措施还只是一种很初步的东西。1975 年瑞典工会联合会以经济学家鲁道夫·迈德纳为首的一个研究小组提出,在营利部门和私营大公司的利润中,有一部分应该由工人分享,它以强制性的定向股票的形式转入工资收入者的基金中(不是分给个人)。这就是波士顿科学哲学教授曹天予博士提出的"劳动产权"的论题,是一种"工会社会主义"思想、工业民主的理念,也是一种民主社会主义理念;在私有企业中,它同时又是一种阶级谈判、阶级调和、阶级合作的理念。对于工人阶级的利益来说,这种阶级调和和阶级合作的理念,比阶级对抗和敌我矛盾的理念很可能更加有利一些。工业民主很可能对于社会和谐发展起重大的作用。不过看来实行起来也是相当不容易的。从利益冲突到利益协调有一个漫长的社会谈判和博弈过程,当然比一个人说了算,困难得多。不过对于管理复杂系统,一个人说了算,肯定是行不通的。

▷▷ **9.3.3 推行社会福利制度**

欧洲社会民主党推行社会福利制度的目的与传统的慈善机构不同,不是将它看做是一项"恩赐",而是看做保障公民应该享受的权利:"每个家庭应得到至少是最低标准的生活水平,并不断加以改善。使社会趋向广泛意义的平等。"②他们接受了英国经济学家贝弗里奇(Bevridge)于 1942 年提出

---

① 威斯蒂主编:《北欧式民主》,赵振强等译,中国社会科学出版社 1990 年版,第 305、325、327 页。另参见勃兰特等著《社会民主与未来》,丁冬日等译,重庆出版社 1990 年版,第 53—54 页。

② Gilbert, N. and H. Specht. (1986). *Dimension of Social Welfare Policy*, 2nd edition. Englewood Cliffs: Prentice Hall. 转引自王志凯《比较福利经济分析》,浙江大学出版社 2004 年版,第 14 页。

的定义:"所谓社会福利制度就是一组社会保险、社会援助、社会救助项目,作为纠正资本主义市场经济带来的社会不公正和不平等。"①推行社会福利制度做得比较彻底和比较典型的是瑞典的"从摇篮到坟墓"的福利制度。这种模式认为,国家对于它的公民的福利负有主要责任,这个责任是全面的(comprehensive),从婴儿保育到生活保障、失业保障、医疗保障直到养老体制,国家都要负起责任,这不仅是一个社会保险问题。这个责任又是普遍的(universal),不分阶级、民族、年龄、性别都具有这种享受福利的权利。现将这个"瑞典模式"介绍如下:

1. 全国性的医疗保险制度

对有正式收入的所有人员征收 12.8% 的医疗保险税,加上地方政府和中央政府的支持,在全国为所有居民提供免费或低费的医疗服务,就医者只需交纳挂号费 25—30 克朗(相当于 5.9—6.9 美元),就可享受免费医疗。药费和医疗处理费对于居民的收入来说只是象征性的。住院病人无论动多大的手术和使用多贵重的药物,至多只付 9 美元,且住院伙食费及住房费全免。职工因病休假,每天得到的补贴一般相当于工资的 90%;产妇临产前一个月休假,婴儿出生后父母可分享 6 个月的护婴假休假期,补助每天一般相当于工资的 90%。瑞典医疗系统绝大部分是国营的或地方政府举办的。它们的经费支出在 1977 年中合计为 26,486 百万克朗。其中地方政府支出占 88%,中央政府占 1.4%,消费者占 3.3%,社会保险系统占 7.3%。② 可见全国居民医疗保健费用 90% 由政府负担了。

2. 老年生活保障制度

对于年过 65 岁的老年人实行退休养老制度。退休金分为两个部分:基本退休金(所有老年人都可领取)和补充退休金(依退休前工资收入多少而定)。按 1981 年计算,一个单身退休者每年基本退休金约为 15,300 克朗(约为 3,569 美元),一个有 16 岁以下的孩子的夫妇基本退休金为 29,000 克朗(相当于 6,753 美元)。凡退休前一年工薪收入低于 120,750 克朗(相

---

① Beveridge Peport (1942). *Report on the Social Insurance and Allied Services*, command 6402, London: HMSO. p. 5. 转引自王志凯《比较福利经济分析》,浙江大学出版社 2004 年版,第 3 页。

② 资料来源:伊格玛·斯托尔《平等与效率能结合吗?》(1979 年研究报告),转引自黄范章《瑞典福利国家的实践与理论》,上海人民出版社 1987 年版,第 39 页。

当于 2.8 万美元)者,每人可领补充退休金,其数量为退休前最高收入年份平均收入的 60%。而对于无权领得补充退休金者,可领"一般补助金",以便"熨平"收入"不平等"。这是一个相当大的数字,它占了国家税收收入的 18.5%。对老年人的生活保障,除退休金外,尚有许多优待,如住宅津贴、家庭服务(特别是生活不能自理的老人服务)、养老院设施等。这些设备和服务,除老人自付费用外,都要靠政府提供,归根结底要由青壮年人(65 岁以下)支付。据《世界性社会保障制度危机》(1982 年英文版)的统计,1979 年瑞典社会给 65 岁以上老人提供的收入及福利待遇以 10 亿克朗计算,基本退休金为 24.0,住房津贴为 4.0,补充退休金为 13.0,医疗保健开支为 20.5,地方服务开支为 8.0,协议养老金为 6.5,总数为 76.0。而老年人纳税及付费为 10.0。这种老年人消费占当年个人消费总额(个人消费与公共消费之和)的 22.4%。如此巨大的养老支出,主要由谁来负担呢?1975 年以后至 2001 年以前它主要由雇主负担。2001 年税制改革后,它主要由两个部分的收入组成:①向一切有收入者征收占其收入 7% 的"公共"养老税(以 2004 年为例,这项收入有 7.1 千亿克朗)。②向雇主征收占其收入 30% 的雇主税(以 2004 年计算,这项收入有 1.05 万亿克朗)。从 2001 年开始政府从养老支出中扣下了 13.5% 的费用转入个人退休金账户(individual retirement accounts),用于储蓄与投资。这个数字年年累积起来,将是一个极大的数字,目前已有 1.2 万亿克朗的资产。

3. 充分就业和失业救济制度

自 1932 年瑞典社会民主党执政以来,特别是第二次世界大战后,瑞典政府实行充分就业政策,力图降低失业率;另一方面实施失业保险政策。政府首先将劳动就业置于政府的监督之下,禁止私人搞职业介绍所进行中间剥削。政府劳动部门每月将本地区求业者和招工者人数与要求报给劳动市场局,一月三次向全国各地通报职业供求情报,并尽可能促成求职者与招工者达成协议,并且在全国教育局的赞助下,由政府劳动部门培训中心星期培训班进行就业的技术训练,这些培训班一般不但不收取费用,而且还发给学员每天 55—210 克朗(即 13—49 美元)的生活费。在 20 世纪 70 年代里,平均每年约有 6 万人参加这种培训班。此外,为了达到充分就业,劳动管理部门举办各种以工代账的公共工程(如城市建筑、自然环境保护、造林等)为失业者创造就业的机会。对于那些长期找不到工作的技艺差、能力低的人员,政府建立"受庇护"作坊或工程收容他们,并给予工薪补贴。这就使得瑞典在战后几十年内,保持 2% 的低失业率。

对于失业救济,法律规定领取失业救济金的人必须具备下列条件:①参加失业保险社达 12 个月以上者;②在失业前一年内至少工作了 5 个月;③不是自愿离职或因行为不端而被开除者。按 1981 年物价水平计算,96% 的失业者平均每天约领取 192 克朗(即 44.8 美元)的生活费,一周只计 5 天,并且不能无限期提供。54 岁以下失业者最多只能领取 300 天,55—64 岁失业者最多只能领取 450 天。① 这个政策与英国工党所实行的失业救济不同,后者可以自动失业,长期领取救济金。20 世纪 80 年代失业者每月可领取 300—500 英镑,比当年中国政府提供给在英国读大学的公费留学生每月费用还要高。这是造成英国贫民区一批批懒汉的部分原因。

4. 住宅福利

根据 2002 年瑞典人口统计,瑞典共有 900 万人口,估计现在已达到 1,000 万人口。有 1/3 人口住在大城市。瑞典政府住宅政策的目标是让每人获得一所足够宽敞、舒适、设备现代化并且环境优美的住所。社会民主党人宣布这是人们的"社会权利"。事情起因于 20 世纪五六十年代,随着经济的发展,大批劳动力从农村涌入城市,房租上涨,房价暴升,住宅问题成了一个大问题。60 年代中期,国会通过庞大的住宅建造计划,10 年内建造 100 万所新现代化住宅。这个计划于 70 年代中期完成。在新建住宅中,独家住宅占 1/2,公寓式住宅占 1/2。瑞典的住宅情况,1975 年每座住宅平均拥有房间数为 3.91,平均每座住宅人数为 2.41 人,平均占用每间房间的人数为 0.62。住宅建造者有国营、合作社和个人三种。公寓式住宅多由政府出资建造,占比例 61%,合作社建造占 27%,私人建造占 12%。独户住宅情况相反,国营占 8%,合作社占 5%,私营占 87%。因此,至 70 年代末住房所有制有四种形态,私房自住占 40%,私房出租占 20%,非营利性社团出租占 15%,国营房屋出租占 25%。房租是比较昂贵的,平均房租一厅二房带厨房、厕所年租金为 10,300 克朗,一厅三房为 13,400 克朗,一厅四房为 16,400 克朗。不过住房有补贴,依个人收入和抚养孩子多少为转移。一个

① 伊格玛·斯托尔:《平等与效率能结合吗?》(1979 年研究报告),转引自黄范章著《瑞典福利国家的实践与理论》,上海人民出版社 1987 年版,第 61 页。

有两个孩子的家庭每月可获得 1,000 左右克朗的津贴,基本上抵消了一厅二房或一厅三房的房租。这种津贴随家庭收入的增长而递减,全年收入占9 万克朗的家庭,没有资格接受住宅津贴。

5. 教育

教育是瑞典福利系统的主要组成部分。瑞典提供广泛的儿童福利系统,保证所有 1—5 岁的儿童能进入日托托儿所。对 7—16 岁儿童进行九年小学和中学的免费义务教育,这是每个儿童的权利与义务。在完成义务教育后,90% 青少年进入高中或职业学校。因此,瑞典的教育经费开支是比较大的。以 1974 年为例,官方教育经费占 GNP 的比例为 7.5%,官方教育经费占整个公共开支的 13.9%。①

▶▶ **9.4 对民主社会主义和福利国家的批评和辩护**

民主社会主义及其福利国家政策的主要经济特征是政府的税收和干预。看一看 20 世纪 70 年代福利国家政府税收占国内生产值的比重(%)便可知政府干预的范围和程度。以 1974 年为例:荷兰 51.4%,瑞典49.4%,挪威 48.5%,丹麦 47.4%,西德 41.4%,英国 40.0%,而美国只占30.2%。② 自由主义者严厉批评这种政策,认为它在政治上侵犯了个人自由权利,强迫个人资助其他人的消费;在经济上控制厂商的经营,干扰自由市场的运作,导致低效率、高失业率,妨碍个人生产的积极性和降低经济发展速度。宗教人士根据基督徒的理念,认为帮助穷人是自愿的,而社会民主党与福利国家的行为却是劫富济贫。

民主社会主义者对此的回应的主要理论根据却是经济学大师凯恩斯的理论。凯恩斯虽然不是社会主义者,但他认为资本主义制度本身存在一种非理性因素,它会带来危机与失业,带来贫富的两极分化;通过政府的投资、关键工业的国有以及需求的管理,可以创造一种混合经济来稳定市场经济,

---

① 福尔默·威斯蒂主编:《北欧式民主》,赵振强等译,中国社会科学出版社 1990 年版,第 406 页。

② 向文华:《斯堪的纳维亚民主社会主义研究》,中央编译出版社 1999 年版,第 132 页。

阶级对抗会有效地削弱,劳动契约会形成,最终会导致"只靠食利生活的人会安乐死"(euthenasia of rentier)。所以有人风趣地说,凯恩斯的理论是"抄共产党宣言的"。而事实上,根据 2001 年经济合作与发展组织(OECD)的统计,高社会福利国家(如瑞典、丹麦、比利时)虽有贫富差距较小的优点,但并不与低增长、低生产力、低就业率相联系,而追求自由市场并且低社会福利的国家(如澳洲、日本、美国)在这方面并不好于(也不坏于)社会福利国家。下面是 2001 年 OECD 的统计和联合国 2003 年有关人类发展的报告。①第一个数字是公共社会消费占国内生产总值的百分比,第二个数字是公共社会消费(包含公共教育消费)占国内生产总值的百分比,第三个数字是人均年国内生产总值,第四个数字是该国的基尼系数。②

表 9.1

国家	社会消费对生产总值的比例	社会消费对生产总值的比例含社会教育消费	人均生产总值(单位:美元)	基尼系数(%)
丹麦	29.2	37.9	29000	24.7
瑞典	28.9	38.2	24180	25.0
法国	28.5	34.9	23990	32.7
德国	27.4	33.2	25350	38.2
比利时	27.2	32.7	25520	25.0
瑞士	26.4	31.6	28100	33.1
奥地利	26.0	32.4	26730	30.5
澳大利亚	18.0	22.5	25370	35.2

---

① http://www.wiki-mirror.be/index.php/Welfare-state; http://en.wikipedia.org/wiki/Welfare_state; Organisation for Economic Co-operation and Development (OECD) (2001). "Welfare Expenditure Report" (Microsoft Excel Workbook). OECD. 和:Barr, N. (2004). *Economics of the welfare state*. New York: Oxford University Press (USA).

② Welfare state. From Wikipedia, the free encyclopedia. 表 9.1 基尼系数为世界银行 2002 年的统计。基尼系数表示一个国家分配平等程度。绝对平等为 0,绝对不平等为 1。根据联合国有关组织规定:0.2 表示绝对平均,0.2—0.3 表示比较平衡,0.3—0.4 表示相对合理,0.4 以上表示超过警戒线,有社会动乱危险。

续表

国家	社会消费对生产总值的比例	社会消费对生产总值的比例含社会教育消费	人均生产总值（单位:美元）	基尼系数（%）
加拿大	17.9	23.1	27130	31.5
日本	16.9	18.6	25130	31.5
美国	14.8	19.4	34320	40.8
墨西哥	11.8	N/A	8430	51.9
南朝鲜	6.1	11.0	15090	31.6

这张表格表明,效率与公平并不是不能兼顾的,问题是我们应该组织一种什么样的社会经济制度或经济管理制度。市场是自组织的,但对市场的规范、调节、干预是政府与社会按一定的道德规范与民主选择来组织的。它不是必然的、不以人们意志为转移的。

现在看来,关于福利与幸福这类概念,已经不仅是一个哲学家们在安乐椅上苦苦思索的问题,它进入社会科学的领域成为了一个实证问题:幸福研究(happiness studies)。为此就需要界定"幸福"的概念。这个问题本书已讨论多次,认为可以有客观的福利指标,用加权和的方法进行统计。阿玛蒂亚·森就是使用这种方法。这种方法已被联合国一些部门用以研究例如贫困问题。但福利可以用主观感受的方法进行计量,这样做比较容易进行。这时一个人的幸福就被定义为"在一段较长的时间里,你对你的生活的整体的评价,即你对你的生活所感觉到的满意程度。"(the overall appreciation of one's life-as-a-whole)这就是所谓内在价值或内在的善的一种测量。其实内在价值或内在的善本来就是沿着目的—手段链去追索:这个事情是为了什么目的,这个目的又是为了什么目的,追到最后一个环节,就不是为了别的什么,而是为了自己的幸福,即自己为了自己,自己评价自己,即 f(S,S) 的关系(其中 S 为自我的主体),逻辑学上叫做"自反关系"(见本书第 4 章第 1 节与本书第 14 章第 3 节)。这个论点曾被人称作搞逻辑游戏。[1] 其实

---

[1] 胡新和:《世界的"系统"构造及其缺憾》。载于张志林、张华夏主编《系统观念与哲学探索》,中山大学出版社 2003 年版,第 286 页。

这种自我感受、自我的满意度即自己的评价本来就是对于自己福利或幸福的一种测量。生命靠这种测量而趋利避害。自己感到自己状态良好便心安理得，自我感觉状态不妙便逃之夭夭。这不是一种纯粹逻辑的自反游戏，而是生命与人类经几十亿年进化的结果，并是在科学上有实证根据的。下面我就为此提供一点实证材料。荷兰伊拉兹乌大学（Erasmus University）兰特·维恩霍芬（Runt Veenhoven）教授领导了一个小组，致力于建立一个"世界幸福数据库"，做了大量问卷，询问各个国家各种不同的人对自己的生活满意度如何。满意度最小为0（即是一个最不幸福最不快乐的人）；最大为10（自己对自己生活完全满意）。在不同时期、不同状态进行反复测量，并加以统计平均，结果得出来的数据是：瑞典为8.1，日本为6.6，俄国为4.9，津巴布韦为3.9。当然这个幸福定义相当不完备。你得了癌症你自己不知道，你也会觉得幸福；你调整自己的心态到"知足常乐"的地步，也会感到幸福。不过大量统计会用知病情后的幸福感抵消不知病情的幸福感，"知足常乐"的人会被"永不满足"的人所抵消。这样统计的结果还是有利于瑞典的民主社会主义观念和实践的。①

长期担任社会党国际主席的维利·勃兰特1972年和1973年曾埋怨"战后理论匮乏"，以至于他只能凭经验来处理这样的问题："许多人期望，国家把它的国民从摇篮到坟墓都完全包下来，我认为，对于这个被期望的国家，我们需要有个新的经过周密考虑的看法。这个国家要照顾到所有问题，也就是我们现在所说的生活质量。"②不过值得注意的是，20世纪80年代世界各地形成一种新的政治哲学——社群主义（communitarianism），它足以与新自由主义相抗衡，代表人物有麦金太尔（Alasdair MacIntyre）、昂格尔（Roberto Unger）和巴伯（Benjamin Barber）、沃尔泽（Michael Walzer）、泰勒（Charles Taylor）和后者的学生桑德尔（Michael Sandel）等。社群主义提出的一套理论在许多方面是与民主社会主义思潮不谋而合的。这些理论要点是：

---

① Professor Ruut Vecnhoven, What is Hoppiness. http://www. happiness. org/Resources/ Happiness-studies/What-is-Happiness. aspx.

② 勃兰特等：《社会民主与未来》，丁冬日等译，重庆出版社1990年版，第5、58页。

▷▷ **9.4.1 社群对自我与个人的优先性**

自由主义者强调个人及其权利的优先性。罗尔斯的全部政治哲学的前提是个人在"原初状态"和"无知之幕"下的超验自我选择正义原则而形成公平的社会。所以自我除了彼此间"相互冷淡"之外,先于其价值与目的、善的观念和生活计划,并决定这个价值与目的、善的观念和生活计划。泰勒、麦金太尔等社群主义者认为,不是个人及其自主性决定社会,恰恰相反,是社群、是人们的社群的历史文化环境决定自我,决定我们的角色、我们的目的,塑造我们的理性,激发我们的创造性。连我们的自主性和自我的认同(identity)也是由社会决定的。什么是社群呢? 社群是一个拥有共同的价值、规范和目标的共同体,其中每个成员把共同目标当作自己的目标,但扮演着不同的角色。家庭、故乡邻里、社区以及各种社会性、宗教性、种族性、职业性的团体,最后还有城邦、国家、民族,都是各种社群。社群可以分为工具意义上的社群、感情意义上的社群和构成意义上的社群。其中最重要的是构成意义上的社群。所谓构成意义上的社群,就是当其成员取得社群成员资格后,就自我认同它的目标也是自己的目标,它的共同特征也是自己的特征,从而产生了一种归属感和责任感,鉴定了自我是谁。例如"我是一个基督徒"、"我是一个教授"、"我是一个广州人"等。从社群对于自我的优先性来考虑,人们不能脱离社群而生活。既然我在某一个国家中享有受保护性的权利、参与政治决策的民主权利以及享受福利的权利,我就有义务向其他人提供福利。这不是侵犯他人的自由权利或被他人侵犯了自己的自由权利,而是一个社会团结和社会合作的要素。所以在社会民主主义的纲领中,除了自由与公正价值外,还加上了一个"团结"的基本价值。这可以用社群的观念来加以解释。

▷▷ **9.4.2 公益优先于个人权利**

新自由主义认为自我优先于目的,权利优先于善。罗尔斯认为,在"原初状态"中,人们在不知道自己的社会地位、理智和力量、善的观念的"无知之幕"掩盖下进行正义的选择。[①] 所以正义的社会并不设定任何善的规则,

---

① 参见本书第7章第2节。

而让公民自由追逐任何目的,只要不与其他人的自由相冲突就行了。可是社群主义认为,这是不可能的,人们在社群中,自我本身是由价值与善所规定的,权利以及界定权利的正义原则必须建立在普遍的善(universal good)之上。所以目的优先于自我、公共利益优先于个人权利是社群优先于个人的必然结论。这条原理是自由主义与社群主义的分界线,自由主义的政治哲学是"权利政治哲学",而社群主义的政治哲学是"公益政治哲学"。但是,这并不意味着社群主义不承认或否认个人的权利。恰恰相反,他们认为,他们更深入地指出了权利的来源、内涵和扩展的可能性:

1. 个人的自由与权利不是普遍的、先验的、与生俱来的,"权利"的概念在古代和中世纪从来未出现过,至于不分种族、性别、地位、年龄、宗教的普世人权,也只是在最近才出现。这是社会、历史发展的产物,是人类进步的表现。

2. 个人权利的内涵有五个因素,说 A 由于 Y 而对 B 有 X 的权利 Z,包含了①享受权利主体 A;②权利的性质 Z;③权利的客体内容 X;④权利涉及的对象者 B,即对权利主体负有义务者;⑤权利的合法性依据 Y,例如,张三(A)根据《民法》(y)拥有李四(B)现在居住的房子(X)的产权(Z)。这种说法表明权利的实质不仅是道德的权利,而且首先是法律的权利,否则权利无从实现。

3. 社群主义所着重的权利不仅是消极的权利(negative rights),即不受政府或其他人侵犯的自由权利(如个人的行动、安全、居住、迁徙、言论、出版、信仰、集会、结社等自由权利);而且是积极的权利(positive rights),即社会福利权利(如工作权、受教育权,各种医疗、养老、风险的社会保障权利)。这是社群主义对自由和权利的第一个扩展,从免除约束(free from)的权利扩展到获得(free to)个人所无法实现的权益。社群之所以对个人有吸引力,首先就在于后者。同时,社群主义从个人权利扩展到集体权利。社群本身不是其成员的简单总和,它是社会有机体。它的基本功能之一就是对其成员公正地分配各种资源与利益,以满足其成员的物质需要和精神需要。因此它本身应有某种权利和义务。例如一个省、一个市、一个少数民族自治区有自己的独立自主性,甚至有自己社群的文化。它也应有自己的消极的和积极的权利。现代人权的发展,提出了"和平权"、"资源共享权"和"发展权",这些都显然是群体的权利,即社群的权利。这是人权的自然的扩展与延伸。

社群主义不仅重视个人的权利,更重视公共的善或公共利益。这种公共利益分为两类:一类是公共产品,例如各种各样的社会福利;另一类是非产品形式的公共利益如街道清洁卫生、环境保护、诚实、无私奉献的人际关系以及企业的民主管理带来的利益等。公共利益不仅表现为共同的需求,而且成为个人行为和社群生活的标准。这种公共利益优先的道德哲学就为利他主义的行为提供了一个理论的根据,这是自由主义费尽苦心也不能得到辩护的论题。

不过,个体主义的自由主义和整体主义的社群主义各执一端,整合它们的方法论尚未成熟。本书提出的复杂整体论也只不过是一种设想,一种研究方向。其实罗尔斯自由主义的自我优先,只不过是一个抽象的理论模型,它并不是想要说明在历史上先有个人然后有社会,他只是想通过这个模型来说明在社会中个人的自主性,和尊重他们的个人的自由权利的重要性和优先性。至于他将这种优先性说得太过绝对,没有很好地顾及社会的其他价值,以及这些价值与自由权利的价值的相互作用,则是他——特别是自由主义者诺齐克的片面性。社群主义针对他们的缺点和局限性,提出社群,它的文化和整体的功能作用与功能,要求对个人价值观念的导向作用,甚至是某种意义上的决定作用,显然是有道理的;并且在社群中,个人——既然从他人的努力和相互合作中获益,他们为公益和社会福利做出贡献就是完全必要的,可接受的,并且归根结底也可起到扩展个人权利(福利权、环境权、平等权和发展权)的作用。至于他们提出"社群优先"、"公益优先",则是一个容易被人们误解的概念。社群的作用是否优先于个人主动性的作用,公益是否优先于个人权益,应视具体情况而定。我们所主张的复杂社会整体论是力图兼容个人自由主义与社会群体主义。从社会本体论的角度看,关键的问题是要考察个人的自主性和主动性是怎样通过相互作用而形成社会模式的,社会的群体文化是怎样影响个人自由的发挥的。这就是对复杂社会系统双向机制的研究,而不是笼统地说个人优先还是社群优先。至于从社会价值论的观点看,则问题在于怎样在个人自由而全面发展的价值基础上协调和整合各种不同的社会价值之间的关系。我们的观点是有限度地支持社群主义及其对社会主义的辩护。

▷▷ **9.4.3 "强国家"观点**

我们在上一章中讲过,新自由主义者反对国家干预民众的善恶观点、价值取向和生活方式,认为只要它们不侵犯他人的权利就不应干预。对公民是否积极参与国家政治生活,国家也应采取不干预的立场。社群主义反对这种"国家中立立场"。他们认为:

1. 国家是维护公共利益的,而公民的美德与善行是促进公共利益的思想伦理基础,但这种美德与善行不是生来就有的,而是社会地形成的,是通过教育而得到的。所以国家应该负起教育和引导的作用,否则就会损害公共利益。特别是现代福利国家对公民有越来越多的要求,如果放任自流,让每个人都选择独立于社会的"共同生活方式",就会对国家起瓦解作用。

2. 社群主义认为,个人的政治权利实质上就是个人参与政治决策的权利,这是民主政治的基础。因此,国家对此应加以提倡、鼓励。因为个人积极的政治参与是防止专制独裁的根本途径,也是在经济领域防止垄断和剥削、压迫的有力武器。因此社群主义不但提倡政治民主,而且提倡经济民主。这与民主社会主义的主张不谋而合。

3. 社群主义认为,国家的功能应是多方面的。米勒(David Miller)认为,国家至少有五大职能:①保护个人与国家安全,使个人利益和国家免受侵犯;②按公正原则对资源进行分配与再分配,即规范和调节市场,合理分配个人福利;③对经济进行管理;④提供公共产品;⑤履行自我再生产,即向公民提供免费信息,使公民自由参与大众传媒的讨论。国家应维持和提高公民必备文化条件,以便能胜任对政治的民主参与。

总之,自由主义与社群主义对于国家有着很不相同的看法,几乎是各执一端:自由主义强调国家不应做什么,主张弱势政府,认为这样才能使公民自由不断扩大,而社群主义则强调国家应做什么,主张"强势政府",以保证公民的福利和分配公正。自由主义的命题在下述意义上是正确的:国家做了不应做的事,如侵犯个人的思想、学术、言论、出版、结社与宗教信仰和生活方式等自由,擅自干涉私人的生产、经营、研究等,就是践踏人权;对这样的"强国家",就应限制其职能,通过其不作为而增加公民的利益。而社群主义的命题在下述意义上也是正确的:国家没有做应做的事情,如没有使其人民享受最低的教育,没有救济垂危的个人,也是对人权的践踏,对这样的

"弱国家",就应当加强其职能,通过其积极作为来增进公民的个人利益。①因此,我们应该客观地看待这两个学派的观点,取其所长,补其所短。

在思想方法论上,新自由主义的基本方法是社会科学中方法论上的个体主义,将社会问题还原到个人来进行分析,基本上属于还原论;而社群主义,在方法论上从社会整体观察问题,是社会科学中的整体主义和功能主义。我们的方法论立场是兼容和超越方法论的个体主义和方法论的整体主义,达到一种复杂整体论的方法论立场。

---

① 俞可平:《社群主义》,中国社会科学出版社 1998 年版,第 115 页。本节在许多地方吸取和引述了该书的观点。

第 **10** 章
生态主义与绿色经济

    本章的目的是要说明,20 世纪最后几十年人类的环境意识的兴起,导致一个规模相当巨大的全球保护生态环境的绿色运动,并逐渐形成规范人们行动的生态伦理观念。这些伦理观念反过来通过政府的和社群的活动改变或想要改变人类传统的经济行为,发展出一种绿色的经济系统理想和绿色经济学(green economics)学说。在生态伦理,特别是深层生态伦理和绿色经济学的基础上,出现了一个有相当大影响的生态社会主义学派,他们特别注意运用马克思的观念来分析全球生态危机的根源,运用马克思对未来社会的观念来推测即将到来的生态世纪和生态社会的特征,并在这种研究中继承和发展马克思主义,特别值得我们加以重视。

▶▶   **10.1 生态系统**

    要了解有关地球生态系统以及人在其中的地位的社会思潮,有关生态系统的价值观念和对生态系统实施的公共政策,就首先需要了解什么是生态系统,什么是生态科学。

    生态科学是在 20 世纪初才开始从生物学中分化出来的一个独立学科群。它是"研究生物或生物群体与其环境的相互关系的科学"①。生态科学的主要研究对象不是生物个体,而是生态系统。一定的物种的个体组成种

---

① Odum, Eugene P. (1971) *Fundamentals of Ecology*, 3rd ed., W. B. Saunders Co., Philadelphia. 中译本见奥德姆《生态学基础》,孙儒泳、林浩然等译,人民教育出版社 1981 年版,第 3 页。

群,占据一定区域的所有种群之间相互依存、相互竞争组成生物群落。这种生物群落离开一定环境不能生存,生物群落与其非生命环境结合在一起组成生态系统(Ecological System 或 Ecosystem)①,它就是生态学的研究对象。生态系统通常是指地球上相对能够自给自足的一个部分。一片相对独立的森林是一个生态系统,它包括森林中所有的动物、植物和微生物,以及该地区的土壤、空气和水。一段河流或一片湖泊也可以是一个生态系统。最大和最接近于自我满足的生态系统,就是地球生物圈或生态圈,它包括地球表面,还包括大气层、海洋、河流、土壤表层以及地球上的一切生物。

生态系统主要有两种成分:自养成分,它固定光能,从简单无机物中建构成复杂的物质;异养成分,利用、重组和分解复杂物质占着优势的成分。自养成分合成与建构复杂物质,异养成分重组与分解复杂物质,这样便构成物质的循环和能量的耗散。生态学家将这个过程划分为下列五种要素或五种组分:(1)无生命物质。主要是存在于土地、空气或湖泊、海洋中的无机物质和有机化合物,如碳、氮、水、二氧化碳、硝酸盐、磷酸盐、氨基酸、腐殖质等生命必须的营养物质。它们在一定气候状况下对生态系统发生作用。(2)生产者生物。它们是自养生物,主要是能摄取太阳能量、从简单无机物中经光合作用制造食物的绿色植物。森林生态系统中的林木,湖泊生态系统中的大型漂浮性植物和各种藻类,就属于生产者生物。(3)初级消费者生物。它们是异养生物,吃食活的植物及其残体。森林生态系统中吃树木枝叶、嫩芽的鹿,吃种子和坚果的金花鼠,吃花、叶、茎、根的昆虫,吃花与种子的鸟和吃食枯枝、落叶残体的蠕虫,以及其他小动物,就属于这种初级消费者。在湖泊生态系统中,无数浮游的动物和吃食植物的鱼虾以及食腐屑的蚯蚓与昆虫,都属于初级消费者。(4)次级消费者生物。它们以初级消费者为食,也是异养者。在森林生态系统中,猎食野鹿的山狮,猎食鼠、兔、狼以及吃食鼠、蛙、鸟和昆虫的蛇,都属于次级消费者。而在湖泊生态系统中,各种食肉性的昆虫与鱼类也属于次级消费者。此外,还有吃食次级消费者的三级消费者。例如老鹰不仅吃食草食动物,而且捕食肉食动物,如黄鼠

---

① 生态系统的概念是英国生态学家坦斯利(A. G. Tanslay)在 1935 年提出来的。至于生态学一词,则可以追溯到德国生物学家海克尔(E. Haeckel)1866 年提出的 ecology (生态学)概念。

狼之类。人类是杂食动物,既是初级消费者,又是次级消费者。(5)腐养者生物。也是异养生物,主要是细菌和真菌,它们分解动植物的尸体,分解土壤上的腐殖质和湖泊中的腐烂有机物,吸收某些分解产物,释放能为生产者再行利用的无机营养物和有机营养物,从而完成生态系统的物质循环。这种不为人们注意、被认为无用之物的腐养者生物,在整个生态循环中起到决定性的作用。

生态系统是一种远离平衡态的耗散结构,依靠太阳能的耗散而维持自己的低熵有序状态。在这过程中,太阳能转变为化学能、转变为生物能,最后都变成热能,通过辐射散失于生态系统之中和之外。但在这个过程中物质却处于不断的循环中而反复被加以利用。这是通过由生产者到各级消费者再到腐养分解者组成的食物链以及由食物链交叉组成的食物网来实现的。这种能量的耗散、物质的循环和食物链的维持可以用图 10.1 加以表示。

这个物质流、能量流和稳定性是这样维持的:生产者,主要是植物的产物,对于植物自身的呼吸和消耗,对于动物(包括人)从中吸取的营养来说,是足够地可支持的、可持续的。这个生态系统的生物群体和群落对于这个生态系统所接受的太阳能来说,有一个最优的利用。这是生态系统本身经长期的竞争与进化而达到的。在这里我们要注意几个概念:(1)初级生产力或初级生产率,指的是生产者生物通过光合作用和化学合成作用把太阳辐射能与可用于食物的有机物形式储存起来的比率。一般在 2%—10% 左右。(2)次级生产力(或生产率),指的是消费者对初级层次生产者创造的生产物的利用效率。通常是在 10%—20% 左右。(3)只有当食物链中各种生物之间达到一个合适的比例和相互作用时,生态系统才能达到一个稳定的状态。①

自然界经历亿万年的进化,在地球上产生了大大小小的非常精巧的达到稳定性顶峰的生态系统,并最后整合成地球生态圈,这是一个复杂的、多样性的、统一的整体。我们必须用一种系统的世界观(systems world view)和系统的进路(systems approaches)来看待它,这就是生态整体观:(1)在这

---

① Odum, Eugene P. (1971) *Fundamentals of Ecology*, 3rd ed. , W. B. Saunders Co. , Philadelphia. 中译本见奥德姆《生态学基础》,孙儒泳、林浩然等译,人民教育出版社 1981 年版,第 73 页。

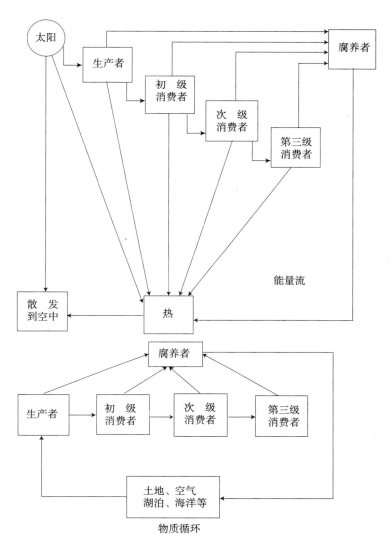

图 10.1　生态系统中的物质循环、能量耗散和食物链的维持

个生态系统中,一切息息相关。包括人类在内的各种物种之间,以及各种生物与环境之间,是相互依存的,个人、社群、社会、环境都是不能各自独立的。这些自然、社会的事物之间有两种形式的相互联系必须加以注意:一种是层级的相互关系,从肠胃中的细菌组成的小生态系统,到一个小地区生物群体组成的较大一点的生态系统,一直到整个太阳系下的地球生物圈组成的大

生态系统,是一层叠一层地相互依存着的。另一种是循环的相互关系。自然界的各种有序运作,都是循环式的,各种生物之间相互协同,相互作用;人类的活动只能是这个大循环中的一个环节,它只能协调于这个循环之中而不可能走出这个循环之外。(2)在这个协调的生态系统中,一切都有自己的作用。在这种复杂的生态循环中,任何一个环节,任何一种物质形态都是必要的,是不可或缺和不可任意附加的。当然我们并不是说人们不可以改变自然或改造自然。人类对自然的开发,如果取走了它们的必要部件,加进一些系统所不能吸收的人工的东西,以至于影响生态循环中任何一个环节的作用与功能,就会导致整个生态环境的紊乱,破坏生态平衡,甚至造成生态系统的崩溃,自食其果的只能是人类。而且问题还在于,在大多数情况下,人类目前的科学技术尚不足判明人类对自然界的改变会引起什么后果。当代著名生态科学家、美国的巴里·康芒纳(Barry Commoner 1917—)说:"地球的生态系统是一个相互联系的整体,在这个整体内,是没有东西可以取得或失掉的,它不受一切改进措施的支配,任何一种由于人类力量而从中抽取的东西,都一定要放回原处。要为此付出代价是不能避免的,不过可能被拖欠下来。现今的环境危机在警告:我们拖欠的时间太长了。"①(3)在整个生态系统中,没有白吃的午餐。吃掉一份资源就损失一份资源,耗掉一份能量就损失一份能源,污染一部分空气,就损失一部分新鲜空气,都是要付出代价的。它积累起来,就是对自然界负债,向子孙后代借债。自然界容忍这个负债的能力是有限的。

当然,就整个地球来说,一定的气候和地理条件造成的生态的稳定的顶峰,即生态适应性景观的制高点,也不是不变的。例如海水水平线的提高,另一个冰河时期的到来,会导致地球气候的地理条件的变化,于是会产生地球上旧的生态系统的崩溃,新的生态系统的出现,这时有大批旧的物种毁灭(也可能包括人类在内),但这个过程是要经过几千万年乃至几亿年才到来的,而且这个到来是自然的。问题在于人类目前对生态环境(包括其中的气候和地理所造成的影响),在一百几十年内已造成极为明显的破坏,如果

---

① Commoner, Barry., *The Closing Circle —— Nature, Man and Technology.* Bantam-Books, New York, 1974. 中译本见巴里·康芒纳《封闭的循环》,侯文蕙译,吉林人民出版社 1997 年版,第 36 页。

不加约束、节制和控制,再有几百年,地球的生态环境还不知会变到什么样的恶劣境地,也许再也不适合人类居住,也许有一个大灾难就要到来。一些经济学家、社会学家甚至政治家,他们没有这种危机意识。没有这种危机意识,就难以真正贯彻落实科学发展观。所谓"科学发展观",首先是生态科学的发展观,然后是以人为本的全面自由的发展观;而要了解生态科学发展观,首先就要建立生态危机观。

►► 10.2 生态危机

整个人类历史有无数的事例表明,人类对自然界的过度开发与索取,像对自然界拖欠了一大笔债务一样,总因不能偿还而遭受自然界的报复。

人类文明发源地中国的黄河流域,巴比伦的幼发拉底河与底格里斯河流域,以及埃及的尼罗河流域和印度的印度河流域,都曾是森林密布、郁郁葱葱、土地肥沃、人口稠密的地方。由于过度开发,对林木无限制的砍伐,对土地漫不经心的耕作,使覆盖地面的植物大面积地消失,造成土壤流失;雨季的雨水冲刷,旱季干风的吹拂,不断地将泥土带走,只剩下光秃秃的岩石和一片贫瘠的沙土。我们在地图上看到的北非的沙漠、巴比伦的沙漠、印度河畔的沙漠以及黄河河套的沙漠,就是如此形成的,再也不能恢复原貌。今天这些地方一片荒凉,让人很难想象那是昔日产生伟大文明的富饶肥沃的地方。当然在古代,一个地方适合人们生活的生态环境被破坏了,人们还可以迁徙到另一个地方去进行开发;现在整个地球早被人类所布满,我们只好忍受我们所破坏的环境给我们带来的恶果。例如,在我们国家,我们只好忍受每年流失的 100 万公顷良田和每年向南推进 1,500 平方公里的风沙线。①

工业社会比之农业社会对环境的破坏有增无减。它以更大的规模和更高的速度耗费自然资源。根据米都斯(D. H. Meadows)在《增长的极限》②一书中的估计,煤、石油、金属矿床等不可再生资源在 2100 年以前就将消耗

---

① 徐刚:《伐木者,醒来》,吉林人民出版社 1997 年版,第 134、146 页。
② Meadows, Dennis L. , *The Limits to Growth*. Universe Books, New York, 1972.

殆尽。即使这个估计有夸张的因素,但无论如何,这些资源最多也过不了几个世纪就会消耗干净。至于可再生的资源,肥沃的土地、森林、动植物、空气与水,工业世界对它们的开发与使用早已超出生态系统再生循环所能容许的范围,早已造成永久性的损害。全世界的野生动植物早已面临重大危机。在过去 2 亿年中,平均每年只有一种物种灭绝,而工业社会出现后,每年就有 400 万种物种遭灭绝。① 按照美国生态运动创始人布劳尔(D. Brower) 的计算,如果工业革命从 1840 年——即鸦片战争的时候算起,则在工业革命前,人类至少花了近一百万年的时间才创造了 10 亿人口。这是地球自然生态系统能承受的人口数,在这个数目内,自然界各种野生物种有可持续发展之可能,人类也是如此。可是工业社会仅仅经过 160 年,即到 2000 年,地球人口已超过 60 亿。联合国估计到 2050 年,世界人口将达 90 亿。这将是地球生态系统所不能承受的。这正如生态系统学家 L. W. 麦克康门斯所说的:"我们正接近于一个空前未有的环境危机。一个物种威胁到生物圈的生存,这在地球历史上可能还是第一次。"②工业生产不仅大规模、高速度地耗费自然资源,而且它的产物和副产物大多数以自然界生态系统所不能纳入再循环的形式毒化整个环境,污染了大地、空气和海洋。在这方面,只要举出 DDT 农药应用的例子就能说明问题了。DDT 及其他碳氢氯化物农药是工业化农业的产物,它本来是用以杀死害虫以保护农作物的生长的。但DDT 在环境中不能分解,或降解得极为缓慢,于是长久地散布在大地、湖泊和海洋中,其残毒为腐屑所吸收,主要通过吃腐屑的浮游生物和昆虫进入食物链,进入小鱼的组织中。通过食物链的捕食关系,其在摄入与再摄入过程中变得越来越浓缩,结果越是处于食物链的顶部的生物,吸入的分量越大。于是在喷撒 DDT 地方周围的相当大的范围里,许多吃食鱼虾的鸟类以及吃

---

① *World Commission on Environment and Development*, *Our Common Future*. Oxford University Press, New York, 1987. 中译本见《我们的共同未来》,王之佳、柯金良等译,吉林人民出版社 1997 年版,第 190 页。它估计每年有数千种物种灭绝。但根据布朗(Lester R. Brown)最近写作的一本书 *Eco-Econom*: *Building an Economy for the Earth* (W. W. Norton & Co. , NY: 2001)第 3 章第 6 节的统计,每年有 100 万至 400 万种物种灭绝。参见 http://earth-policy. org/Books/Eco_contents. htm.

② Laurence. W. Mackomance, *What's Ecology*? Addison-Wesley Publishing Company, 1978. 中译本见 W. 麦克康门斯、N. 罗莎《什么是生态学》,余淑清译,江苏科技出版社 1984 年版,第 86 页。

食鸟类的鹰都濒于死亡,而人类吸入过量的 DDT 会引起癌症。这就是伟大的生态运动创始人、美国海洋学家蕾切尔·卡逊在《寂静的春天》一书中所说的"死亡之河"。世界各地使用 DDT 及其他类似的毒性杀虫剂,使得许多生物群落严重退化,它在海洋中不但破坏了许多海产生物的幼虫期,而且抑制了海洋浮游植物的光合作用,对海洋的氧气形成产生影响,并破坏大气的平衡。它的影响如此遥远,以致在喷撒 DDT 数千公里之外的南极,那里的海豹和企鹅的脂肪里均可发现有害的 DDT。

当 1962 年卡逊的《寂静的春天》第一次出版时,公共政策中还没有"环境"这一条款。这部伟大的著作像一声春雷,一声呐喊,以她的深切感受和雄辩的论证唤起了公众对全球生态危机的普遍意识。20 世纪 60 年代末出现了价值驱动的社会运动(value-driven social movement),到 70 年代特别注意杀虫药的危害和人类受到的核武器和核能源的威胁,80 年代特别注意空气污染和酸雨的危害,90 年代特别注意臭氧层的破坏、森林的砍伐和土壤退化。到了 21 世纪,这个运动特别注意到全球气候的变化。尽管有声势浩大的全球性的保护环境的运动,上面谈到的那些危机却有增无减。详细说明这些生态危机的严重性既非本章主旨,也非本章力所能及,这里我们只略微分析一下当前的全球气候变化,因为它似乎将工业时代的环境问题集中起来,说明以几亿年为单位才发生显著变化的地球生态,只有一百多年(即地球发展史上可忽略的一瞬间)的工业社会史就为其造成了极大的损害。

火星、金星,特别是地球这样的行星,由于存在着大气而产生温室效应,即大气中的氧气、水分、蒸汽、二氧化碳、氮和氮化物以及沼气等气体,能抓住太阳辐射的能量,避免太阳的光和热即时反射回去。于是我们便有了一个温暖的行星,温暖的地球,生命与万物因此而欣欣向荣。经过亿万年的演化,地球的表面平均气温达到 33℃。我们本来世世代代都是"在温室里长大的",破坏了这个温室,我们的末日就会到来了。可是由于工业化中进行大量自然资源的开发和消耗,燃烧了大量的化石燃料,又由于工业的废气和污染物质最后都释放到大气中,以及森林的砍伐,使木材中所含的碳最后通过种种途径也释放到大气中。于是地球大气的成分改变了,二氧化碳、氮化物以及湿气这些最厉害的温室效应气体增加了。最近 50 年来,地球的平均温度提高了 0.7℃。最近政府间气候变化专门委员会(IPCC,它由英、美、法、德、意、日、俄、中国、印度等国的代表组成)建立模型做了一项预测,从

1990—2100 年,地球的平均气温将上升 5.8℃,即平均气温为 39℃。这已经是一个很可怕的数字了。可是这个计算还没有计入下列两个重大因素:(1)由于全球化导致木材的出口,全球性伐木公司增加采伐量,地球的热带雨林将被消除。其中所含的碳元素等于目前大气中的碳的数目,它们将在今后 10 年内释放到大气中。联合国环境局负责人最近说:"只有奇迹才能挽救世界残存的热带雨林"。(2)现代农业的生产方法对土壤的破坏导致将有大量的碳化物释放到大气中。英国气象组织哈利研究中心重新设计模型进行计算,也不计入上述的(1)(2)两项,所得

图 10.2 这是马来西亚热带雨林的砍伐

到的结果更令人担心:在 21 世纪里地球平均气温将增加 8.8℃。其他许多气象专家也同意这个看法,认为地球的平均气温将达到 41.8℃。

再过几十年,单是气候的变化将会有什么结果呢? IPCC 告诉我们,热浪和飓风不断袭击人类;干旱、森林大火比平常更多;洪水与热带疾病将有明显的增加,它们不仅伤害人体健康而且损害农作物;有一些物种即将消灭,如北极熊没有了,100 万种生物受到死亡的威胁;但有些昆虫,例如蚊子则大量繁殖,向北移动带来更多的传染病(例如疟疾病);预计海平面将会升高 88 厘米,将影响到世界上 30% 的耕地,使它遭受涝灾。一些低地国家如孟加拉国与其他岛国将损失惨重。许多国家的海岸线也将改变。麻烦的事还有南极、北极的冰山融化减少海水的盐分,弱化了现时海湾的海流,结果在全球变暖的过程中有些局部地区变冷,北欧诸国将会和同一纬度的拉布拉多那样冷。① 据英国观察家报导,美国五角大楼曾秘密研究 21 世纪全

---

① Climate Change 2001: The Scientific Basis. A Report of Working Group 1 of the Intergovernmental Panel on Climate Change. http://www.ipcc.ch/.

球变暖会不会将欧洲城市淹没在海水之下。这种推测可能有点夸张,不过最近几年全球气候出现反常,灾害及其相关的饥荒大幅度增加,而全球气温则不过才升高 0.7℃ 而已。①

总之,生态科学和生态运动由于研究了生态系统及其运行机制以及人类活动在其中的作用与地位,便发现了一个根本的矛盾:生态系统的运作是循环式的,不但物质要素是循环的,而且事件的因果关系也是网络式的和循环式的。而迄今为止的工业生产以及科技应用是直线式的,环境一经开发不能"复原",产品一经使用即被丢弃。在这里,不但物质的生产与消费过程的起点与终点首尾不能相接,而且事件的因果关系也被看作是单线的因果关系。正是这种直线式的工业生产和科技应用破坏了循环式的生态系统。巴里·康芒纳说:"正是在这儿,在生物圈中的人的生活出了第一个大错。我们破坏了生命的循环,把它的没有终点的圆圈变成了人工的直线性的过程:石油是从地下取来分解成燃料的,然后在引擎中燃烧,最后变为有毒难闻的烟气,这些烟气又散发到空气中。这条线的终点是烟(他还没有说到它的结果是全球气候反常——引者)。其他因为有毒的化学品、污水、垃圾堆而出现的各种对生物圈循环的破坏,都是我们强行毁坏了生态结构的罪证,这个生态结构在几百万年里一直维持着这个行星上的生命。"②

承认这一点,就意味着必须在思想方法、基本态度和价值观念上发生一个转变。这种向生态整体观念的转变至少包括下列三点:(1)承认人类及其经济是生态系统运作的一个不可分离的组成部分,有一个比我们从自然界中获得利益更高的价值,这就是保护生态环境的稳定、健全、优美和发展。只有在这个前提下才能求得人类的生存、繁荣与发展。(2)认识到环境的资源是有限的,许多是不可再生的。环境吸收与消化废物与污染的能力也是有限的。人类必须限制自己的欲求,限制自己的消费,并投入更多的人力物力,尽可能使我们的直线的工业生产向圆周形发展,循环利用资源,循环处理废物。(3)认识到对环境的任何改变都有反弹,对环境的任何开发与利用都意味着对其他人和后代人负有责任,必须用系统整体的观念代替机

---

① Edward Goldsmith, Climate Change. http://www.ethicalnetwork.org/essays/globalization.php.

② 巴里·康芒纳:《封闭的循环》,侯文蕙译,吉林人民出版社 1997 年版,第 8 页。

械的因果观,用整全的价值观念代替狭隘的人类功利主义。

这样便产生了一系列伦理问题:怎样对待环境,怎样处理有限的自然资源的分配才是正义的呢? 我们承认人人有享用适宜的自然环境的环境权吗? 我们承认后代人有他们的人权吗? 我们有责任现在就要尊重后代人的权益,现在就要保护后代人的资源环境权吗? 我们的伦理视野有可能和必要走出人类中心吗? 我们是否承认动物有自己的权利或权益呢? 我们是否承认生态系统的内在价值,而人类的价值是它的组成部分呢? 人在自然界中的地位到底如何? 这些问题就是我们需要讨论的问题。

▶▶ 10.3 生态伦理

从 20 世纪六七十年代开始,全球的生态危机导致全球性的生态运动,引起人们对工业时代的文化范式、世界观、价值取向和生活方式进行反思。这就导致两个论题:生态伦理和绿色经济,前者关系到人们的精神生活和伦理世界,后者关系到人们的物质生活和经济世界,它们都要发生相应的变化才能适应克服生态危机、实现人类和地球生命可持续的发展的需要。

什么是生态伦理或环境伦理呢? 它是人类关于生态环境的伦理决策。例如这样的问题就是生态伦理问题:

1. 我们应该为了人类的消费而继续砍伐原始森林吗?

2. 我们应该继续大规模使用燃气油动力装置的发动机,来耗尽不可再生的化石资源吗?

3. 人类应该为了自己的方便而大量消灭自然物种吗?

这些问题有一部分实质上是人与人之间的伦理关系问题,但是还有一部分本身是属于对待生命世界、对待自然界的伦理问题。

前面讲过,当卡逊女士《寂静的春天》发表时,世界各国的公共政策还没有关于环境的条款。20 世纪六七十年代的生态运动首先提出了环境权利和代际伦理的问题,并很快地将其写进了联合国的文件中。

较早地将环境权列为基本人权的文件是 1972 年联合国通过的《人类环境宣言》。它宣布:"人类有权在一种能够过尊严和福利生活的环境中享有自由、平等和充足的生活条件的基本权利,并且负有保护和改善这一代和将来世世代代的环境的庄严责任。"

为什么要提出环境权利(人人都有适宜生活的自然环境)呢?这里有几个要点需要注意:

1. 提出环境权利的目的,在于限制人们的某种自由权利,以保护人人具有平等的自由、公平的福利的权利。当然人人都具有开发与利用自然环境资源的自由权利。但一种权利应以不妨碍其他人也能实现类似的权利为限度。假使你拥有某种自然财富(如你购得一座山林,一块池塘),或有权开发某个区域的共有的天然财富,当社会的自然资源或自然财富相当丰富而人口极为稀少时,你如何使用这些资源,也许不会妨碍别人的权益,不会侵犯公共的利益。可是当今世界人口极度稠密,资源相对短缺,环境已受到了严重破坏,如果你滥用资源,任意浪费自然资源,对自然财富进行掠夺式的开发,污染周围环境,就必然要侵犯他人的自由,侵犯他人的权益,损害公共的福利,甚至威胁别人的和社会的生存,当然要受到社会的道义的(甚至法律的)谴责。这样就自然要提出人人都有与生俱来的在适宜的环境中生活的权利,以加强人们对环境保护的责任。所以环境权利之所以成为基本的人权,是因为适宜的环境是人们享有和实现自由、平等和福利生活这样的基本权利的前提条件。

2. 环境权利不仅是一个基本人权问题和基本道德义务问题,而且是一个环境正义问题。因为低收入和少数民族的社区总是坐落在公路旁、工厂或垃圾堆附近,受环境污染之苦,对健康威胁之大,他们是首当其冲的。环境权利就要求将社会问题与环境问题联系起来,解决一个正义问题。这是20世纪80年代世界各地兴起的反种族歧视、反阶级歧视运动的一个组成部分。

3. 环境权利绝不限于一个国家,它是一个世界人权问题。这是因为随着科学技术的发展,随着国际贸易和国际经济合作的加强,随着全球化的到来,随着核时代的来临,世界早已成了一个地球村。环境的污染,核辐射的扩散,臭氧层的穿洞以及温室效应都是无国界的。在一个国家里破坏环境,不可能不侵犯他国国民的环境人权,而侵犯他国国民的环境人权,例如将垃圾倾倒到别国的海域乃至公海上,其危害不能不反弹回本国人民之中。美国自己禁止使用的那些农药,仍然有一些公司加以生产,并将它出口到其他国家,这样他们便陷于一种出售公害的对别国人民的不道德状态;而且因为毒杀任何一个地方的食物链最终会导致所有的食物链中毒,包括前面讲到的南极的企鹅与海豹,于是他们很快又陷入对本国人民的不道德状态。当代世界大量的工业的有毒有害的废料,不可能丢到太阳系之外,即使可以将它们转移和"出售"给其他急需美元的国家,也还是留在了地球上,通过生态圈的循环,有一部分仍然要返回到自己的身旁,去惩罚那些不道德的社会和不道德的人。

4. 环境权利问题不仅是当代人之间的相互关系问题,它特别涉及的是代际之间的关系问题,即当代人与子孙后代的关系问题。因为物质资源、能量资源和信息资源的保护主要并不是为了当代人的利益,而是为了后代人经济发展和文化发展的需要。而解决环境污染问题也不仅是为了当代人的利益,更重要的是为了子孙后代的幸福。相反,如果我们多增殖了人口,这不仅使现代人生活艰难,而且用尽了肥沃的土地,就等于夺去了后代人的饭碗;如果我们毒化了空气,毒化了水源,制造了温室效应和破坏了臭氧层,或者发动原子战争,这就等于置后代人于险境与死地。这就产生了一个对后代人的道义责任和尊重后代人的人权的代际伦理问题。

这个代际伦理概念导致联合国 1983 年召开的世界环境与发展委员会(WCED)起草了一个著名的报告,叫做《布朗德兰报告》(Brundtland Report),1987 年以《我们共同的未来》为名发表,其中运用了"可持续"这个概念,提出了"可持续发展"(sustainable development)的论题:"可持续发展就是既满足现代人的需要,又不对后代人满足其需要的能力构成危害的发展。"① 不少国家已将可持续发展写入国家宪法。如波兰(1997)、法国(2004)、委内瑞拉(1999)、欧盟宪法草案(2004)。不过这是一个依据一定伦理思想的政治法律和社会经济问题。至于什么叫做可持续发展,在《我们共同的未来》发表之后,就有超过 140 个不同的定义,详细讨论这些问题超出了本书的范围。

现在我们还有一个问题:既然我们人类的伦理关怀与道德责任已冲破了国界、冲破了代沟,惠及天涯海角,惠及千秋万代,它的外延是否可以继续扩展到惠及动物世界、惠及整个生态系统呢? 我们强调可持续发展,是不是

① 联合国文件:Report of the world commission on Enviroment and Development:Our Common Future. A/42/427 English. p.54.

应该将其扩展到除人类物种外的其他物种呢?

让我们离开理想的道德王国,降落到悲惨的动物世界里去看看吧。人类是杂食动物,在生态系统中的地位是处于食物链和食物金字塔的较高的营养级。在发明农业以前,在食物方面,有一半是靠采集野果、植物根块为生,有一半是靠狩猎为生。由于处于食物金字塔的顶端,人类的数量绝对不可能太多。在几百万年采集与狩猎生活中,全世界人类的数量只不过 10 万左右。公元前 6,000 年人类农业文明时代开始时,全世界仅有 500 万人,比现在广州市的人口还少许多。当然早期人类要与其他动物进行生存竞争,他们为生活所迫,当然对动物是很残酷的,他们猎获动物的过程就如同非洲大草原中虎狼追赶野鹿一样。不过我们在这过程中不但要看到弱肉强食的一面,而且要看到这是协同生存的过程。在猎食过程中,猎食者帮助被猎食者控制群体的数量,使它们不致出现食物危机;淘汰其中的老、弱、病、残者,增强被猎食者的技能,优化它们的遗传基因。在生态系统中,猎食者只要不超过一定的数量,它们是有利于被猎食种群的发展的。试想世界只有 10 万人口,却有几百万、几千万的野牛和野鹿,前者绝不会对后者种群的生存发生什么威胁的。不过自从人类学会饲养牲畜与种植庄稼,至公元元年,仅6,000 年的时间,世界人口就增至 13,000 万。只是农业社会由于生产力低,对世界生态系统和野生动物物种的生存并不构成太大的威胁。

工业社会彻底打破了生态系统的平衡,动物世界的大灾难便到来了。前面讲过,就野生生物物种来说,每年有成千上万种物种被灭绝,仅仅 20 世纪地球上就消灭了 1/6 的动物物种,①巨大的在进化上最接近于人类的鲸鱼与海豚,也在濒于绝种的行列。除此之外,工业社会在动物饲养方面为动物提供了最为残酷的条件,猪、鸡、鸭、鹅之类的家畜家禽一生处于高密度的非常拥挤、缺乏阳光与空气的环境下饲养,然后被驱入屠宰场,在它们神志非常清醒的时候就被割断喉咙。为了获得高产量和降低成本,这些动物不过就是饲料转变为鲜肉的机器,饲养技术的进步就是这种转换率的提高。生物的自然本性被工业完全异化了。和这种异化相联系的还有阉割、幼畜与母畜分离、群体的拆散、一层叠一层的运输、打烙印、残忍的屠杀等。这些

---

① D. Simonnet, *L'ecologisme*. Presses Universitaires de France, 1982. 中译本见《生态主张》,万脚雄译,台北远流出版公司 1989 年版,第 18 页。

都是完全不考虑动物的利益的。权威的动物伦理学家辛格尔（P. Singer）写道："只有在利润率停止起作用时，人们才会认识这个过程的残酷性"。①

再来看看动物实验的情况。医学上的某些动物实验是必要的。动物不是人，为什么要给予它人道对待，这不是"兽道主义"吗？当然动物不是人，甚至灵长类动物也不是人，可是为什么只有对待人才应给予伦理关怀，而对待动物则不应给予伦理关怀呢？是因为人有思维与语言而动物就没有，所以动物不应享有某种伦理待遇吗？可是近年的研究表明，黑猩猩与猴子不但有思维能力，而且可以使用语言。生物学家帕特森（Francine Patterson）居然教会了一只名叫 Koko 的大猩猩懂得 500—1,000 个手势语言，②有些弱智人还远远达不到这个程度，为什么我们应该人道地对待弱智人而不应该人道地对待大猩猩？那是因为人类之间有社会契约的约束，约定我们彼此应该兄弟相处，而我们与动物不存在社会契约，不存在伦理关系。是的，我们与动物之间没有社会契约，我们对动物的行为不受契约约束，因而我们可以任意宰割它们。它们不可能对我们承担什么义务，所以我们也对它们不承担任何道德义务。不过，虽然我们与动物之间没有社会契约，难道我们不可以制订社会契约来约束我们的行为，使我们伦理地对待动物吗？当然这可能是单方面的契约，正像我们对后代人负有道德责任，这些后代人并未出生，则可由其代言人表达他们的利益。我们不是已经有了一种《动物权利的世界宣言》吗？这个宣言是 1978 年 10 月由保护动物权利国际同盟于巴黎通过的，刊登于欧洲议会季刊（Forum）1982 年第 3 期之中。其一开始就强调："所有动物都有出生的自由，也有生活的自由"；"每一动物都有权受到尊重"；"受到人的关心、照顾和保护"；"动物不应受到粗暴的对待和残酷的役使"。③ 当然这个契约只反映了一部分人，特别是素食者的观点和看法，尚未变成人类的共同道德原则。尽管如此，我们仍然认为形成一些道德原则，使我们能够伦理地对待地球上的动物，是完全必要的。这是因为在一个地球生物圈中，人与动物有着某种共同利益，共同感情；虽然这种共同利

① P. Singer. *Practical Ethics*. Cambridge University Press, 1997, p. 63. 本节有关动物状况的某些事实，也来自该书。

② P. Singer. *Practical Ethics*. Cambridge University Press, 1997, p. 111.

③ 《动物权利的世界宣言》（1978 年 10 月 15 日），见约翰·迪金森《现代社会的科学和科学研究者》，张绍宗译，农村读物出版社 1989 年版，第 238—240 页。

益远远小于人类之间的共同利益,所以人类不可能像对待人一样平等地对待一切动物,但随着文明的提高,社会的发展,迈向后工业社会或生态社会的人类必将更加伦理地对待动物,这大概是没有疑问的。例如,在英国、荷兰、澳大利亚和美国,野生动物的皮毛贸易几乎绝迹了。许多国家逐渐结束了工厂式的动物饲养,将它们放回自然界,放到开放式的牧场中去。瑞士已禁止鸟笼式的养鸡场,英国已立法禁止在畜舍内养牛,并逐步结束厩内养猪。而 1988 年瑞典议会通过法律,10 年内完全禁止工厂式的牲畜饲养场,让家禽畜恢复其自然行为。① 以上所讲的一些非政府组织和某些政府法令提倡的对动物世界的某种伦理关怀,就是在某种意义上承认动物的权利。"权利"的概念已经超出了人类的范围而扩展到生物世界了。

不过从生态伦理的观点看,对动物和其他生命的伦理关怀,不仅是对这些生命的个体的关怀,而且是对物种的多样性的关怀,是对人类生活在其中、成为其中一个组成部分的整个生态系统的关怀。这就是以美国生态学家 A. 利奥波德(Aldo Leopold)的大地伦理和以挪威生态伦理学家 A. 纳西(Arne Naess)为代表的深层生态伦理思想。1949 年,利奥波德在他的《沙乡年鉴》中提出了他的"新伦理观",即"一种处理人与大地,以及人与大地上生长的动物和植物之间的伦理观"。他的"大地伦理"(land ethics)就是扩大伦理共同体的边界,使"它包括土壤、水、植物和动物,或者把它们概括起来:大地"。很显然,这里的"大地"或"土地"就是生态系统的代名词。他说:"简而言之,大地伦理是要把人类在共同体中以征服者的面目出现的角色,变成这个共同体中平等的一员和公民,它暗含着对每个成员的尊敬,也包括对这个共同体本身的尊敬","宣布了它们要继续存在下去的权利,以及至少是在某些方面,它们要继续存在于一种自然状态中的权利"。②

由于 20 世纪 70 年代以来生态运动的兴起,引起了人们对利奥波德这本著作的兴趣。以这本书的基本思想为基础,生态学家和生态伦理学家们便提出了深层伦理思想。挪威哲学家 A. 纳西细心区分了浅层生态伦理思

---

① P. Singer. *Practical Ethics*. Canbridge University Press, 1997, pp. 68 – 69.
② Leopold, Aldo(1966). *A Sand County Almanac*. New York, Oxford University Press. 中译本见奥尔多·利奥波德《《沙乡年鉴》,侯文蕙译,吉林人民出版社 1997 年版,第 192—194 页。

想和深层伦理思想。浅层生态伦理思想也是极力提倡保护生态环境的,不过它囿于传统的人类中心主义的思想框架,认为我们要保护水源使之免受污染,目的是使人类有清洁的水饮用,而我们要保护野生动物和野生植物,是为了让我们的子孙后代能够观赏那大自然的美景等。可是深层生态伦理的思考却深了一层,它是为了地球生物圈的完整性而保护生态环境。深层生态伦理思想不仅强调个体生命的价值,而且将个体生命的价值放到整个生态系统的整体中进行考察,强调物种、各种生态系、进而是生物圈的整体价值。由此导出了生态伦理的最高原则:"一事物趋向于保护生物共同体的完整、稳定和优美时,它就是正当的,而当与此相反时,它就是错误的。"①

深层生态伦理与深层生态运动密切联系。这个深层生态运动,一般有六项共识,这是在世界上有 70 个国家的绿党和绿色人士参加的澳大利亚堪培拉 2001 年会议上总结出来的。这六项基本原则是:①生态智慧;②社会主义;③参与性的民主;④非暴力;⑤可持续发展;⑥尊重多样性。这些基本的价值理念与深层生态伦理学家提出的理论观点大体相符合。

▶▶ 10.4 绿色经济

在当代的绿色运动中,许多理论家和实践家发现,要克服当前极为严重的生态危机,真正实现可持续发展,根本的问题是要改变一百多年来工业社会的经济制度,改变人类的生产方式和消费方式,或者实行一场新的工业革命。为此,生态学家、经济学家设计和建立了一种新的经济机制,新的经济制度,这就是绿色经济。绿色经济可定义为:为了整个人类与我们的行星的共同利益而伦理地、理智地和生态地对精神财富和物质财富做出可持续的创造和公平合理的分配。所谓绿色经济学,就是这样一种经济理论,它将经济系统看作是生态系统的一个组成部分,从而必须依循生态系统物质与能量循环的原理而进行经济活动。它整合了代际间的公平、环境变化不可逆性、长期效果的不确定性、可持续发展等理念,来分析经济问题。

---

① Aldo Leopold. *A Sand County Almanac*. New York, Oxford University Press, 1966, pp. 224 - 225.

当代世界的主流经济学是新古典经济学,它的基本信念是:(1)经济系统不是生态系统的一个组成部分;恰恰相反,生态环境作为劳动对象或生产条件,是经济系统的一个组成部分。(2)假定人们对与其利益相关的对象有一个理性的偏好,在经济的分析中,这种偏好是固定的,不与环境协同进化的。(3)假定个人追求效用最大化,企业追求利润最大化。(4)个人在完全的相关信息的基础上是彼此独立的。绿色经济学几乎完全不同意这些基本前提,它自己提出的三大公理是:(1)在有限的空间中不可能永久发展下去。(2)对有限的资源不可能永久索取下去。(3)地球表面的一切都是互相联系的。因此它是非新古典经济学的一门新兴的后现代或后工业社会的经济学。

我们正处于一个从前现代社会(农业社会)转变到现代社会(现代化或工业化的社会)的关键时刻,离发达国家和工业社会还有距离,离后现代时期距离更远。因此,绿色经济的时代尚未到来,对于绿色经济的原理,我们很可能感到奇怪。不过由于全球化,全球生态危机加速了世界向后现代转化的步伐。我们作为全球化经济中的一个重要组成部分,是不能不注意绿色经济的。另外,在我们实现现代化的过程中,虽然不能照抄绿色经济学的理论与实践,但他们的理论与经验是可供我们批判地借鉴的。有鉴于此,我们将几本有关绿色经济学的著作的基本观点综合如下:

▷▷ **10.4.1 发展就是提高自然资源的生产力**

无论是亚当·斯密的古典经济学,还是马克思的政治经济学和现代西方的新古典经济学,都没有自然资本生产力或自然资源生产力(natural resource productivity)的概念,亚当·斯密和马克思强调的是劳动价值论,只有工人的劳动才创造价值。因此,劳动生产力(labour productivity)指的是单位时间劳动能生产产品的数量,而新古典经济学则强调的是资本的生产力(capital productivity),即单位资本物品(capital goods)所生产的产品数量。由于马克思时代尚未出现环境危机,而新古典经济学将自然资源看作是人类经济系统的一个子集,所以他们都忽略了自然资源的生产力,而绿色经济学家则将自然资源生产力看作是经济学的第一概念。这里所谓自然资源,不仅包括劳动过程中使用的原始的材料和动力,而且包括整个自然环境,如土壤,江河湖泊、海洋、气候、雨林、大气、动植物和矿物等,这是使所有经济活动乃至生命活动成为可能的生态服务。根据生态经济学家科斯坦扎（Robert Costanza）的估计，这种生态服务每年为全世界人口提供 33 万亿美元的经济价值，[①]大于人类每年自己创造的 25 万亿美元价值。这种生态服务对于新古典经济学的价值计算来说是"外部问题"，是不计入生产成本的。可是这些生态服务是具有巨大价值的，有些甚至是无价的，它的消耗是应由厂商承担费用的。所谓自然资源生产力，指的就是单位自然资源能生产多少有用产品的数量的比率，这个比率仿照工程师所用的物理单位来计算。生态学家讨论物质与能量循环的效率分析（例如植物的光能利用率和动物的摄食量利用率），有时也用能量来表达。有关自然资源的生产力或"资源效率"（resource efficiency）的定量问题，是一个专业问题，这里不做具体分析。这里我们需要指出的是，对于这个概念在学术界近二三十年来已有所讨论，而第一次明确提出这个概念的是在法国卡诺莱斯（Carnonles）召开的国际学术讨论会。这个讨论会由德国伍伯塔尔（Wuppertal）气候、环境与能源学院主办，有美、日、德、法、意、加拿大和印度等国的科学家、生态学家、企业家以及政府官员参加。会后发表了《卡诺莱斯宣言》。《宣言》说："我们要在一代人的时间里，在运用能源、自然资源与其他物质材料的效率上增加十倍。"从这个时候起，自然资源生产力提高 10 倍或 4 倍（即自然资源的物质能量耗费率要降低 10 倍或 4 倍）的概念已陆续出现在政府报告、国家计划以及学术文献之中。奥地利、挪威、芬兰追求的目标是 4 倍，欧盟的可持续发展纲领也提出了同样的要求。美国和中国目前还没有使用这个概念。美国只有二亿多人口，占世界人口 1/30，却消耗了世界能源的 1/4。有人计算过，美国整个经济所获得的物质能量只占它所消耗的物质与能量的 6% 左右。而生产与流通过程中有用产品和废物与垃圾的比例为 1%，即在生产过程和流通过程中 99% 的物质与能量是浪费的。因此，它的资源生产力是很低的。至于我国的资源生产力，则无统计数据加以讨论，不过从对地方政府的报告的直感上来看，人们从来只听见 GDP（国民生产总值）增长了多少，吸引外资增长了多少，而从来没有听说过地区的污染程度增长了多少，资源的生产力增加了多少，以及基尼系数（贫富差别）增长了多少。为了提高资源生产力，绿色经济学家们建议政府按公共效益和代际人权原则，

---

① http://en.wikipedia.org/wiki/Nature's_services.

对一切使用自然资源和产生污染效果的企业课以重税。这样,企业提高资源生产力就有了内部动力。提高资源生产力不但是一个节约资源、节约资本的问题,而且是有关提高与改善人民生活质量的问题。正因为这样,著名的绿色经济学著作《自然资本论》的作者保罗·哈肯(Paul Hawken)指出:提高自然资源生产力是绿色经济的第一原理。①

▷▷ 10.4.2 循环的生产和仿生态的技术

工业时代经济遇到的一个根本的矛盾就是循环的生态运作和直线式的工业生产与农业生产的矛盾。人们为追逐利润而竞争,为积累金钱而生产,满足人们的需要只是它的副产品,结果工业社会的工业从挖掘不可再生资源与破坏可再生资源开始,而以浪费资源、污染环境带来全球性环境退化、造成全球性气候变迁而告终。因此,为解决生态危机,必须进行一场新的工业革命,这场工业革命是仿生学的和仿生态过程的,也就是说,它必须是循环的,生态系统的物质与能量的流是循环的。这里存在着一个公式:废物=食物,在自然界中是没有废物可言的。在这个循环过程中,正如我们在第1节中看到的,一个过程的输出就是另一个过程的输入,人的粪便是废物,但可变成狗的食物,狗的粪便是废物,但它却能成为植物生长的肥料;动、植物死亡、腐烂是废物,但它是各种细菌的食物,这些腐食者分解了它,回到土壤、空气、河流、湖泊、海洋中去,成为自然资源的一部分。绿色经济学既然认定人类经济活动是整个生态系统循环的一个组成部分,它就必须模仿生态的智慧(ecological wisdom)设计工业生产,将它们也改造成循环式的。这就是:在这样的生产系统中,当输入物质能量生产了第一种产品之后,其剩余物第二次使用就成为生产第二种产品的原材料,它的剩余物又成为生产第三种产品的原材料,直到用完或循环使用,而一切工业剩余品都应对生物无害,并以能为自然界吸收为原则。这就是"零废物排放"(zero-emission)的工业生产概念。当然这样做需要投入很多的资金和大大提高产品的成本,但是它却是与生态循环相协调的。我们大概不能一下子达到这一点。现在后工业工程师只能做出一个生态工业园区来做示范,供人参

---

① Paul Hawken et al. *Natural Capitalism*: *Creating the Next Industrial Revolution*. Published by Rocky Mountain Institute. Chap. 1.

观研究，不过工厂负责回收废物、再造循环则是可以做到的。例如回收废纸，循环使用以保护森林，尽量使用可分解的环保包装品，也是这种循环的一个措施。

仿生工业过程的另一过程就是重新检查物质、能源和制造系统,在不使用重金属、高温、高压和石化燃料的情况下制造出高强度、高性能、高质量的产品。在这方面,我们要特别仿效在进化过程中经自然选择过程而形成的生命技术,生命是在常温、低压的情况下,使用生物酶,利用太阳能,合成出具有各种性能的物质,人类能不能加以仿效呢? 这是绿色经济革命的一个重要的技术课题。科普作家 J. 贝鲁耶斯(Janine Benuyus)写道:蜘蛛吐丝,其坚韧如合成纤维,却只是从消化苍蝇与蟋蟀中产生,不需要沸腾的硫磺酸和高温的压榨机;鲍鱼从内部生出双层的外壳,其坚硬如高级陶瓷;而硅藻类植物生产玻璃,其过程引进海水,而没有炉子;树木将日光、水和空气变成纤维素,其坚韧可弯曲如钢材。不过人类尚未创造出如蜘蛛、鲍鱼、树木具有的那样的技术,这是未来工程师的课题。

农业本来是生态循环的一个环节。在工业社会到来之前,在人口适量的地方,农业生产是生态循环所能容纳的,但是自从工业化农业出现,人口激增近 10 倍,过度开垦,过度放牧,使用化肥与农药,单一的作物,单一的操作,和转基因动植物的出现,使农业产生了类似于工业的破坏环境的问题。前面说到的 DDT 造成的"寂静的春天"就是一个明显的实例。绿色经济的生态农业需要用多元的可持续的耕作替代单一的耕作,用中、小型农户的经营替代工厂化农业,用生物防治替代农药,用有机肥料替代化肥,用保护基因的多样性来替代转基因作物的种植,这些便被认为是生态世纪的生态农业的特征。

▷▷ **10.4.3 大幅度降低人口数量,大幅度扩展各种野生动植物自然保护区**

这是绿色经济的人口政策,是由挪威生态哲学家 A. 纳西首先提出来并从深层生态伦理的视角进行论证的。他说:"人类生活与文化的繁荣,与人口的实质性降低相协调,其他非人类的生命和物种的繁荣也要求这种人口的紧缩。"为了维护生物共同体的完整性、多样性与繁荣,大幅度降低人口数量是深层生态伦理和绿色经济学的一项极其重要的推论。那么到底世界人口要降低到什么程度才为适宜呢？根据深层伦理学家的估计，为了保证生物共同体的繁荣、稳定与完整，整个地球上的人口应降至 1 亿、5 亿或至多 10 亿。①这并不单是从人类出发来考虑的，而且是从地球上的其他物种也能够具备可持续发展的条件来考虑的。

在过去的时代，世界人口的数量是有一个自然的自动控制的机制来调节的，这就是战争、饥荒和瘟疫。由于科技与政治的发展，这三项自动机制不起主要作用了，唯有用自律的机制来控制人口的增长。这是因为，只有当世界的人口减少到这样一个限度时，各种野生生物的自然保护区才能扩展到这样的程度，使得这些物种不仅能生存，而且能够在不受人类干扰的情况下，在生物圈中进化。纳西说："在 22 世纪、23 世纪甚至千年之后，当然有人口集中的地域。但是，同时有许多自由的自然界区域存在、运作，在那里是限制人们进入的。例如，现在的南极仍然是这样的地域。但我们需要有更大的自然生态系统，它是人类并不控制的地区，那里，大气是纯的，河流是纯的，地球的进化会因此而达到更高的水平。"②

▷▷ **10.4.4 提高生活质量，改变生活方式**

工业社会首先是一种"生产主义"或"福特主义"（Fordism）。从生态循环的观点看，并从马克思的观点看，人们生产的目的本来是为了满足人类和生态系统的需要。经济活动过程中的交换与金钱本来也是为了这个目的。但在工业社会，特别是在工业资本主义的社会中，却将这个"人和自然之间的物质变换的过程"③异化了，将商品——货币——商品（这里金钱只是流通手段）的公式变为货币——商品——更多的货币（这里金钱成为人们追逐的目的）了。亚里士多德说过："一种技术（赚钱术），只要它的目的不是充当手段，而是充当最终目的，它的要求就是无限的。"④生产的本来目的是

① Naess, Arne. "The Deep Ecological Movement: Some Philosophical Aspects". *Philosophical Inquiry*. 1986, Vol. Ⅶ. No. 1－2 In *The Ethics of the Environment*, Edited by Andrew Brennan. The University of Western Australia, 1995, p. 170.

② Naess, Arne, "Ecosophy and the Deep Ecology Movement: Beyond East and West". The *Trumpeter*, Volume 21, Number 2 (2005), p. 74. http://trumpeter. athabascau. ca/content/v 21.2/18_Interview. pdf.

③ 《马克思恩格斯文集》第 5 卷，人民出版社 2009 年版，第 208 页。

④ 同上书，第 178 页。

为了满足人类与生态系统的需要,为了达到无限的资本积累,现在生产的目的却是为了追求利润。生产本身对于需要来说本来是手段,现代也异化成为目的:为生产更多的东西而生产。所谓生产主义,按照社会学家吉登斯(Anthony Giddens)的定义,"就是这样的一种气质,劳动与生产从人类生活的其他领域中分离出来了。"①这就必然与有限的生态资源相矛盾,因此绿色经济学家将经济不受控制的增长以及对利润的追求看作是生态系统中的一个癌症②,如果不做切除手术,地球生态系统必将死亡。

与工业社会"生产主义"密切相联系的是"消费主义"(consumerism)。工业社会为了将生产的东西推销出去,发展了一种高浪费和多多益善的消费观念和消费方式,特别是广告本身成了世界上增长最快的工业之一。按美国经济学家艾伦·杜宁的统计,全球广告费在1988年便达到2,470亿美元,比1950年增长了6—7倍,大大高于同期经济增长的数量。在这种显身份、讲排场、比阔气的大出手消费下,形成了一种远远超过实际需要的过度消费。这种追求过度消费和物质占有与享受的理念,就叫做消费主义。在消费主义的支配下,消费者的精神空虚了,生活质量和健康水平都下降了,商品和服务本身的内部价值反而贬值了。

绿色经济系统和绿色经济学的目的之一,就是遏制生产主义,驯服消费主义,将使用价值、内在价值和生活质量提高到首要地位。为了改进人类生活方式,提高人类生活质量,绿色经济学提出的原则是:(1)按照生物共同体的完整性与多样性的要求,人类不应该进行过分的享受和奢侈的消费,只应该从自然界里索取满足他们生存的基本需要的东西,其他的需求都要以不妨碍生态系统的完整性和多样性为原则。(2)区分生活质量和生活标准(每人每月的实际收入)概念,生活质量的内涵包含休闲、安全、文化资源的丰富、社交活动、精神健康、环境质量和自我实现等多层次、特别是高层次需要的满足。(3)区分"增长"(Growth)和"发展"(development)概念。阿玛蒂亚·森提出,发展就是个人自由的增多和实现。认为个人的"才能"、"创

---

① 维基百科全书:Productivism 条目。http://en. wikipedia. org/wiki/Productivism.

② 科沃尔(J. Kovel, 1997)在"The Workshop on Ecological Socialism"(载 *Journal Capitalism*, *Nature*, *Socialism*,1997年4月)中写道:"资本的不受限制的增长就像是间歇的和不受控制的癌细胞一样。"*Synthesis/Regeneration* 22(*Spring* 2000). http://www. greens. org/s-r/22/22-14. html p. 2.

造性"、"个人的智力"、"人们能够过自己愿意过的那种生活的可行能力"的
提高,是发展的最重要问题,比 GDP 增长、日用品的增加更具有根本的
意义。①

▷▷ **10.4.5 逐步以服务经济替代产品经济**

20 世纪 80 年代,瑞典工业分析家 W. 斯塔赫尔(Walter Stahel)和德国
化学家 M. 布朗加特(Michael Brungart)同时提出了一种新的工业模式的概
念:以服务型经济替代产品型经济。所谓服务经济,并不是指第三产业那个
意义的服务行业,而是指进行生产的工厂并不向消费者提供产品或商品货
物,而通过租与借的形式向消费者提供服务。这些商品的所有权仍然由工
厂所有,只将使用权部分让渡给消费者,由消费者付以使用费,就如同学校
的复印机和洗衣机,学生付钱即可使用那样。绿色经济学者主张将这种服
务经济扩展为一个系统,使之成为消费关系的一种主要形式。这种消费形
式有下列几个特点:(1)工厂生产的产品,特别是汽车、电视机、电冰箱、电
脑、录像机等耐用性产品,并不出售给消费者,而是出租或出借给消费者,这
就是说产品不是目的,而只是服务的手段。(2)工厂负责维修、再加工和循
环使用这些产品,直至这些产品成为废品,并负责以环保、非污染的方式处
理这些废品。这种消费方式,对消费者和生产者都有一种激励机制。特别
是对于生产者,他们为了获利,就会以最小的物质能量的损耗,使产品的使
用价值达到持久性和最大化的目的。由于这种消费方式显然比大生产、大
浪费的旧消费模式有许多优点,现在欧洲有许多公司全面推行服务经济,如
出租复印机、制冷机和取暖器、房屋的整套设备。再如漂亮的地毯,过去在
欧洲有大多数住户用了一两年就作为废品抛弃,而现在由工厂收回重新处
理,以达到物尽其用并减少环境污染的目的。

很显然,现代社会遇到了一个基本矛盾,即生产的现代化与地球环境
不能支持这种现代化的矛盾,它必然要导致生态危机。石油、天然气、煤
以及许多工业不可缺少的金属矿藏如铬、铝、铜等不可再生资源在今后一
两百年内即将耗尽;淡水、耕地以及森林、草地等可再生自然资源大幅度

---

① 阿马蒂亚·森:《以自由看待发展》,任赜、于真译,中国人民大学出版社 2002 年版,
第 62 页。

损耗；特别是在今后一两百年内将发生气候的大灾变，热浪、飓风、沙尘暴向我们袭来，地球平均气温上升7—8℃。解决这个矛盾的途径预计是需要社会的转型，在政治、经济、文化、世界观和思维范式等方面实现全方位地从现代社会向后现代社会转变，而后现代社会的最基本特征似乎不是社会学家和未来学家常说的电子时代、信息时代、知识世纪或赛伯文化（Cyber culture）的到来。因为这些特征在未来社会中虽然明显并十分重要，但不能标志人类怎样应对生态危机，努力去解决现代社会的基本矛盾。后现代社会的基本特征很可能是生态社会，它的经济基础就是本节所预计的绿色经济。在这种绿色经济中，人与自然的关系生态地得到和谐的发展。资源的生产力（利用率）将得到大大提高，人们不再追求GDP的不断增长，不再追求钱财的富裕，而追求以个人自由和全面发展为核心的生活质量的提高，市场的范围将会缩小，计划成分将会扩大，社会的公正与平等得到实现，于是社会主义和共产主义的理想将重写为绿色的社会主义、生态的社会主义和共产主义。

▶▶ 10.5 生态社会主义和绿色航道上的马克思观念

旨在解决生态危机的绿色经济系统能与资本主义和市场经济相容吗？这是一个有激烈争论的问题。生态政治学家、生态经济学家和绿色运动的实际参与者与领导者们，有相当大一部分认为这是不相容的，因为剥削工人与剥削自然界是天生的一对，而生态危机与经济危机是孪生兄弟，形影不离。生态危机起因于生产与消费的分离，起因于商品和货币的拜物教，起因于对利润的追求和残酷的竞争这样的资本主义因素和市场驱动机制。生态危机实质上是资本主义的危机。因此要实现绿色经济系统，要实现真正符合生态系统要求的无废物、无污染的循环经济，就要摆脱资本主义（或换一个比较微妙的代名词：废除"工业社会"），甚至要废除市场经济，建立一种生态社会主义社会。所以有人认为，生态社会主义比市场社会主义是更正宗的社会主义，比现行的马克思主义更马克思主义。为什么叫做生态社会主义呢？因为它将生态的伦理价值观念与社会主义的正义观念（包括平等、合作、团结、民主、自由这些理念）结合起来。"生态社会主义"这个概念是德国生态学家、绿色政治作家、歌德学院教授萨卡尔（Von Saral Sarkar）于20世纪80年代提出来的。[1] 他的论证有三个要点：（1）资本主义市场经济不可能达到可持续发展。一个浪费自然资源的"以增长为基础的经济模式"（growth-based economic models）假定自然资源是无限的，这种模式不用多久就要垮台。"生态税收主义"和"生态凯恩斯主义"都不能长久。只有社会主义才能拯救地球。这种社会主义是分散的、自治的、平等的，物质生活低标准、伦理水平高标准的，非增长的、非工业化或后工业化的社会主义。（2）他认为苏联解体的主要原因之一是特权阶层和官僚阶级道德堕落、贪污腐败。生态社会主义社会必须建立在道德发展、伦理行为发展和社会合作得到发展的基础上，建立在"新的道德人"的基础上。萨卡尔认为他对人性是有信心的。他说："人的自私性使社会主义成为必要，而人的雅量和可塑性使社会主义成为可能。"[2]（3）生态社会主义必须建立在普遍和充分民主的基础上，这种民主不仅要使在政治领域的个人权利得到充分的实现，而且要使在经济领域的公共参与有充分的发展，才能克服要求生活享受的低标准和资源消耗的低水平所面临的种种困难。

当然，关于什么是生态社会主义，这是一个开放问题，一个正在进行激烈争论的问题。我个人也不完全同意萨卡尔的观点。萨卡尔的观点与上节讨论的有关绿色经济的一些观点也是有矛盾的。目前已有许多学术著作讨论这个问题，有一些试图综合红色社会理论和绿色社会理论，有一些专门讨论资本主义是生态危机的根源，还有一些提出生态马克思主义作为绿色运动的理论基础。[3] 总之，它们是从生态危机出发，从生态视野上批判工业社会以及探讨未来社会（后工业社会或后现代社会）。在这些方面，生态社会主义者们广泛地从马克思对资本主义的批判以及对未来社会的论证中吸取理论资源。在这个重新研究马克思理论的热潮中，马克思的某些论点得到

---

[1] Sarkar, Saral, *Eco-socialism or Eco-capitalism? A critical analysis of humanity's fundamental, choices.* Zed books, London and New York, 1999.

[2] 转引自 Janne Bengtsson, *Eco-socialism or Eco-capitalism? A critical analysis of humanity's fundamental choices.* Ecological Economics, Volume 40. Issue 1, 2002, pp. 135 – 137.

[3] 参见（1）Kovel, Joel. *The Enemy of Nature: The End of Capitalism or the End of the World?* London: Zed Books, 2002.（2）O'connon, James. *Natural Causes: Essay in Ecological Marxism.* New York: Guilford Press, 1998.（3）BarKett, Paul. *Marxs and Nature: A Red and Green Perspective.* New York: St Martin's Press, 1999.

补充和完善,马克思的理论得到进一步发展。例如,马克思《资本论》第1卷第13章第10节中的一段话以及恩格斯《自然辩证法》中的一段话在这些著作中都被反复地引用。马克思关于共产主义社会的一些特征的描述被认为是与未来生态社会的特征相一致的。例如,在共产主义社会中,城乡差别的消除被认为是生态社会的特征。因为城乡的对立,集中的中心城市与分散的农村对于生态的循环是一个极大的障碍。由于谷物与牲畜不断从农村运向城市,使得土壤中的必要元素(如钙与磷)不断地流失,在数量和分布上不能恢复循环,只有消除城乡差别才能解决这个问题。被引用的马克思的话是这样说的:"资本主义农业的任何进步,都不仅是掠夺劳动者的技巧的进步,而且是掠夺土地的技巧的进步,在一定时期内提高土地肥力的任何进步,同时也是破坏土地肥力持久源泉的进步。一个国家,例如北美合众国,越是以大工业作为自己发展的基础,这个破坏过程就越迅速。因此,资本主义生产发展了社会生产过程的技术和结合,只是由于它同时破坏了一切财富的源泉——土地和工人。"① 而被引用的恩格斯的话则是这样讲的:"我们不要过分陶醉于我们人类对自然界的胜利。对于每一次这样的胜利,自然界都对我们进行报复。每一次胜利,起初确实取得了我们预期的结果,但是往后和再往后却发生完全不同的、出乎预料的影响,常常把最初的结果又消除了。美索不达米亚、希腊、小亚细亚以及其他各地的居民,为了得到耕地,毁灭了森林,但是他们做梦也想不到,这些地方今天竟因此而成为不毛之地,因为他们使这些地方失去了森林,也就失去了水分的积储中心和储藏库。阿尔卑斯山的意大利人,当他们在山南坡把那些在山北坡得到精心保护的枞树林砍光用尽时,没有预料到,这样一来,他们就把本地区的高山牲畜业的根基毁掉了;他们更没有预料到,他们这样做,竟使山泉在一年中的大部分时间内枯竭了,同时在雨季又使更加凶猛的洪水倾泻到平原上。在欧洲推广马铃薯的人,并不知道他们在推广这种含粉块茎的同时也使瘰疬症传播开来了。因此我们每走一步都要记住:我们绝不像征服者统治异族人那样支配自然界,绝不像站在自然界之外的人似的去支配自然界——相反,我们连同我们的肉、血和头脑都是属于自然界和存在于自然界之中的;我们对自然界的整个支配作用,就在于我们比其他一切生物强,能

---

① 《马克思恩格斯文集》第5卷,人民出版社2009年版,第79—80页。

够认识和正确运用自然规律。"①

　　马克思、恩格斯的这些论述批判了人类"征服"自然和资本主义掠夺自然的错误,预示着生态纪元的到来。在生态社会主义运动中,马克思的观念起着非常重要的作用,这不仅是马克思的某些论述对解决生态危机和建立生态社会有指导意义的问题,而且是因为马克思最成熟的学术著作——无论是政治哲学著作还是政治经济学著作,它的最基本的理念、理想、概念和方法,包括对现代社会的批判性和解构性概念,对未来社会的建构性的概念,人与自然相互调节和物质变换、人性在现代社会中被异化、劳动二重性和商品二重性以及资本主义忽视了具体劳动和使用价值的观念,资本积累导致经济危机以及生态危机、未来社会必定是个人自由与全面发展的人们的共同体、消灭城乡差别和脑力劳动与体力劳动差别以及工业与农业区相融合、人类的道德面貌应有极大提高的思想等,都很好地适合于未来的生态社会。马克思主义的基本原理必将在人类与生态危机的斗争中,在为实现可持续发展的斗争中,在建立后现代的生态社会的努力中,得到较为全面的运用和发展。在今天谁如果忽视了这个方面,谁就不了解马克思主义。

---

　　① 《马克思恩格斯文集》第9卷,人民出版社2009年版,第559—560页。

第 **11** 章

经济系统的运行机制与伦理调控的作用

　　本篇除讨论了功利主义和道义论两种主要的伦理理论之外,还着重分析了当代三大政治伦理思潮——自由主义、社会主义和生态主义及其经济政策。它们表明,社会的经济结构或经济系统本身包含了伦理因素(这是经济系统与伦理系统重叠的部分)、伦理机制,经济系统的控制包括了伦理调控,经济系统的管理包含了伦理的管理,以至于我们可以说经济生活的运行是以经济利益为基础、以伦理价值为主导的。本章的目的,是要运用当代复杂系统理论,特别是其中的自组织理论和多层级控制理论来讨论这些问题。

▶▶ 11.1 经济系统的运行机制

　　像一切复杂系统一样,社会经济系统本身包含了三种运行机制:自组织运行机制,多层级集中控制的运行机制以及对环境的适应性进化机制。①在从第 8 章到第 10 章我们所讨论的三种政治伦理思潮中,自由主义强调自组织的机制,社会主义思潮强调集中控制的机制,生态主义强调经济系统对环境的适应性机制。不过这只是一个大概的说法。

　　所谓复杂系统的自组织,说的是复杂系统的组成要素——即它的各个自主主体(autonomic agents)通过局域的相互作用而形成高层次总体的结

---

　　①　Yan Zexian: A New Approach to Studying Complex Systems. In *Systems Reseach and Behavioral Science Syst. Res.* 24.403－416(2007).

构、功能的有序模式,这种模式的形成不受外部特定的干预和内部控制者的指令的约束,也不为个体自主主体目标所控制,而是一个自发突现的过程。在当代经济系统中,市场机制恰好就是这样一种社会资源配置的极为有效的机制,它使社会各生产部门和消费单位在生产、交换、分配、消费之间相互协调而形成有序模式。这种模式是自发地自组织地形成的。这里所谓经济系统的秩序不受控制者指令的支配,指的是生产者有自主决策权。每一个单位生产什么、生产多少、如何生产以及为谁生产(即卖给谁),完全由该单位自主决策,不依赖于任何外部干预和计划机关的指令,只依赖于市场价格的敏感信息传输,依赖于个人利益的驱动机制以及竞争的自然淘汰,就能形成一个不可能预先设计好的井井有条的经济秩序。这就是亚当·斯密的"看不见的手"的作用。在理想的情况下,它可以达到经济效益的"帕累托最优"。这里所谓局域的相互作用,指的就是亚当·斯密所说的"人人想方设法使自己的资源产生最高的价值,不必追求什么公共的利益"。这是支配经济人个体之间相互作用的简单规则,也就是所谓"局域的"相互作用。这里所谓整体有序,指的是其结果达到一个整体序:一个复杂的分工、协作、协调的、对社会产生巨大公共利益的经济体系。这时"个人对社会利益的贡献往往比他自觉追求社会利益时更为有效"。①

　　自由主义——包括新自由主义——的合理性就在于,他们强调市场经济和市场机制在现代社会经济结构中的基础作用;强调保护市场经济所要求和所体现的个人自由、个人权利以及个人积极性的发挥这些价值;坚持反对侵犯个人自由和个人利益的专制权威、官僚机构和不负责任的"大跃进"和"大冒险"。在这方面,我们已经看到,自由主义的理论、观点与政策是很有成效的。

　　但是,我们也必须看到,经济生活的自发的自组织机制——主要是市场机制——有它的局限性,有它的弱点,有它的失效方面或负面作用,经济学家称它为"市场失灵"(market failures),系统科学家称之为"自组织失灵"。特别是它导致和不能解决经济不稳和经济危机的问题;导致和不能解决贫富不均和不能创办公共事业(所谓公共产品)的问题;导致和不能解决外部负效益,特别是生态危机的问题;导致和不能解决"异化"的问题,包括工人

---

① 参见本书第8章第2节有关论述。

异化为机器的一个组成部分,资本家异化为金钱的奴隶,即"手段"异化为"目的"本身而丧失了"人的本性"。有关市场失效和负效方面,许多经济学教科书都有详细论证,这里我们不做详细讨论。我们所关心的是在这种情况下必然在经济生活中要引进第二种机制:多层级集中控制机制,特别是其中的伦理控制机制和环境适应性机制。

所谓复杂系统对环境的适应性机制,是一种广义的达尔文进化论原理,它说明系统会通过随机的和自组织的多样性结构、功能的变异和创新,以这种多样性形式来应对选择,来适应不断变化的环境,通过环境的选择而不断进化与发展。物种、生物行为、社会组织、知识体系等复杂性事物就是通过这种"盲目变异与选择保存"的广义进化机制而向前发展的。在经济系统的变化、发展中,竞争和淘汰就是一种应对环境的适应性机制。但是由于市场机制不能解决人与自然界的生态平衡和协调发展的问题,环境的报复就是一种自发性的自然淘汰机制,而人类社会则需要一种自觉地改变经济活动的形式与内容来适应生态环境的机制,以执行保护生态系统的稳定、完整和优美的最高道德命令。因此现阶段的环境保护问题,在相当大程度上还需要依靠集中控制的机制来加以解决。上章所讲的生态主义者提出种种应对环境危机的措施,如提高资源生产力,发展循环的生产技术,大幅度降低人口,提高生活质量和以服务经济逐渐替代产品经济的实行,在相当大程度上要依赖政府的宏观调控。

集中控制机制在经济生活中首先表现为政府的宏观调控和行政干预。例如由政府直接掌握和管理相当部分的社会财富,以便控制"经济过热危机"和"经济过冷危机"。当经济过热时减少政府开支,提高税收,提高银行利息,收紧银根;而当经济过冷时增加政府开支,增加货币供应量等,使政府成为反经济波动的"内稳定器"。至于解决或缩小贫富不均,则有赖于举办各种社会福利事业、社会保险事业、社会义务教育事业和社会对职工的再培训计划。特别是采取各种措施对抗生态危机、改善生态环境,现在已经成为政府的越来越紧迫和越来越困难的任务。但所有这些调控和自组织机制不同,它不是依赖基于个人利益的、自发的、分散的和自然形成的"不以人的意志为转移的"力量,而是依赖基于公共利益的、自觉的、集中的和人为地形成的力量。它的成败依赖于政府和它的官员以及机构的公正、严明与廉洁,依赖于他们的明智和效率。所以政府对经济生活的宏观调控与干预同样会有负面效应和失败的时候,经济学家称之为"政府失灵"（government failures）。政府这只"看得见的手"的失灵,就只有依靠一只"半透明的手"来加以矫正。这只"半透明的手"就是伦理道德之手,它是一组伦理价值观念,是社会文化最本质的东西:它在政府正常运作之时决定政府对经济生活调控的方向,因为不同的价值目标,不同的政治伦理观念有不同的政府调控。当指令性计划经济在许多国家失败以后,不少人对社会主义概念的理解发生了重大变化。他们认为,所谓社会主义,并不是苏维埃政权加电气化,也不是无产阶级专政加公有制和计划经济,而是市场经济加通过政府实现的社会主义伦理调控。当"政府失灵"时,伦理调控起到帮助政府对经济生活的正确的行政干预、使之恢复正常的作用。

有人说,在经济的大潮面前,道德的说教是苍白无力的。不过一种道德伦理的价值体系的作用决不是抽象和空洞的,而是具体的、有现实力量的。这是因为一组文化的价值体系会构成一种社会的运动,影响和支配各种社会组织,构成它的行为规范和精神气质。它可以通过为政府所采纳而对政策施加影响和改变社会的经济结构;它还可以通过伦理的管理成为一种组织的力量,实际地影响经济组织的运作。下面我们通过归纳上述几章所讲述的内容,论述伦理价值体系、伦理调控体系、伦理管理体系对经济组织和经济生活的作用。

▶▶ 11.2 经济生活的伦理调控

伦理调控或伦理机制对社会经济生活的作用具体表现为下列几点:

▷▷ 11.2.1 构成思想文化运动

一组伦理价值体系要实现它的目标,需要一个思想文化运动。一种伦理价值观念最初常常是由于现实生活需要的触发而不自觉地出现在社会一定群体的思想中,例如对社会不公正的感受、受剥削受压迫的怒吼、生态意识的萌发等。到了一定阶段,这些自发的东西常常被理论代言人或思想家总结为一个思想体系或理论体系。有人说理论是抽象的而现实是具体的,理论是灰色的而生活之树是常青的,理论是各执一端的而实际生活是错综

道德哲学与经济系统分析

复杂的。这在一定程度上是很有道理的。但是,马克思说得好:"批判的武器当然不能代替武器的批判,物质力量只能用物质力量来摧毁;但是理论一经掌握群众,也会变成物质力量。理论只要说服人[ad hominem],就能掌握群众……"①一组伦理价值体系可以通过思想文化运动造成舆论而为群众掌握,变成改造社会、改变经济生活的巨大力量。自从社会出现了资本主义,社会主义首先就作为工人阶级以及其他先进群众的一组伦理价值体系而出现了。它由一批伟大的思想家——例如马克思、恩格斯等人总结成一种理论,很快就变成一种浩浩荡荡的思想文化运动,从而导致整个 20 世纪的社会经济发生了大变化,这是有目共睹的。中国的新文化运动事实上主要就是要求实现人权、自由、民主、平等以及社会公正等伦理价值的运动。

在现代社会中,伦理运动一般可以划分为三种:"第一种是红色运动,即解决贫富不均,反对贪污腐败和其他社会不公正的人民群众运动;第二种是绿色运动,即保护环境反对公害的群众运动;第三种是蓝色运动,即促进基础理论研究,提高文化科学素质、提倡新道德风尚、建设精神文明的文化运动。"②美国前副总统阿尔·戈尔就是一位环境运动先锋。关于绿色运动即环境运动,他在为蕾切尔·卡逊《寂静的春天》写的引言中有一段很精彩的话。他说:"1962 年,当《寂静的春天》第一次出版时,公众政策中还没有'环境'这一款项。在一些城市,尤其是洛杉矶,烟雾已经成为一些事件的起因,虽然表面上看起来还没有对公众的健康构成太大的威胁。……过去,除了在一些很难看到的科技期刊中,事实上没有关于 DDT 及其他杀虫剂和化学药品的正在增长的、看不见的危险性的讨论。《寂静的春天》犹如旷野中的一声呐喊,用它深切的感受,全面的研究和雄辩的论点改变了历史的进程。如果没有这本书,环境运动也许会被延误很长的时间,或者现在还没有开始。""蕾切尔·卡逊告诉我们,杀虫剂的过分利用与基本价值不协调。""这本书告诫我们,关注环境不仅是工业界和政府的事情,也是民众的分内之事。把我们的民主放在保护地球的一边。渐渐地,甚至当政府不管的时候,消费者也会反对环境污染。降低食品中农药量目前正成为一种销售方

---

① 《马克思恩格斯文集》第 1 卷,人民出版社 2009 年版,第 11 页。
② 颜泽贤、范冬萍、张华夏:《系统科学导论》,人民出版社 2006 年版,第 328—329 页。

式,正像它成为一种道德上的命令一样。"①这些话把"基本价值"、"道德命令"与"环境运动"以及与"公共政策"和"销售方式"的关系已经说得很清楚了。可见,一组伦理价值构成一种思想文化运动,是一种不可忽视的社会力量,能够引起经济生活的重大改变。

▷▷ **11.2.2 指导政府对经济生活的宏观调控**

通过前面 3 章的讨论,我们知道现代社会的经济离开市场、竞争和利润是不可思议的,但在这个基础上可以有很不相同的政府对经济的宏观调控,这取决于政府采用什么样的宏观调控的价值标准。它可以通过如下一组价值观念(这也是一种伦理价值观念)来指导政府对经济的调控与干预:"国家重新成为守夜人";"自由与平等势不两立";"要自由不要平等,要经济增长不管社会分配";"压缩甚至消除一切社会福利";"容纳贪污、腐败,以便进行资本的原始积累,让富者越富,贫者越贫";"将社会公正的概念从字典上清除出去"。② 它也可以通过有更多的民主与参与、更多的自由与权利、更多的平等和社会公正以及更多的社会福利这样一组人道社会主义的价值理念来调控社会经济。从这里我们可以看出,不同的宏观价值体系会对社会经济结构总体发生何等重大不同的影响。在现实的社会经济生活中,社会伦理的影响通过政府的作用有着巨大的活动空间。经济的结构,即人们生产、交换、分配、消费的关系结构,有一部分,或者说得明确一些——它的基础结构,是不以人的意志为转移的。例如市场的结构,竞争的结构,你要改变它、"消灭它",一段时间之后它就会恢复过来。但是经济结构的有些部分,例如社会公共福利结构、社会保险结构、社会财政结构、社会产品的再分配结构,都是按一定的价值体系建立的,它是以人们的意志为转移的,是人们自觉活动的产物。虽然经济结构不可能截然机械地划分为自发的经济结构和自觉的经济结构两个部分,我们也至少可以寻找出经济结构存在与运作的两种机制:第一种是自组织机制,按照它的定义就不是自觉形成的;第二种机制是依一定价值体系自觉调节的机制,它是一定的自觉的目的性

---

① 蕾切尔·卡逊:《寂静的春天》,吕瑞兰、李长生译,吉林人民出版社 1997 年版,第 9、15、19 页。

② 参见戈尔巴乔夫、勃兰特等等著《未来社会主义》,中央编译局国际发展与合作研究所编译,中央编译出版社 1994 年版,第 204 页。

的产物,其所引起的经济结构的某种变化是需要运用一组价值来加以解释的。在经济结构的形成和变化中,单纯强调某些因素和特征都是不正确的。我们主张,社会发展的机制是政治、经济、文化多维动因、多元动力、多种机制所构成的非线性动力网。在这个动力网络中,给伦理价值的作用留下了充足的空间。恩格斯就曾指出:"说经济因素是唯一决定性的因素"是"荒诞无稽的空话";社会历史的发展表现为政治、经济、文化当中的"一切因素间的相互作用"构成自然历史过程的"总的合力";"有无数个力的平行四边形,由此就产生出一个总的合力,即历史结果"。[①]

▷▷ **11.2.3 形成企业和事业单位的价值目标和价值动力**

这是从微观经济学的角度来看伦理价值对经济生活的影响。以企业伦理为例,有一种简单的看法,认为企业的目标就是谋取利润,这是一种经济的必然性。这当然是正确的,但这个谋取利润,不但要依赖经济的必然性,而且要依赖一种企业精神。为什么企业主或股东不将他们的积蓄挥霍浪费掉呢? 根据马克斯·韦伯的分析,有一种清教徒的精神气质促使他们这样做,因为上帝教导他们不可沉迷于肉体享受和罪孽,而要忠于职守,为上帝而辛劳致富,勤俭积累。积累是现代企业的最根本的动力,也是它的最根本的精神,这种精神可以概括为"企业创建精神","为企业本身的发展而经营企业的精神"。[②] 发展经济学的创始人之一,我国的张培刚教授说:"自然,我们从不应该忽视,在实际上各种因素的相互作用,较任何因素的单独作用,更为重要,但是无论如何,这种情形并不是轻视企业创建精神这一因素,在发动导向现代资本主义的这种过程上,所具有的基本重要性。作者常认为,中国在传统上因社会制度的限制而缺乏这种精神,可以帮助解释产业革命何以未能早日在中国经济社会内自动发生"。当然古典资本主义现代化过程需要企业家精神,社会主义现代化过程同样需要企业家精神的基本作用。如果考察一下当今中国改革开放以来国内先富起来的地区和尚未富起来的地区的区别,其中是否具有企业创建精神是一个最为重要的精神因素。

---

① 参看《马克思恩格斯文集》第 10 卷,人民出版社 2009 年版,第 591—592 页。
② 张培刚:《农业与工业化》(1945,哈佛博士论文),华中工学院出版社 1984 年版,第 87、88 页。

再来看看德、日两国,其在第二次世界大战中社会经济和各种实业均遭严重破坏,为何十几年后又重新崛起?如果不是有某种文化的基因,有某种传统的价值观念在起作用,显然难以解释。关于这种企业精神的精髓,张培刚教授说得十分清楚,这就是"为企业本身的发展而经营企业的精神"。1942年,正当第二次世界大战中最为艰苦之时,美国社会学家默顿总结了现代科学发展的基本精神气质,承认有一组价值对科学发展起了极重大的作用,其中就有一条"为科学而科学的精神"。没有这种追求真理而不仅是追求实用的精神,就没有现代科学,关于这一点爱因斯坦说得非常清楚。同样,当人们有着一种为企业而企业的创业精神而不仅是单纯为了利润与享福而办企业的时候,企业的发展就会加速进行。韦伯曾经仔细分析过新教伦理与资本主义发展的关系。在欧洲资本主义初期,正是新教伦理使企业家们具有企业创建精神,它之推动经济的发展,与马克思的历史唯物论不是相互矛盾的,而是互为补充的。

除了企业和事业单位的员工和决策人的精神气质直接控制着企业和事业的微观经济结构外,在现代的企业和事业单位中逐渐发展起来的我所称之的伦理管理制度,对于经济的运行与发展也起着重要的作用。在这方面比较成熟的是医院中的伦理委员会,它指导着医疗的技术管理和经营管理,决定哪些医疗实验是应该做的,哪些是不应该做的;哪些医疗手段是应该采用的,哪些是不应该采用的;以及医疗资源的分配哪些是公正的,哪些是不公正的;等等。在工业方面,一些国家的企业中的工程师委员会就起到调节工业企业中伦理原则的执行的作用。

▶▶ 11.3 经济系统与伦理调控的基本图式

我们现在运用控制论的基本图式来表达上述有关经济系统的三环调控。

起源于工程控制论的自动控制图式如下列方框图所示(见图11.1)。

"控制论"(cybernetics)一词是1947年美国数学家 N. 维纳在他的奠基著作《控制论——关于机器中和动物中控制与通讯的科学》中首先使用的。该词在希腊文中表示"舵手"(steersman)或"统帅"(governor)的意思。工程

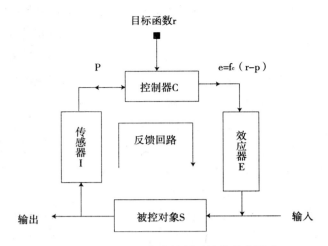

图11.1 自动控制系统的基本图式

学中称之为"调节原理"（the theory of regulation）。我们在本节中用了"调控"一词,指的也就是控制论中"控制"的意思。控制论的中心概念是反馈,就是将系统的目标状态 r 与当前状态 p 加以比较,将结果 $e=f_c(r-p)$ 通过信号回输到系统过程的输入端,借此控制系统过程,使之达到目标状态。在图11.1 中,控制器 C 的作用就是将由传感器 I 得来的系统当前状态 P 与目标状态 r 相比较,得出偏差信号 e,通过效应器作用于被控系统 S,以改正系统的目标状态与当前状态的偏差。以室内温度空调机为例,当制冷机工作（图中的效应器）使 S 的温度低于指定温度（图中的目标函数或目标状态特定值 r_0）时,有一传感器（例如一个热敏电阻）将这个信号 P_0 传到控制器与 r_0 相比较得出一个结果 e_0:"将制冷机的电流切断"（它通过一个将电流转变为机械运作的装置来实现,这个装置是控制器的一个组成部分）。于是效应器或叫做执行器（制冷机）停止工作,温度随之上升。而当温度上升超过指定温度 r_0 时,传感器又将新的信息 P_1 反馈到控制器中,比较的结果得出 e_1:"将电源开关合上",致使制冷机重新开始工作。这就是通过负反馈调节控制室温的原理。

我们可以将这个原理运用到自组织市场——经济环境中的微观经济系统,即事业/企业经营单位。这个经营单位是一个被控对象 S,但它有一个自主的决策机构 C。这个决策机构的主要目标状态或目标函数就是谋取利润。它依据市场价格"传感器"这个有关供求关系的敏捷的信息机构了解生产所需的人力与其他资源的成本,以及产品或服务卖出可获得的收益,作为 $P(P=P_1, P_2, \cdots\cdots, P_n)$ 输入到决策机构中与利润目标的决策指标 $r=r_1$, $r_2, \cdots\cdots, r_n$ 进行比较,从而作出生产什么、生产多少、怎样生产的决策 e。它以利益的驱动激励执行机构,即全体员工的工作过程,为社会提供产品或服务的输出。其中输入表现为经济系统的投入,输出表现为经济系统的产出。这里一个市场范围里的所有经济单位 $S=S_1, S_2, \cdots\cdots, S_n$ 通过价格机制相互作用,自组织而成为一个有自动平衡功能的自组织市场经济体系,在其中每个经济单元是一个有集中领导的控制系统,它的基本控制图式如下:

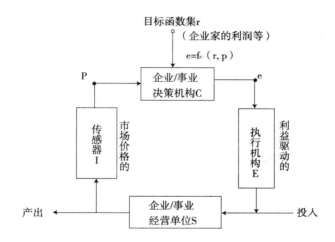

图 11.2　微观经济单位的控制系统

　　问题在于,图 11.2 的目标函数 r,如果不是像新古典经济学那样,单纯从最大限度的个人利益或利润来考虑,而是从企业文化、企业伦理或职业文化、职业伦理以及整个社会伦理价值的观点来考虑,便是一个很复杂的东西。首先追求利润本身有一个伦理支撑,这就是企业家精神,即第 2 节所说的"为企业而企业,将企业当作自己价值的自我实现"的精神,其次还有企业家与雇员和劳工之间的利益冲突如何伦理地解决的问题,即全体职工的利益也应列入企业的目标。更重要的是,社会本身给它的细胞(企业、事业单位)制定了道德的法律的规范,归根结底是一组社会伦理价值也应该是企业目标。这些问题也已经在上节讲过了。概括地说,企业/事业单位的目标函数是一个 Σ,包括企业家的利润(r_1),员工的利益(r_2),国家的利益

（r₃）和为社会的利益（r₄）。即 $r = \Sigma(r_1, r_2, r_3, r_4 \cdots \cdots)$。而为了保证企业/事业单位的目标函数制定得正确，北欧的工业民主（见本书第9章第3节）是值得借鉴的，它包括国家对劳动保护和生态保护的立法、劳资合作委员会以及"劳动产权"和1/3工人代表参加董事会等。

在企业/事业单位的目标体系中，企业家利润和员工权益是由微观经济系统内部自主决定的，国家利益部分则是由政府立法、司法部门以法规形式提供的，而社会利益部分则由社会伦理体系将人们的共同价值和标准注入社会微观经济系统中。图11.3是社会微观经济系统的三环调控图。

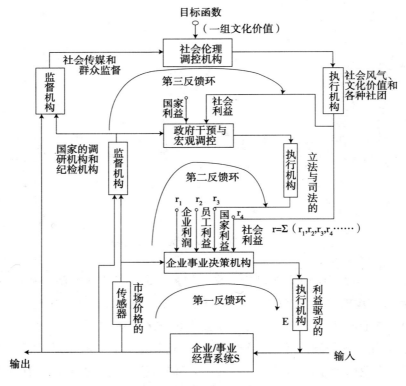

图11.3　社会微观经济系统的三环调控

从以上的图解中，我们可以将经济系统的调控机制归结为下列12个要素。

表 11.1　经济系统调控的 12 个要素

调控的三大机构 社会三元系统	监察机构	决策机构	执行机构	目标函数
市场调控	市场价格	企业自主决策	利益动力机构	企业利益
行政调控	政府调研机构 与监察机构	政府干预 与宏观调控	政府财政 经济机构	国家利益
文化调控	社会传媒机构 与群众监督	社会伦理 调节机构	社会文化 与群众机构	社会伦理 与价值观念

　　这样,我们便看到了一组社会伦理价值体系是怎样多层次地调控着经济系统的运作。这个过程从复杂系统整体论的观点看还可以作以下的分析。请看图 11.4:首先在宏观的社会层次上有一种文化价值的社会运动,例如新文化运动以及"文革"后的解放思想运动,消除了社会束缚,激发了个人自主性行为动机,例如个人经营自由、个人创业自由的价值观念,和走出农村到城市打工的自由(不是盲流)等,这是一种下向因果关系,即社会价值规范这个宏观自变量(原因)改变了个人的价值观念这个微观的因变量(结果)(图中用下向箭头 1 来表示)。这些个人的价值观念即谋取个人利益和谋取个人利润的合理性观念(理性人价值观念)导致一种个人或法人的目的性行为(图中用水平箭头 2 来表示)。这种人们的目的性行为的相互作用,导致改革开放后的多种经济成分的经济系统的变化,导致市场经济体系和一部分公民社会的形成,这是一个由微观自变量到宏观因变量的上向因果关系(图中用上向箭头 3 来表示)。但社会市场经济的形成,会对个人经济活动和生活发生影响:例如它会使一部分人先富起来,也会使一部分人下岗失业,导致贫富悬殊的出现和部分官员的腐败,也导致个人生活水平普遍提高和外地劳工的劳动与生活困境等。这是下向因果关系 5 和微观平行因果关系 4 共同作用的结果。于是在图 c 点上,出现境遇不同和阶级不同的个人之间的价值冲突和观念矛盾,由此在 d 点上发生主体间价值冲突的行为。这些行为的群体效应是一种上向因果关系,表现为一种工人阶级为争取自己阶级利益的群众运动,属于图 11.4 中所标示的社会红色运动。这时,由于工业化的进程出现了环境问题和环境危机,又引发了一种社会绿色运动,即人民群众和社会压力团体的反公害斗争。在我国,由于公民

社会的不完善,这个红色运动和绿色运动的重担,在很大程度上落到了执政党和政府的身上,但它本质上还是由 C 点所代表的"运动"和"活动"。它的下向因果作用 9 和微观层次的水平因果关系 8 的会合,会造成个人之间的价值协调、价值冲突的妥协,以及阶级的调和与阶级的合作,兼顾各方的利益,于是在宏观上又表现为社会化市场经济的完善,生态环境的改善等,甚至出现社会主义伦理价值体系的调控。图 11.4 是一幅市场经济及其调控发展的粗略图景。在西方和东方,俄国和东欧,都以不同的方式和不同的语言表达实现着或将要实现着这幅图景。当然对其中出现的各种事件,人们对它们的看法很不相同乃至相互冲突。对此我们一概加以忽略,回到哲学家的 Armchair(扶手椅)上沉思其中的上向、下向和横向三类因果关系及其相互作用,像希腊哲学家德谟克利特所说的那样:"找到一个因果关系,胜过当上波斯人的国王。"图 11.4 有一些什么因果关系呢?复杂整体论的价值论并不只采取还原方法来研究社会的经济与文化现象,将整个过程还原为图 11.4 的 2、4、6、8 等水平箭头所表示的个人的动机与行为来加以解释,而同时承认社群主义所主张的社会价值体系规范个人的生活,影响甚至支配个人的价值取向。并主张上向、下向两种因果关系协同进化,探求这种协同进化的微观动力学和宏观动力学,揭示其中的宏观→微观机制和微观→宏观机制。在表 11.1 中,市场调控、行政调控、文化调控都是一种宏观动力学,它们对于企业的决策与行为的影响是一种宏观→微观机制。而企业自主决策,利益驱动机制是一种微观动力学。这些企业的个人或法人的相互作用导致的宏观结果,如市场经济的形成,则是一种微观→宏观机制。它们的协同进化可以用图 11.4 来表示。在这里,向下的箭头 1,5,9……表示下向因果关系,是从社会整体到个人的一种因果作用;由于有这种因果作用,我们就说社会整体决定个人的观念与行为,是整体优先于个体。而向上箭头 3,7,10……表示个人和他们的局域的相互作用决定社会整体,所以就此而论我们可以说是个人优先于社会整体。传统的方法论上的社会整体论和方法论上的社会个体主义,彼此各执一端而争论不休。我们的复杂整体论认为,事实上,总体说来不是整体优先还是个体优先的问题,而是整体与个体各自进化和协同进化的问题。

在图 11.4 中,宏观的社会价值体系与微观的个体价值体系发生交互作用,社会价值体系与社会经济系统发生交互作用,而且还与环境发生交互作

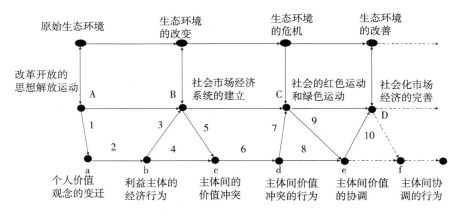

图 11. 4　个人、社会整体与环境协同进化

用。本章的主要目的是强调社会伦理价值对经济系统的调控作用,但我们同时承认社会伦理价值体系是有它的经济基础的。

▶▶　**11.4　本编结语**

　　本编扩展了经济分析的概念,将以个体主义的"经济人"为基础进行的狭义经济分析扩展为以整体主义的经济系统为基础的广义经济分析。我们称它为经济系统分析,即分析经济、政治、伦理与生态环境之间的相互关系。

　　这种经济生活的系统分析的基本论点是:经济系统的运行机制以市场经济为基础,以伦理价值调控为主导,并将经济系统看作是生态系统的一个组成部分。传统的经济分析有一个重大的失误,就是将经济的宏观调控只看作是政府的事。当然政府有经济实力,主要的工作应由政府去做,但政府按照什么伦理原则进行宏观调控则是一个根本问题。我们常常听说市场失灵靠政府,但人们很少注意"政府失灵靠伦理"的导向。而"伦理失灵靠文化运动"这些命题也值得重视。例如解决环境问题就起源于倡导生态伦理的文化运动。所以政府必须尊重广大人民群众的思想自由、思想解放和思想首创精神,以这种方式恢复经济生活的道德良心。因此本编从论述道德哲学的两大基本流派开始(第 5、6、7 章)进而分析当代三种政治伦理思想如何导出不同的经济政策以调控人类的经济生活(第 8、9、10 章)。我们特别注意其中的社会主义精神（不是被庸俗化和极权化的精神）和生态主义理念对经济系统的调控作用。生态主义经济学或绿色经济学将人类经济系统看作是生态系统的一个组成部分。它特别注意自然资源生产力而不仅是劳动生产力或资本生产力，特别注意提高人们的生活质量和教育水平而不仅是消费的水平。这个落脚点恰好就是每个人的自由和全面的发展。

第三编

整体主义的价值哲学

第 **12** 章
事实与价值

近年来,在不同学科领域中,对事实与价值二分法的怀疑日益增长,一些生态伦理学家认为,他们的生态伦理在很大程度上是从生态系统的科学事实中和对大自然的亲自体验中得出来的,而那些生命的内在价值又是可以客观描述的,例如许多动物的快乐与痛苦,它们的福利条件以及它们基因结构中的基准信号甚至是可以测量的,因而要破除事实与价值二分的教义;科学哲学家们发现,科学事实的建立是基于某种评价标准,这些评价标准是一组价值,尽管它是一组认知的价值,但认知价值也是价值;而经济学家们不断遇到伦理问题,他们发现,与坚持价值中立的经济学判断相反,他们的伦理观念特别是政治伦理观念大大影响了经济系统的制度与经济系统的运行,而许多基本的经济概念包含着明显的伦理负荷,不可避免地具有它的伦理层面。这些问题,已经在本书中说得相当充分了。于是便提出了一个问题:事实与价值的区分到底在什么程度上是成立的,而休谟——穆勒——逻辑实证主义者的事实与价值的二分(dichotomy)是否崩溃了? 这是哲学家,特别是分析哲学家所不能回避的问题。但是近年来有不少哲学家对事实与价值的二分法的攻击,包括我个人对这个问题的一些研究,都是不得要领的,至少也是没有击中要害的。[①] 但是哲学家 R. A. 普特南,这位极富有颠覆性和创造性的思想家,于 2002 年写了一本新书《事实与价值二分法的崩溃》,提出了事实与价值的缠结以及厚伦理概念的论题,并着重从伦理学和经济学

---

① 参看霍尔姆斯·罗尔斯顿《环境伦理学——大自然的价值以及人对大自然的义务》,杨通进译,中国社会科学出版社 2000 版;盛庆来《效用主义精解》,台湾商务印书馆发行 2003 年版,第 209—239 页;张华夏《综合效用主义的理论贡献及其问题》,载《开放时代》杂志 2001 年第 1 期;张华夏、颜泽贤、范冬萍《价值系统控制论》,载《广东社会科学》,2003 年第 4 期。

的关系来讨论这个问题。我认为他对于事实与价值二分的批判是击中要害的,可以说是继奎因批判逻辑经验论的两个教条(理论与观察二分的教条和分析与综合二分的教条)之后,颠覆了逻辑经验论的第三个教条。因此,本章的重点在于分析事实与价值的区分论题的起源、事实与价值缠结的表现以及一些经济学概念如何体现这种缠结。而在第 13 章中,我们将要对事实与价值这种区分、缠结、联系与转化做一个整体主义的控制论的分析,特别是感知控制的分析,重构一个理论模型来解决事实与价值的区分与缠结问题。

▶▶ 12.1 事实与价值的二分和休谟第三问题

我认为,事实与价值问题是休谟问题的第三问题。在近代和现代哲学中,没有任何一个问题能像休谟问题那样重要,那样影响深远,以致于许多重大哲学原理、哲学流派和哲学转折都起源于对这个问题的研究和再认识。休谟第一问题是休谟归纳问题:"我们怎样能够确定从单称陈述中推论出全称陈述是正确的呢?"休谟第二问题是休谟因果问题:"我们有什么理由说因果关系和因果律具有普遍必然性呢?"本章讨论的休谟第三问题即休谟价值问题。它的表述是:"我们有什么理由说从实然判断('是'陈述)可以推论出应然判断('应'陈述)呢?"①讨论这三个问题之间的关系不是本书的任务,本章只讨论第三个问题的前因后果。关于这个问题,最早见诸于休谟《人性论》第三卷第一章第一节的一个附言里。他认为,所谓事实判断或事实命题,是一种关于世界的客观事物的内容的描述,而所谓道德判断或道德命题(广义地关于价值判断和价值命题)不是指的这些,它并不根据事实内容作出,而是关于好坏、善恶的事,指的是人们的赞成与反对的态度或善恶情感的表现,"不论你在哪个观点下观察它,你只发现一些情感、动机、意志和思想。这里再没有其他事实"。所以事实判断是关于外界的对象的,是"理性的对象";而价值判断是关于人心的,是"感情的表现"和"感情的对象"。讲到这里,他发表了一段关于"是"与"应该",或者被译为"实

---

① 关于休谟的三个问题的表达,参看张华夏为《因果观念与休谟问题》一书写的序言,见张志林《因果观念与休谟问题》,湖南教育出版社 1998 年版,第 6—7 页。

然""应然"的宏论。他说:"对于这些推理我必须要加上一条附论,这条附论或许会被发现为相当重要的。在我所遇到的每一个道德学体系中,我一向注意到,作者在一个时期中是照平常的推理方式进行的,确定了上帝的存在,或者对人事做的观察;可是突然之间,我却大吃一惊地发现,我所遇到的不再是命题中通常的'是'与'不是'等联系词(the usual copulations of propositions, is, and is not),而是没有一个命题不是由一个'应该'或一个'不应该'联系起来的(that is not connected with on ought, or on ought not)。这个变化虽是不知不觉的,却是有极其重大的关系的。因为这个应该或不应该既然表示一种新的关系或肯定(affirmation),所以就必须加以论述和说明;同时对于这种似乎完全不可思议的事情,即这个新关系如何由完全不同的另外一些关系推出来的,也应当举出理由加以说明。不过作者们通常既然不是这样谨慎从事,所以我倒想向读者们建议要留神提防;而且我相信,这样一点点的注意就会推翻一切通俗的道德学体系,并使我们看到,恶和德的区别不是单单建立在对象的关系上,也不是被理性所察知的。"①从演绎逻辑的观点看,休谟的事实判断和价值判断相互区别以及由前者不能推出后者的观点显然是正确的。我们怎样从前提中没有的命题类型或关系类型得出有这种命题关系类型的结论呢?显然是不可能的。例如,吸烟有害健康,这是一个医学事实命题,我们能够由此得出"我们不应抽烟"这个结论吗?如果我们像休谟那样"留神",就知道这个推理不能成立;要使它成立,必须在前提中补上一个价值判断命题:"我们无论如何也不应损害自己的健康"。假定有人宁愿冒着将来得肺癌的危险也要满足自己的(抽烟)偏好,则虽然吸烟有害健康,他得出自己应该吸烟的结论也完全是合乎逻辑的。再举一个与经济学有关的例子,假定"效用"或"社会效用"这个东西是经济学中的事实概念,而贪污腐败违背人民的最大利益,或换个经济学说法叫做"贪污腐败使社会平均效用下降"(实然判断),所以理性的决策是:"我们不应贪污"(应然判断)。但是这里显然又隐含了一个更高层次的"应然"判断:"我们不应该违背人民的最大利益"或"我们不应该使社会效用下降"这个更高层次的"应然"判断或规范判断。所以休谟的论题告诉我们,事实判断与价值判断在类型上是有区别的,以至于我们不能从单纯的事实判断

---

①　休谟:《人性论》(下册),关文运译,商务印书馆1997年版,第509—510页。

中推出价值判断或者相反:从单纯的价值判断中推出事实判断。

但是,说事实判断与价值判断有一种不能彼此演绎地导出的区别,并不等于说事实与价值之间存在着一种截然划分开来的非此即彼的二分法(dichotomies)或二元论(dualism):即任何命题,不是属于事实判断就是属于价值判断;或者能同时属于二者,即既有事实内容又有伦理意义的命题,必定是这样的复合命题,即是事实命题与价值命题二者的加和或合取的命题,可以加以拆开而不影响它的意义。事实上,在下一节中我们将会看到,不能二分的事实与价值的缠结概念是非常广泛的。另外说事实判断与价值判断有一种相对的区分,也不意味着它们的区分标准是事实判断描述世界内容而价值判断是不描述世界内容的。休谟事实—价值二分的错误恰恰就在于,他将"是"命题看作是关于世界内容的"图像式的摹写"而"应"命题或伦理命题看作是不描述世界的主观态度,因而事实与价值是两个非此即彼的"自然类",每一类都有自己的本质特征而不是家族类似的类。这个观点恰恰被后来两个学派继承和发展了。这就是 19 世纪与 20 世纪之交的 G. E. 穆尔提出的"自然主义的谬误"和 20 世纪初逻辑经验论对伦理道德命题的全盘否定,认为这些命题是没有意义的,或至少是没有认知意义,从而应该被从知识领域中驱逐出去。

关于事实和价值的区别和二分的另一个理论根源是分析哲学的先驱者、英国哲学家、分析哲学的创始人之一穆尔(G. E. Moore,1873—1958)的有关主张。他继承了休谟的传统,从逻辑分析出发,认为善(或恶)、好(或坏)这些价值概念是"推到最后的名词",是单纯而无"部分"的东西,是不能进一步用更基本的性质来加以描述的,所以是不可以下定义的。用穆尔的话说,就是"善本来是指一个单纯的和不能下定义的概念"[①],尤其不能将它等同于某些自然性质来加以定义,否则就犯了"自然主义的谬误"[②](naturalistic fallacy)。许多功利主义者和进化伦理学将善等同于"快乐"、"偏好"、"幸福"、"健康"或"物种的繁荣与进化",就是犯了自然主义的谬误。就像黄色是不能将它定义为一定频率的电磁振动一样,因为仔细考察

---

① 穆尔:《伦理学原理》。见周辅成编《西方伦理学名著选辑》下卷,商务印书馆 1996 年版,第 667 页。
② 同上书,第 662 页。

它,这种振动并不是我们感觉到的黄色。从对"自然主义谬误"的批驳,穆尔提出了开放问题的论证(open-question argument),也就是说,假如对道德概念或价值概念进行等同于自然主义事实的论证,就总会遇到被人质问的问题而不能回答。比如说取消公费医疗、将这笔款项交回个人处理是善(好)的,因为它比其他方案带来更高的社会效益和更少的社会浪费,而善就是社会效用的最大化。但是在这里将会立刻有一个开放问题被提出来,即:"难道善就是社会效益最大化吗?"如果是,这不是定义,而是一种原始概念,是同义语的反复:用社会效用最大化来定义善,又以善来定义社会效用最大化。"我知道这些活动是社会效用最大的,但它是道德的善吗?"这就等于问:"我知道这些活动是社会效用最大的,难道它就是社会效用最大化吗?"这就是一个开放问题。穆尔得出结论:善是一非自然的属性,是由人的道德直觉(moral intuition)造成的属性。

和休谟有关实然/应然、事实/价值的区分和二分法一样,穆尔论证了事实概念和价值概念之间的区分问题。他认为善的概念与物理的属性不是等同的这个论点是正确的,但他又将它们之间的区分当作非此即彼的截然二分,即自然性的陈述和心灵直觉的陈述的二分,并认为彼此没有关系,这个观点则是错误的。穆尔的论证是一种纯粹的概念分析,是定义善等同于快乐,然后问善就是快乐吗,这个问法自然是很荒谬的。可是,如果认同水就是 H_2O,基因就是 DNA,是基于经验的后天认同,那么随着科学的发展,问水就是 H_2O 吗,难道基因就是 DNA 大分子串吗,这样的问题就不荒谬了。

逻辑经验论者卡尔纳普及其支持者继承和发展了休谟与穆尔的事实价值二分法传统,认为世界上的一切知识和论断截然区分为三种。第一种是事实知识或经验知识,包括观察语句和理论语句,它们是经验地可证实的,属于经验科学知识。第二种是分析知识,它们是基于逻辑的根据而能够成立的。例如"同义反复"命题以及各种数学命题,它们是分析命题,与第一种综合命题成真的条件不同,它们是形式变换的真理,也是有意义的。第三种既不是分析的又不是综合的,例如形而上学、宗教、规范伦理学等,由于它们不具有经验内容又不是由于逻辑的理由而成真或不真,所以是没有意义的,是"不可言说,不可思议也不能提问的",应该从知识的领域清除出去。卡尔纳普在他 1932 年写的一篇论文《通过语言的逻辑分析清除形而上学》中写道:"于是逻辑分析便宣判一切自称超越经验的所谓知识为无意义。

首先这个判决打击了一切思辨的形而上学,打击了一切自称不要经验,通过纯思维或直观就可以办到的所谓知识。……而且,这样的论断还必须扩展到整个规范哲学或价值哲学,扩展到任何作为规范科学的伦理学或美学。因为价值或规范的客观有效性(甚至按照价值哲学家的意见)是不能用经验证实的,也是不能从经验陈述中推出来的;因此它是根本不能(用意义的陈述)断言的。换句话说:要么给'善'和'美'以及规范科学里所用的其他谓词的应用指出一些经验标准,要么不提出。如果是第一种情况,包含这样一个谓词的陈述就变成一个事实判断,而不是一个价值判断;如果是第二种情况,它就变成一个假陈述。根本不可能构成一个表达价值判断的陈述。"①所以事实价值二分是逻辑经验论的第三个教条,即普特南说的"经验主义的最后一个教条"②(the last dogma of empiricism)。在讨论如何回答休谟第三问题和批评逻辑经验论第三个教条之前,我们还要略为述说一下事实与价值的二分对经济学的影响。

休谟、穆尔的事实与价值的二分教条以及将这个教条发展到极端的逻辑经验论者对经济学产生了极大的影响。这个影响可以用经济学家 J. N. 凯恩斯在 1891 年的一段话和经济学家 L. 罗宾斯在 1935 年的一段话来加以说明。凯恩斯说:"政治经济学是科学,而不是艺术或伦理研究的分支。在竞争性社会体制中,政治经济学被认为是立场中立的(stand neutral)。它可以对一定行为的可能的后果做出说明,但它自身不提供道德判断,或者不宣称什么是应该的,什么是不应该的。"③"可以有把握地认为,政治经济学原理的讨论越是独立于伦理和现实方面的考虑,这门科学就越能尽快走出争论阶段。伦理学闯入经济学只能导致已有争论不断扩大并无休止地延续下去。"④这就是说,伦理学与经济学是相互分离的,井水不犯河水,一旦将二者结合起来就会把事情搞乱。

而 J. 罗宾斯则说:"除了把这两种研究(经济学与伦理学)并列,以其他

---

① 卡尔纳普:《通过语言的逻辑分析清除形而上学》,见洪谦主编《逻辑经验主义》上卷,商务印书馆 1982 年版,第 31—32 页。

② 普特南:《事实与价值二分法的崩溃》,应奇译,东方出版社 2006 年版,第 182 页。

③ 凯恩斯:《政治经济学的范围与方法》,党国英、刘惠译,华夏出版社 2001 年版,第 8 页。

④ 同上。

任何形式把它们结合起来的企图,在逻辑上似乎都是不可能的。经济学处理可辨认的事实;伦理学处理评价与职责。这两个领域风马牛不相及。在实证研究和规范研究的法则之间有一条明确无误的逻辑鸿沟。"①这就是说经济学与伦理学是泾渭分明的,彼此无关的,虽然事实上连自称为完全实证科学的"古典经济学"也不可避免地会导出价值相关的结论。例如,从边际效用的观点出发,皮古认为,100 美元的边际效用对于富人来说远比对于穷人来说的效用要小,因此,财富的适当的再分配,缩小贫富差别,会大大提高整个社会的效用。但罗宾斯有意回避这个问题,完全抛弃了皮古福利经济学的思想——经济学能够而且也应当关心评价意义上的社会福利的观念,而认为对作为一门科学的福利经济学来说,这种关心是"没有意义的",人与人之间的效用比较是没有意义的,福利经济学也只是一门实证性的科学,而不是规范性的科学。

这种基于事实与价值二分的经济学与伦理学严重分离的倾向,很快就通过新古典经济学派的标准教科书影响了整个经济学界。这里特别值得一提的是美国 1970 年诺贝尔经济学奖获得者保罗·A. 萨缪尔森的《经济学》一书,这本书长期是世界各国标准的经济学教科书。他在这本书中写道:"但对于我们面对的那些争论性的问题(如政府是否应该管制产业,税收体系是否应该把富人的收入向穷人,或者把农村的收入向城市进行再分配等),经济学家不能有什么定论。因为在这些问题后面的是关于什么是好,什么是对,什么是公正这样一些规范性的假设和价值判断问题。然而,经济学家所要做的,是尽最大的努力把实证科学与规范性判断清楚地加以区别开来。在科学的绝大部分领域里,学者们描述和分析自然或社会系统的行为。实证描述的任务是尽人性所能免受如意想法以及有关应该是什么的道德上的关心的影响。为什么要这样?是因为科学家是冷血的机器人吗?不是,相反,经验表明,如果一个人尽量采取客观的态度,那么,他将取得实证描述的更为精确的结果。"②这就是说萨缪尔森认为经济学只是进行描述并

① L. Robbins, *An Essay on the Nature and Significance of Economic Science*, 2nd ed. London: Macmillan. p. 148. 转引自 A. Sen, *On Ethics & Economics*. Blackwell, Oxford, 1987. p. 2。

② 保罗·A. 萨缪尔森、威廉·D. 诺德豪斯:《经济学》(第 14 版),胡代光等译,首都经济贸易大学出版社 1998 年版,第 542 页。

在这个基础上进行推理的科学,是价值中立的。他的这本书迄今出了 19 个版本,并与时俱进,每一版本都做了修改。他自己在本书序言中写道:"本书用作美国和全世界的课堂上讲授初级经济学的标准教材几乎历经了半个世纪。每个新版本都汲取了经济学家们关于市场如何运行和关于社会能从事什么以改善人民生活水平的最好思想。""许多岁月过去了,我的头发由淡黄转为棕色,然后转为灰白色。但是像从未长得年老的多里安·格雷的肖像一样,这本《经济学》教科书会持久地保持到 21 世纪。"①这本书的确教育了一代又一代的经济学家,可见其影响深远。不论他的教科书如何改动,但是上述那段话都没有改动。在他的影响之下,经济学家们普遍认为经济学是实证的科学,与所有价值判断和伦理判断相分离。于是他们从追求个人效用最大化的经济人的"真实假定"(true assumptions)出发演绎地证明,现实的经济结果是最可能的结果。这正如德尼·古莱特在他的《发展伦理学》中指出的,按照这种逻辑,将发展等同于总量经济增长被看作绝对是个硬道理。发展的目标"就是必须围绕制造更大的蛋糕的任务来把社会能量激励起来……由于集中于增长而导致的不论什么不平等都被增长的战略家视为不可避免的"②。于是宣称有关收入与财富的极端不平等、贫富差别的扩大、对工人的剥削、失业下岗以及环境危机的问题,是经济规律的一种最可能的结果。至于应不应该这样、应不应该使发展的成果惠及世界大多数贫苦大众和损害人与自然的和谐问题,则是伦理关怀问题,而不是经济学要研究的问题,经济学家们对这些问题不予讨论。这种态度不但大大妨碍了对社会伦理问题的探讨,而且大大妨碍了理论经济学、发展经济学和福利经济学的发展。因此事实价值二分的问题,不但是一个哲学理论的问题,而且是一个与人类生存与发展密切相关的问题。

▶▶ **12.2 事实与价值的缠结**

面对休谟、穆尔和卡尔纳普几代经验主义者所提出的事实与价值的二

---

① 保罗·A.萨缪尔森、威廉·D.诺德豪斯:《经济学》(第 14 版),胡代光等译,首都经济贸易大学出版社 1998 年版,第 1、4 页。

② 德尼·古莱:《发展伦理学》,高铦等译,社会科学文献出版社 2003 年版,第 103 页。

分,20 世纪以来许多哲学家提出了不同的看法。普特南在其研究的基础上,提出了事实与价值的缠结:即事实与价值之间相互交织（interweave）,相互渗透,相互依存,相互联结在一起,不能有一个非此即彼的划分。美国哲学家杜威从人类的经验与方法论是统一的这个论题出发,认为情感、动机、兴趣、愿望等"态度"和人类的其他经验一样,都是人类的经验或基于人类的经验,都是经验地可证实的,因而是可以用经验的方法加以研究并加以改进的,是不可以以经验地可证实或可检验为标准而将它们划分为"事实世界"和"价值王国"这两个分裂了的世界的。① 普特南承认事实与价值在概念上和判断上的区分,但否认这种区分是形而上学的、绝对的、不可交叉重叠和不可相互转换的。普特南使用了一个词,叫做相互缠结（entanglement）,来说明事实与价值的关系。普特南也是量子力学哲学问题的专家,著有《量子力学的逻辑》,讨论了量子缠结的问题。他是从薛丁格"量子缠结"这个物理概念中吸取这个名词的。所谓量子缠结是指这样一种量子力学现象,由两个以上的量子成员组成的复合系统有特殊的量子态,它无法分解为成员各自量子态的张量积。例如 π^0 介子系统中衰变为两颗以相同速率等速运动的电子对,它们在时空中"分离开来"向不同方向走去。即使一颗行至太阳边,一颗行至银河系以外的星系,在如此遥远的距离下,它们仍保持有特别的关联性（correlation）;亦即当其中一颗被操作（例如量子测量）而发生状态的变化（例如发生与测量方向相同的自旋）,另一颗也会"即刻"发生相应的变化（有与测量方向相反的自旋）,这种现象导致爱因斯坦所说的"幽灵般的超距作用"（spodky action-at-a-distance）,仿佛两颗电子拥有超光速的秘密通信一般,与狭义相对论的局域性相违背。1935 年爱因斯坦与玻理斯·皮多斯基、纳森·罗森提出著名的 EPR 实验建议,企图由此质疑量子力学的完备性,结果在 1965 年,贝尔进行的 EPR 实验证明量子缠结是存在的。量子缠结是量子整体论的一种表现,即相互缠结的量子整体的量子态,无法表现为其组成部分的量子态之总和。玻尔指出:"两个局部体系 A 和 B 形成一个总体系,这个总体系是由它的 Ψ 函数,即 Ψ(AB)描述的,那就没有理由说,分别加以考察的局部体系 A 和 B 是什么互不相干的独立存在（实在的状态）,即使这两个局部体系在被考察的特定时

---

① 约翰·杜威:《评价理论》,冯平等译,上海译文出版社 2007 年版,第 67 页。

间在空间上是彼此分隔开来的也不行。"① 著名科学家戴维斯和布朗在《原子中的幽灵》一书中写道:"微观世界的量子实在无法摆脱地跟宏观世界的组织缠绕在一起。换句话说,离开了同整体的关系,部分是没有意义的。"② 这就是量子世界的整体观点。普特南利用缠结的概念来说明事实与价值之间的关系也有如此这般的纠缠在一起而不可分割的作用。这可能被认为"杀鸡用了牛刀",不过普特南杀的不是鸡,而是自然科学和经济科学中顽强地存在的一种理念,使用自然科学的最新成就来剖析这个错误理念也未尝不可。普特南认为:对事实与价值这种相互缠结,可以划分为几个方面进行分析。这就是:任何事实判断都有价值的预设和价值的负荷,而许多价值判断都有事实内容,这些事实内容和价值评价不能从命题上加以分开而不丢失它的整体意义。现在我们分别讨论这些问题。

▷▷ 12.2.1 事实判断本身预设和负荷了价值的评价

事实判断对于休谟来说指的是客观事物的摹写与图像,对于逻辑经验论和证伪主义者来说指的是经验地可证实或可证伪的命题,包括全部可以称得上科学命题的语句。对于奎因来说,是能作为一个理论的整体来面对经验法庭的所有命题,而对于库恩等人的历史学派来说,一个广义的事实判断就是一个科学规范。在这里描述与评价是相对立的。可是我们凭什么说一个命题或一个理论是"真"的或者是"假"的,是事实的或者不是事实的呢? 我们不能离开价值标准来进行描述,更不能离开价值标准来选择有关事实命题。除了一些直率的经验主义(他们坚持事实与价值的二分)之外,科学哲学家们现在都同意有一组价值标准来确定描述什么、怎样描述、怎样选择与事实有关的理论。例如库恩于 1979 年出版了《必要的张力》一书,其中第十三章《客观性,价值判定和理论选择》中,提出科学理论选择的"五种价值":"第一,理论应当精确:就是说,在这一理论的范围内从理论导出的结论应表明同现有观察实验的结果相符。第二,理论应当一致,不仅内部自我一致,而且与现有适合自然界一定方面的公认理论相一致。第三,理论应有广阔的视野:特别是,一种理论的结论应远远超出于它最初所要解释的

---

① 许良英等编:《爱因斯坦文集》第 1 卷,商务印书馆 1976 年版,第 477—478 页。
② 戴维斯、布朗:《原子中的幽灵》,易心洁译,湖南科技出版社 1992 年版,第 11 页。

特殊观察、定律或分支理论。第四，与此密切联系，理论应当简单，给现象以秩序，否则现象就成了各自孤立的、一团混乱的。第五——尽管不那么标准，但对于实际的科学判定却特别重要——理论应当产生大量新的研究成果：就是说，应揭示新的现象或已知现象之间的前所未知的关系。这五个特征——精确性、一致性、广泛性、简单性和有效性——都是评价一种理论是否充分的标准准则。"这样科学就成为"以价值为基础的事业"。① 1984 年 L. 劳丹写了《科学与价值》一书，将"解决问题"，即解决理论问题、概念问题和经验问题看作是"好科学"的最高价值标准，是一种"认知的价值"② （epistemic value）。为什么"融贯性"（coherent）、"似然性"（plausible）、"简单性"（simple）或"美"（beauty）这些认知价值和伦理价值一样都是一种价值呢？因为它是一种规范的判断和应然判断，是一种评价一个事实判断或科学陈述好或坏的标准。为什么哥白尼的日心说比托勒密的地心说要"好"而被认为是"真"的呢？在开普勒以前，它并不比托勒密地心说更能精确预测和解释天文学家的数据和预报天象、制定日历，是因为它比托勒密地心说更具有"简单性"而被先进的天文学家接受为真理的。为什么燃烧氧化学说比燃素说更好呢？因为后者不能定量解释气体在燃烧中的作用：当木柴燃烧时变成灰，燃素论说，这是因为燃素从木材中挥发了。而为什么燃烧水银，变成红色粉末（即今天所说的氧化汞）反而增加了重量呢？燃素论者解释说，这是因为燃素具有负重量，所以它从水银中挥发了，那东西反而重了。那么到底燃素具有正的重量还是负的重量？燃素论者因为违反了"融贯性"而不为科学家接受，所以科学家是带着价值的有色眼镜来描述自然和选择事实的。普特南问道，爱因斯坦是怎样发现和接受狭义相对论和广义相对论的呢？他回答道："爱因斯坦自己的观点是众所周知的。他告诉我们，他是通过把一种经验主义的批判运用到'同时性'概念上得出狭义相对论，而广义相对论则是通过寻找与极小领域中的狭义相对性相容的'最简单的'引力理论而得到的。"③所以每一个事实判断或科学判断都渗

① 库恩：《必要的张力》，纪树立等译，福建人民出版社 1981 年版，第 316、326、328 页。
② 劳丹：《科学与价值——科学的目的及其在科学争论中的作用》，殷正坤、张丽萍译，福建人民出版社 1989 年版，第 4 页。
③ 普特南：《事实与价值二分法的崩溃》，应奇译，东方出版社 2006 年版，第 181 页。

透着价值判断,在一定意义上依赖于价值判断。

"精确性"、"融贯性"、"简单性"和"科学的美"这些东西虽然是认知价值,但它们在主要点上与伦理价值同样具有价值论的共同特征,不仅因为它们是一些规范判断、评价标准,而且这些标准的实现是因人而异的。尽管科学家们都同意比如说库恩提出来的价值表,但他们由于个性与文化的不同,对于哪个价值标准更重要的看法就不同。"有的科学家比其他人更重视创造性,从而更愿意冒险;有的宁要综合统一的理论,而不喜欢那种显然只是在更小范围中才更为精确而详细的题解。"①对于中国科学技术文化来说,科学家们更重视使自己的"事实判断"尽量与古典文献或权威说法相协调,即将"融贯性"价值视作具有很高的地位。不仅如此,这些认知价值诸种标准的权重还取决于不同学科的特点(因地而异),例如数学物理类学科更重视"融贯性"、生物学似乎更重视"与经验相符合性"即"似真性",而技术科学的标准重视"效用性"。库恩说:"在准则表上再加一条社会效用,某些选择就会不同,而更像一位工程师可能采取的准则。"②有一组规范的评价准则,这种准则及其运用因人因地因主观的偏好和理论的范式的变化而发生变化,并显示出价值冲突的特征,这表明认知价值具有典型的价值判断特征,它渗透于事实判断和科学陈述的各个方面。逻辑经验论者只想寻找一种统一的经验标准来决定科学命题的真假,确定科学命题与非科学命题的分界,因而不可能承认事实判断有价值的负荷或事实判断渗透了价值评价,就像不承认汉森所说的观察渗透理论一样。而历史学派的科学哲学承认科学的事实和科学的理论即广义的事实判断受一组价值的影响与支配,但没有看出这件事是颠覆事实与价值二分的重要证据,是事实与价值相互缠结的一个重要方面。

在社会科学中,甚至在技术科学中,有许多充分和生动的事实描述本身就带有伦理的道德的性质和倾向,我们实在无法将其中的伦理价值判断从事实描述中分离出来。我们可以称这种事实描述为"厚事实描述"(thick fact-descriptions)。例如,恩格斯 1844 年写的《英国工人阶级的状况——根据亲身观察和可靠材料》,马克思 1867 年在《资本论》中描写的"资本的原始积累",以及毛泽东在 1927 年写的《湖南农民运动考察报告》,就表明在

---

① 库恩:《必要的张力》,纪树立等译,福建人民出版社 1981 年版,第 319 页。
② 同上书,第 325 页。

事实描述的背后负荷着价值判断,能唤起人们对工人阶级和农民阶级处境的同情。这种同情当然缠结着道德价值判断的结论。阿玛蒂亚·森在他的一篇论文中指出:"事实上,描述可以表述为按照描述者的关怀从可能的真陈述中选出一个子集。……可以毫不夸张地说,任何有意识的描述包含了——可能是隐含地——涉及各种陈述相对重要性的理论",这是"描述的选择基础"。① 设想有一些地方政府的工作报告或情况介绍说本镇今年生产总值比去年增加百分之几,吸引外资增加百分之几,财政收入增加百分之几,但就是不谈贫富差别的基尼系数增加百分之几,环境污染指数增加百分之几,工伤事故增加百分之几,即使他们说的"事实描述"符合客观实际,是"从一个可能的真陈述中选出的一个子集",我们也是不难看出这种事实描述背后的价值负荷的。当然,并非一切事实描述都含有伦理价值负荷。认知价值与伦理价值是有区别的,我们力求有好的认知价值负荷的事实描述,它是事实描述中的"客观"的真,也力求有好的伦理价值负荷的事实描述,它是事实描述中的"主观"的善。这样看来,事实与价值的缠结从正面说来就是真、善、美的缠结了。

▷▷ **12.2.2 价值判断中的事实内容**

并非所有的价值概念判断特别是伦理价值概念判断中的概念都有明显的事实内容。有一些属于"薄的伦理概念",相对说来并不带有特别的关于对象的描述的或事实的内容,如"好的"、"应当的"、"对的"以及相对词"坏的"、"不应当的"、"错的",以及"美德"、"恶德"、"义务"、"职责"之类。这些词更多地表达人们对一种事物、一种行为的赞成或反对的态度。但是在人们的日常用语以及在一些科学的用语中,有相当大量的伦理价值术语属于"厚的伦理概念",如"残酷的"(cruel)、"软弱"(weak)、"野蛮"、"屠杀"、"谋杀"、"偷盗"、"侵略"这些贬义词以及"勇敢"、"高尚"(generous)、"强壮"(strong)、"慷慨"(generous)这一类褒义词,以及诸如"盖娅"(地母)、"敬畏自然"之类有争议的词。这些词同时具有事实判断和价值判断的内容,是规范性的又是描述性的,二者缠结在一起。它的规范性部分决定描述

① Amartya Sen (1982). Description as Choice. In A. Sen (ed.), *Choice, welfare and measurement*. Oxford:Oxford University Press. p.433.

性部分怎样运用于不同情景,而描述性部分约束了和限制了规范性的表述。例如,"残酷的"一词,显然包含有许多公认的事实内容:此类行为引起人们的痛苦,这些痛苦对于达到正常的目的来说是不必要的。又如对历史学家说,某一个暴君,例如秦始皇特别残暴,最终激起人民的反叛,导致陈胜、吴广的起义。这些都是残暴一词的描述性用法。可是它同时而且首先包含了一种价值判断的内容,即它是用来形容一种不道德不正义的行为的,我们不可能特指某个时间、地点、事件时说"这个人是很残暴的,但他是个好人"。又如"南京大屠杀"这个事实约束了我们不能不表示一种愤慨的反对的态度,这是南京大屠杀的概念的评价和规范性的方面,或价值方面。反过来,这个事件的价值方面渗透于事件的事实描述方面,决定着怎样的事实描述才是合适的、充分的。我们对这个事件的事实方面可以有四种描述:①南京的人口,从1937 年12 月13 日开始,6 个星期内,突然减小了30 万。②南京在这段时间里有30 万人民死亡。③南京在这段时间里有30 万人被杀。④南京在这段时间里有30 万人民被日军残杀。日军甚至进行杀人比赛,屠杀手无寸铁的居民,包括10 万妇女与儿童。只有第④种有厚概念的描述最具有事实性,同时又最具有道义谴责的价值性,这里事实与价值相缠结的事实描述是最合适的事实描述,而与事实缠结的道义表达对于这个事件来说是最恰当的表达。

逻辑经验论者,如艾耶尔、史蒂芬逊等人,坚持事实与价值的二分法,他们如何处理这种厚伦理概念呢? 他们认为可以将这种概念与判断离析为纯粹事实判断和薄伦理价值判断两个性质完全不同的部分,前者用物理语言描述,后者用情感与态度的语言表达。这样,纯粹事实判断的"是"与纯粹价值判断的"应"的逻辑鸿沟依然存在。但是我们能够做出这种划分而不丢失例如"残酷"、"大屠杀"、"勇敢"这些厚伦理概念和厚描述概念的含义吗? 例如"南京大屠杀",如果用物理的语言加薄伦理语言来描述,就是南京在这段期间有如此这般的分子运动 F(x) 和这些 F(x) 是错误的(wrong)。可是"这些分子运动是错误的"又表示什么? 用生物学的语言描述,就是南京有 30 万人死亡,这些死亡的事件是错误的。可是为什么这些死亡的事件是错误的呢? 即使我们用其他描述语言来表示这个事件,但避开使用"杀害"、"屠杀"、"残忍"、"悲惨"、"痛苦"这些带伦理价值的词来描述,然后对这种描述进行评价,就至少丢失了为什么整个事件是罪恶的以及罪恶的原因这种含义。其他的厚伦理概念也是如此,如果将"勇敢"只描述成"不怕冒生命和身体的危险", 它就不能与鲁莽与蛮干区分开来, 我们应该对这种行动加以赞扬就失去了基础。因此, 厚的伦理概念不可以分解为纯事实概念和薄伦理概念的合取。从这些厚伦理概念或厚事实概念的语词的产生来说, 它们是为表达一种人类行为的实践情景而整体地产生的, 事实与价值一开始就缠结在一起, 并不是由纯粹价值表达和纯粹事实描述合成出来的。当然, 对它们进行事实分析和价值分析, 对于理解这些词与概念是有帮助的, 但并不因此可以去掉原来的词义, 这些分析是必要的但不是充分的。普特南说: "把厚伦理概念分解为'描述含义成分'和'规范含义成分'的非认知主义者的企图是建立在以下的这种不可能性的基础上: 我们不可能在不使用——比如说——'残酷'这个词或一个同义词的情况下指出'残酷'的'描述含义'。例如, '残酷'的外延肯定不可能只是'导致严重的伤害'……就像'勇敢'、'节制'、'正义'这类'肯定的'描述词一样, 像'残酷'这样'否定的'描述词的典型特征是, 要有区别地使用它们, 一个人就必须能够在想象中认同一种评价的观点。"①现在我们试着对这个问题做出一种逻辑的分析: 设有某个厚伦理概念表达 T(x), 再设纯事实描述为行为或行动者 x 具有某种特征 F, 即 F(x); 而薄评价表述为 F(x) 是 V, 这里 V 是诸如好、坏、对、错等薄伦理概念的谓词, 这种表述记作 V(F(x))。则厚伦理概念 T 不能表述为二者的合取, 即

$$T(x) \neq F(x) \& V(F(x))$$

我们可以称这个不等式为普特南不等式, 它不过就是亚里士多德"整体不等于部分之和"在语义学中的表现。

例如, 我们不能将"x 是残酷的"表达为"x 导致对别人的严重伤害"以及"这种严重伤害是错误的", 而不丢失一些原本的意义。因为这种表达至少遗漏了这种种严重伤害为什么会造成以及是怎样造成的——如它是居心不良地造成的和残酷地造成的, 以及为什么这种严重伤害是错误的——这些意思, 即为什么 F 是 V, 甚至它怎样是 V。而要表达这些被遗漏的东西, 通常要用厚概念来表达, 并且 T(x) 的规范作用规定了它的描述部分的必要

①　普特南:《事实与价值二分法的崩溃》, 应奇译, 东方出版社 2006 年版, 第 47、49 页。

或充分条件或某种原因的关系,以及它的描述部分有伦理含义伦理负荷这件事,都不是一种逻辑关系,而是一种缠结关系,不能用"合取"来表达。当然我们在这里也应该看到,厚伦理概念和厚伦理判断可以推出某种事实的判断或事实描述。这是从一个厚的应然判断推出实然判断,即

$$T(x)\&C \vdash F(x)$$

或从一个厚的实然判断推出应该判断,例如,因为在南京大屠杀中日寇杀我同胞 30 万,所以这是一种滔天的罪行。即

$$T(x)\&C \vdash V(F(x))$$

这里 C 是 T(x) 的初始条件。"是"与"应该"的逻辑鸿沟就这样加以填平,即休谟价值问题以这种方式得到解决。事实与价值缠结的观点,是一种语言哲学的整体论的观点。对于厚的伦理概念和厚的事实概念,事实与价值是不可分割的,就像量子缠结中的粒子对的状态一样。当然不是说厚的伦理概念或厚的事实概念是没有部分的。它们是有部分的,但整体不等于部分之和。无论对这些厚概念怎样进行分析,分解开来进行表述总要丢失整体本身具有的某种意义。如果一定要做还原分析,我们可以将 T(x) 写成

$$T(x) = F(x)\&V(P(x))\&M(x)\&N(x)\cdots\cdots$$

这里 M(x),N(x)……是任何将 T(x) 分解为 F(x),V(x) 后不能穷尽的剩余语义的表达式。这个"剩余语义"是不可省略的,它是整体的一种突现性质。

这样看来,事实判断和价值判断的非此即彼的二分法崩溃了。指出事实与价值二分法的崩溃,始作俑者并非普特南发表于 2002 年的那本书。阿玛蒂亚·森早在 1979 年就注意到这个问题。他说:"价值和事实之间的二分法似乎是值得怀疑的。它基于一个对价值判断本质极为有限的认识。"[1]

---

[1] Amartya Sen. *Collective Choice and Social Welfare*. Amsterdam:North-Holland,1979,p.59.

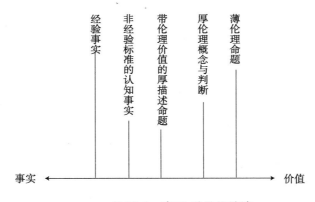

其实更早地对事实价值二分法发起全面的攻击的,是实用主义者杜威。①
事实与价值的二分论者,似乎将价值判断只看作是这个连续统的最右端的
一点,于是将它看作是一种纯粹的主观感情、态度,对事实的认识毫无关系
或有害而无益,这种观点自然是对价值判断本质的一种歪曲。事实与价值、
描述与规范的关系是一个连续统。用一条线来表示,线的左端是比较"纯
粹"的经验事实,当然它也带有认知的价值负荷;再向右行我们遇到了带非
经验标准(如简单性、融贯性)的认知价值负荷的事实命题和经验科学命
题;再向右端走,我们遇到有伦理价值负荷的厚描述命题;再向右走我们遇
到了厚伦理概念和判断,它是规范的又是描述的,它是从道德观点来描述世
界;只是到了最右端我们才遇到了薄的伦理概念,它主要表达主体对于客
体、对于被指称的对象的一种态度和偏好。这种情况,可以用下图表示:

图 12.1　事实、价值连续统

▶▶　12.3　伦理学与经济学的缠结

从上节对有关事实与价值的缠结的分析中,我们可以看出厚的伦理概
念以及厚的事实概念有下列几个重要特征:

---

① 杜威说:"只有把评价现象的具体内容归因于文化环境的影响时,那种所谓存在于
'事实世界'和'价值领域'之间的分离,才会从人类信念中绝迹。"(约翰·杜威:《评
价理论》,冯平、余泽娜译,上海译文出版社 2007 年版,第 73 页。)

1. 这些概念的意义是整体论的。虽然将这些概念划分为价值方面与事实方面来进行分析是必要的,但对于理解这些概念的组成与意义是不充分的、不完整的。所以我们要用一种复杂整体论的观点来看待它们。奎因在批判了逻辑经验论的第一个教条和第二个教条之后,提出了语义学上的整体论,指出一个理论的各个命题之间的关系是作为一个整体面对经验的法庭,不能孤立地说一个命题是被证实和被证伪了。而普特南的缠结概念进一步发展了这种语义整体论,指出这个概念,特别是厚伦理概念,是在缠结之中获得完整的语义的。所以逻辑经验主义的三个教条的崩溃,同时意味着语言哲学中整体语义的复兴。

2. 在某种意义上说,这些概念起到了填平"是"与"应该"的逻辑鸿沟的作用。因为从厚伦理价值判断可以推出事实判断,从厚事实判断可以推出伦理价值判断,于是"是"与"应该"的概念鸿沟,无论在什么意义上说都被填平了。缠结的概念就以这种方式来解决休谟价值问题。

3. 这些概念不仅表达主体的态度和情感,而且描述事实内容和因果关系,因而即使从比较狭窄的观点来看,它也会使许多伦理问题成为可检验的和可做理性分析与理性讨论的。例如,南京大屠杀是不是日寇的一种滔天罪行,这不仅是一个立场与态度问题,而且是一个事实问题。我们与否认这个罪行的某些日本历史教科书撰写人是可以就这个问题进行摆事实讲道理的讨论的。为此事,第二次世界大战后国际法庭早已核实了材料,并在控方律师和辩方律师之间进行了理性的讨论与辩论。普特南说:"关于事实与价值的二分法的最糟糕的事情是它在实践中的功能就是讨论的阻止者,而且不但是讨论的阻止者,还是思想的阻止者。"①

4. 这些概念在某种程度上有客观性,由于它是可描述、可论证、可检验的,因而绝不能说它只是一些"主观性"的东西。

这就是厚伦理概念(和厚事实概念)在本体论上、认识论上和逻辑上的一些主要特征。按照这些特征来看经济学中的一些概念,如经济人的概念、福利的概念以及生产目标等概念,这些概念大都是厚事实概念或厚伦理概念。

经济学的研究对象是什么呢? 有一个定义似乎是经济学家们公认的,

---

① 普特南:《事实与价值二分法的崩溃》,应奇译,东方出版社 2006 年版,第 53、54 页。

就是经济学是研究财富(稀有资源)的生产、交换和分配的科学。可是生产的目的是什么？这是经济学所不研究的问题吗？显然不是。生产的目的或动机甚至可能是经济学的一个首要问题。阿玛蒂亚·森说："对于经济学来说，有两个中心问题尤为根本：第一个问题是关于人类行为的动机问题，它与'一个人应该怎样活着？'这一广泛的伦理道德问题有关。""第二个问题是关于社会成就的判断"，"伦理相关的动机观和伦理相关的社会成就的动机观所提出的深层问题，应该在现代经济学中占有一席重要地位"。① 那么财富生产的目的是一个描述问题还是一个价值问题或价值评价问题呢？它首先是一个描述问题，以"是"为连接词，如(1)"财富生产的目的，是达到利润的最大化。"(2)"财富生产的目的是满足社会成员日益增长的物质文化需要，提高他们选择他们有理由珍视的生活的自由能力。"(3)"财富生产的目的是满足社会成员的最基本需要，并保持整个生态系统的完整性、稳定性、繁荣与优美。"这是一些事实判断或"是"陈述。可是这里已经包含了价值判断和价值冲突，自由市场经济论者主张(1)，社会主义者，包括市场社会主义者主张(2)，而生态主义者主张(3)。有关这个问题，我们已经在第一编和第二编中做过充分的讨论了。对生产目标这个问题的描述已具有重要的伦理价值负荷，即认为"生产的目的应当是……"。目的概念本身，包含着事实与价值的二重性：目的事实和目的价值(目的追求)。二者是缠结在一起的，并是可以和必须进行理性讨论的。因为要达到的目的本身是具有某种特征的东西，描述这些特征自然是事实判断，但目的本身是想要达到和应当达到的东西，表达这个特征的是价值判断和规范判断以及命令的命题。一个社会系统的目标就是这个系统的内在价值之所在，这已经是不言而喻的事。在经济学中，许多基本的概念是很难离析为价值无关的纯事实判断的。就算被认为最为"客观"的"效用"一词，它讲的就是经济主体的一种偏好或偏爱，这本身就是一种评价的意向性，现在被看作一种心理学和经济学的事实来进行描述。

古典经济学和继承与发展古典经济学的新古典经济学，从人性中抽出一个基本的方面，即人是利己的，建立了"经济人"的假说，即在经济生活

---

① 阿玛蒂亚·森:《伦理学与经济学》，王宇、王文玉译，商务印书馆2000年版，第10、12页。

中,在一定约束条件下,将人看作是完全利己的人,而且是最大限度利己(效用最大化)的人。人的消费行为被看作是在有限的收入下最大限度地满足个人欲望的行为。人的生产行为被看作是在给定生产技术条件下选择最佳的投入产出组合、最大限度地谋取利润的行为。而生产资料和消费资料的交换与分配,最后会达到人人得到最大限度福利又不损害他人的福利,即所谓帕累托改进和帕累托最优。这样的分析有很多好处。虽然人性有二重性,社会上的人是利己的又是利他的,但生产与交换的过程中利己是第一位的,是最简单、最普遍、最常见、最经常起作用的因素。用分析的方法研究经济生活,如同研究物理学一样,分析因果关系要尽可能一次抽出一个因素,保持其他因素不变,以观察这个因素的作用。提出"经济人"假说、"完全竞争"假说、"效用最大化"假说是合乎科学研究的抽象法的,这是第一。第二,抽出逻辑的简单前提,便可以使用数学,特别是高等数学,便可以发现和解释许多经济行为的规律。第三,它是可检验的,它的许多结论是经得起检验的,现实世界在多大程度上符合它的前提,就在多大程度上符合它的结论。例如我国改革开放的第一个措施就是实行农村个体家庭承包责任制。结果是"一包就灵",生产效率和产量大大提高,因为农民在相当大的程度上是个"经济人"。这是新古典经济学成功的地方,但是这不等于说"经济人"及其推导完全是事实判断,是价值中立的。"经济人"同样是一个厚的事实概念,是有伦理价值负荷的。首先,最大限度利己和效用最大化是在一定约束条件下实现的。这个约束条件就包括伦理条件,如不能损人利己,不能搞假、冒、劣,不能偷税漏税,不能走私贩毒之类,这些约束条件不能说是经济学不予研究的,它是包含于"经济人"的定义中的。其次,说人是利己的,这个命题本身就包含价值因素,即将利己或个人营利看作是一个人追求的最重要的价值。

但是由于受实证主义事实与价值二分的影响,新古典经济学无视"生产目标"、"经济人"、"效用"、"福利"这些概念的伦理价值负荷,就导致他们宣称"经济与伦理学两种研究是并列的,以任何形式把它们结合起来的企图在逻辑上都是不可能的"。我们认为这种主张有明显的缺陷:第一,不能正确理解经济人、效用这些概念作为公设的意义,否认古典经济学前提本身是有局限的,不承认可以有建立在其他前提上的其他形式的经济学,例如"利他主义的经济学",作为可以与新古典经济学互补的学说。第二,否认经济人、效用等概念的价值含义,误认为从经济人出发的经济学是一种完全实证的科学,无视由此导出来的市场失灵的严重社会经济现象;误认为解释不了的这些经济现象和解决不了的这些经济问题是一种正常的现象,对经济系统的伦理调节十分反感或漠不关心。

再以"社会福利"概念为例做些分析。对于新古典经济学来说,什么是个人福利呢? 个人福利就是对个人偏好的满足,而这种偏好是可以排序的。如我喜欢吃牛肉胜过喜欢吃鸡肉,则吃牛肉对我个人来说就有更大的福利,而不问吃牛肉对于我的比如胆固醇偏高的情况来说是否会带来客观的利益。本来偏好对于古典经济学的效用定义来说是一个主观价值的概念,他们把它当作一个纯经济事实来接受,这已经是一个很令人难以理解的事(如果说它是一个纯价值概念倒是比较容易理解一些),对此暂且不论。我们在第一编中已经提出这样的问题:(1)对那些反社会的偏好的满足也是个人福利吗? 比如,对于吸毒者来说,满足他们对毒品的偏好也是福利吗?(2)有些在恶劣环境下由于调整心理造成的偏好的满足或逆来顺受也是个人的福利吗? 比如施舍几元钱给乞丐,他们因而就获得很大的福利吗? 事实并非如此。可见偏好的满足完全不能正确反映一个人实际得到的福利。(3)那些无知的偏好的满足能代表个人福利吗? 比如相信疾病都可以通过求神拜佛或者练功来治愈,对这个偏好的满足也是福利吗? 当然不问偏好的内容如何,对作为偏好的福利做出一种形式的研究,毕竟在经济学上是有意义的。不过如果不超出新古典经济学的狭隘"经济人"的"效用"视野来看福利,福利就有极大的局限。福利应该是可以客观地从描述的观点和从不同的价值观点上进行研究的。这是一个价值中立的社会福利函数概念吗? 不是。正如边沁所说:"每个人只算一个,任何人都不算做一个以上。"这已经暗含了一种平等的思想,而个人福利定义为个人偏好,社会福利定义为个人偏好的总和,表明只有个人自己才有权说明自己的福利是否得到满足,这又包含了个人自由主义的价值内容,所以这个概念本来就是事实与价值缠结的概念。古典经济学者们说它是一个纯实证的事实判断已经有点奇怪了,不过我们暂且不讨论这个问题。

现在我们来讨论新古典经济学所谓社会福利最大化的标准即帕累托最优是不是价值中立的,而且是不是真的达到了社会福利最大化。所谓帕累托最优就是这样的状态,即不存在重组生产和消费的方法,能使某些人的满足增加而不使另一些人的满足减少。它意味着没有人能在不使另外一些人受损害的情况下让自己过得更好。不过世界上的事情确实是这样,第二次世界大战的胜利从帕累托的观点上来说并不是帕累托改进,因为至少希特勒及其纳粹党人的福利大大受了损害。可见从"效用"、"经济人"的前提导出的帕累托最优或福利最大化的命题不是价值中立的,是有道德负荷的,并且是不能很好地说明现实生活的。新古典经济学的社会福利及其最大化的观点在解决社会福利问题上是狭隘的、片面的。去除经济学的、特别是福利经济学的事实与价值的二分,将社会福利、福利最大化这些概念当作厚伦理概念和厚事实概念进行分析,进行深入的讨论和广泛的争鸣,将会大大丰富和发展福利经济学。

▶▶ 12.4 重构休谟价值问题

由于休谟"是"与"应该"二分法的崩溃和休谟问题依然存在,就有一个重构休谟价值问题的哲学任务,而要重构休谟价值问题,显然有两个问题需要解决,这就是(1)明确事实与价值二分法与事实与价值的区分二者的区别,寻找区分事实判断和价值判断的新的标准;(2)重新分解休谟价值问题,分别说明对哪一些问题的解答有逻辑通道,对哪一些问题的解答没有逻辑通道。现在,我们首先来分析第一个问题。

普特南在攻击事实与价值二分法时,冷静地看到事实与价值的日常的区分是存在的。他说:"这说明了一种日常的区分和一种形而上学的二分法之间的一个差别:日常的区分有它的适用范围,如果它们并不总是适用,我们也无需惊奇。"①并且他批评"奎因在他的著名论文《经验主义的两个教条》中对这种区分的最初攻击走得太远了"②。所以普特南是承认存在着不含有事实描述内容的薄伦理价值判断或薄伦理概念的,正如承认存在着

---

① Putnam. *The Collapse of the Fact/Value Dichotomy*. Harvard University Press, 2002, p. 11. 中译文见普特南《事实与价值二分法的崩溃》,应奇译,东方出版社 2006 年版,第 12 页。

② 同上书,第 13—14 页。

不依赖于事实内容、只凭逻辑规则而成立的分析命题一样。至于从"是"命题中能否推出"应该"命题，他也认为"从纯粹的事实命题是不可以推出纯粹的价值（主要是伦理价值）命题的"，就像"你不能从'p 或 q'中推出'p 和 q'一样"。①

那么事实与价值的二分（dichotomy）与事实与价值的区分（distinction）之间又有什么区别呢？我们可以将这种区别归纳为下列三点：

1. 事实与价值的二分是在世界观上的二元论，认为事实判断就是客观世界的摹写图像与反映（休谟），是完全可以用经验事实来证实的命题（逻辑经验论），所以它是以客观世界为基础的；而价值判断则正好相反，不描述任何事实内容，只表示我们的情感、心灵的"特定结构和组织"（休谟），是我们对于事物的一种态度，是纯属于心灵世界的东西。所以事实与价值的划分是一种心物二元论的划分，各有各的内容，甚至各有各所代表的实体，彼此毫无实质性的关系。于是普特南说，一旦人们接受了这种划分，似乎"所有的哲学问题就因此显得可以立刻解决"②。因为价值问题、伦理问题变得没有任何认知意义，而应和其他形而上学一起从知识领域中清除出去。价值哲学以及伦理学问题就这样被解决了，即被枪毙了。与此相反，事实与价值的区分不是在世界观上的区分，不是一个代表客观世界内容一个代表主观世界内容的区分，这种区分不解决任何形而上学哲学问题。

2. 事实与价值的二分是绝对的，截然分开的。一个谓词，不属于事实谓词，就属于价值谓词，不可能既是事实的谓词又是价值的谓词。世界上任何一个判断（除其他形而上学和分析命题之外），不是属于事实命题，就是属于价值命题。如果它是一个"价值判断"，就不可能是一个"事实判断"；反之亦然。价值判断是主观的，事实判断是有客观内容的，不可能有一个判断既是规范命题又是描述命题，既是价值判断又是事实判断。普特南以及我们都用了大量的事例驳斥了这种事实与价值的绝对区分，但我们认为事实与价值的区分依然是存在的，不过它是相对的、可变的、可转换的、有交叉重叠的。对于有交叉重叠，我们已经清楚了；而所谓可转换，就是视不同的

---

① 普特南：《事实与价值二分法的崩溃》，应奇译，东方出版社 2006 年版，第 15 页。
② 同上书，第 12 页。

语境,同一组命题,在此时此地是价值命题,但在彼时彼此相对于其他的情景,完全可以是事实命题。

3. 事实与价值的二分是自然类的区分,价值判断与伦理判断属于一个自然类,而所有非价值的判断属于另外一个自然类。不过,事实上,对于所有的事实判断,很难找出一个共同的本质特征。例如"雪是白的"与"爱因斯坦统一场论是未完成的"这两个判断,有什么共同的本质特征?这两个命题与"1+1=2"或"A=A"之间又有什么本质特征,使它们成为一个自然类?也许人们可以说,它们都是用一个连接词"是"连接起来的。可是"是"("is"或"to be")是一个很复杂的东西。"我是一个人","人是一种动物",这里的逻辑形式是 x ⊃ y;"1+1 就是 2"或"1+1=2",这里的逻辑形式是 x = y,或 x⇆y。"我是年轻的漂亮的"用 Y(I)&B(I)来表示,"是……的"这个 is 是一阶谓词。而"我是红得发紫的"用 V(R(I))表示,这是一个二阶谓词,与前面所说的"是"的含义大不相同。所以,对"是"的诸多实质上不同的用法,很难在语言学上概括出一个本质特征来组成"自然类",叫做事实判断或实然命题。所以,既然我们承认"是"陈述与"应"陈述是有区别的,凭什么做标准来区别它们便是一个难题。很可能有多种不同的标准来区分"是"与"应当"。我们的观点则是主张用控制论的标准来区分"是"与"应当"。有关这个问题,我们将在第13章中进行专门的讨论。事实与价值的区分不是自然类的区别,而是家族类似的区别。

现在我们讨论第二个问题:在肯定纯粹描述判断和纯粹伦理价值判断之间存在着一个不可分解的事实与价值的缠结概念和缠结判断("厚判断")之后,休谟问题变得复杂起来,它处理的问题不是二元关系问题,不是单纯的是/应该问题,而是"是"、"缠结"、"应该"的三元关系问题。为了表示这种三元关系,我们首先重构图 1 的连续统,用一个事实与价值的二维关系图(图 12.2)来表示:

图中,A 区间[a,b]上的曲线 ab 表示直接的经验事实,是比较纯粹的经验事实。

B 区间[b,c]上的曲线 bc 表示非经验标准(如简单性、融贯性)的认知事实;A、B 两个区间上的曲线都表示薄的事实命题,这个曲线到事实轴的面积有认知价值的厚度,但不包含伦理价值的负荷,故相对于厚伦理概念来说是"薄的"。

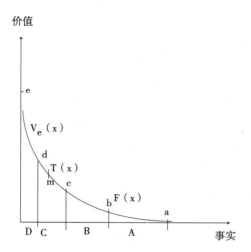

图 12.2 事实/价值曲线连续统

C 区间[c,d]上的曲线 cd 的右边那一段 cm,表示带有伦理价值负荷的厚描述命题;C 区间[c,d]曲线 cd 的左边那一段 dm,表示厚的伦理命题;曲线 cd 在事实轴上的投影表示它们的描述成分,而它们在价值轴上的投影表示它们的伦理成分,所以 cd 这段曲线就是厚概念 T(x),其中包括厚伦理概念或厚事实概念。

D 区间[d,e]上的曲线 de 表示比较薄的伦理命题 $V_e(x)$,它主要表达主体对于客体、对于被指称的对象的一种态度和偏好。这样,我们正在讨论的所有判断至少可以粗略地分为三类,即:F(x)(较纯粹的事实描述,又称为薄事实判断)、T(x)(厚事实描述与厚伦理判断)、$V_e(x)$(薄价值判断,又称为较纯粹的价值判断)。

在休谟的事实/价值二元表达中,用排列组合只能有 $2^2=4$ 种推理问题,即事实判断能推出事实判断吗?价值判断能推出价值判断吗?事实判断能推出价值判断吗?价值判断能推出事实判断吗?因为第一和第二个问题是不言而喻的,所以休谟问题原来的表达只能分解为两个问题。现在我们重构的休谟问题多了一个缠结判断,于是逻辑上有 $3^2=9$ 种推理问题,除了 3 个不言而喻的问题外,尚有 6 个问题需要考虑。这就是:

1. 能否从 F(x) 推出 T(x)?即能否从纯粹描述判断推出某种含有厚概念(包括厚事实概念和厚伦理概念)的判断?我们做出的回答是,对于厚的伦理价值来说:"否";而对于厚的认知价值来说,却是:"能"。因为任何描述都含有认知价值的负荷。

2. 能否从 $F(x)$ 推出 $V_e(x)$?即能否从纯粹描述判断推出纯粹伦理价值判断?我们做出的回答也是:"否"。

3. 能否从 $T(x)$ 推出 $F(x)$?即能否从(包括厚事实概念和厚伦理概念的)厚判断推出纯粹描述判断?我们做出的回答是:"能"。

4. 能否从 $T(x)$ 推出 $V_e(x)$?即能否从厚判断推出纯粹伦理价值判断?我们做出的回答是:"能"。

5. 能否从 $V_e(x)$ 推出 $F(x)$?即能否从纯粹伦理价值判断推出纯粹描述判断?我们做出的回答是:"否"。

6. 能否从 $V_e(x)$ 推出 $T(x)$?即能否从纯粹伦理价值判断推出厚判断?我们做出的回答是:"否"。

这样重构的休谟价值问题有 6 个,肯定与否定的回答各占一半。这又使我们注意到,必须研究划分事实判断和价值判断的新的标准。这个新的标准可以容纳下面两个重要问题:(1)此时此地是价值判断的命题在彼时彼地可是事实判断,反之亦然。(2)能将人类的价值、评价问题的讨论推广到生命系统和生态系统。第 13 章我们将会看到,控制系统的信息流的性质,可以帮助我们提供一个事实与价值的划分标准。

第 **13** 章

整体主义的价值理论和控制论的价值模型

　　普特南是一个有创造性的和颠覆性的思想家,他运用事实与价值缠结的厚伦理概念颠覆了、解构了休谟价值问题的形而上学基础,可谓是大破逻辑经验主义的旧传统。可是对如何重构休谟价值问题,建构一个讨论价值与评价问题的价值理论和价值模型,并给出新的事实价值区分标准,他对此并没有多大的兴趣。但本书的目的却不同,我们所讨论的问题是我们应该采取什么样的价值目标、价值标准和价值评价来指导我们的生活,特别是经济生活,用一个整体的(社会的、政治的、经济的和生态的)价值场域安置经济生活的位置与范围。所以我们必须明确我们到底已经采取了什么和将要采取什么模型来讨论价值问题才是适当的和全面的。本章的目的就是要简要地讨论这个问题。我们的模型称之为整体主义的控制论的价值模型。讨论这个模型时,一些技术术语必须谈到。这就很容易被一些对此没有兴趣的读者忽略过去。所以在这里得首先将我的用意不用数学语言而用文字表达清楚,以便让读者有个对来龙去脉的通俗了解,然后再介绍基本的模型。希望读者不要忽略这些图式。

▶▶ 13.1 将价值问题放进一个行为系统中进行讨论

　　如果不是将"是"与"应该",事实判断与价值判断看作是一种绝对的、主客的二分,我们就会注意到,它们之间的划分总是相对于一个"系统",即主体(特别是有自由意志的特定的主体,当然以后我们会看到,它还可以包含生命主体和生态系统主体)的"行为系统"或"实践理性系统"来说的。我们说"x 应当做 y",这个价值判断或评价判断是什么意思呢?(1)在这里"应当"做的行为首先暗含了一个要达到的目标,这种行为是为实现这个目标的手段或最适合的手段。例如医生劝你每天早上要做一个小时的运动,就暗含着这种行为是达到你的身体健康这个目的的一种手段。(2)"x 应当做 y"这个判断有时包含着"理性对有关个人的一种命令"①。如果它来自最高的意志、目的或理性,它就是一个"绝对命令"。例如康德由这个"绝对命令"得出"我们不应该说谎"。得出的这个"应该"当然也就包含了"义务"、"责任"的意思。(3)"x 应当做 y"这个判断意味着遵循某种行为的规范与约束,包括法律的、舆论的或习俗的乃至良心的约束。这样看来,无论哪种情况,对于一个行为系统来说,"应当"的判断或规范的陈述的基本的功能就是指导人们的行为,对行为系统做出"指令"。至于"x 应当做 y"的评价功能,赞成或不赞成做 y 的感情表达也是从属于做出"指令"指导行为这件事的。所以价值判断问题应该放进一个行为系统的整体脉络中或整体语境中进行讨论。从这个整体中抽离出来单独讨论行为主体的兴趣以及赞成什么与反对什么的态度是不恰当的。一个行为系统依据什么来做出行为的"指令"呢?这就涉及一个行为控制系统。从控制论的观点看,行为的本质就是对感知(从而对感知到的环境)的有目的的控制。所以行为的"指令"的根据就直接地包含两个要素,第一是行为目的本身以及它的表达式,第二是对环境情况的感知陈述。后者在这个行为系统中就构成了一个事实陈述或事实描述了。根据认知心理学和社会决策论的理论,行为"指令:x 应该做 y"就是根据 x 系统的目标状态与系统的当下的实际状态(系统 S 实际上处于一个什么状态)的差距而做出的。控制本身就是力图要将这个差距缩小到趋向于 0,即达到目标。控制论的这个基本思想可以当作事实与价值区分的相对标准或判据,它可以帮助我们弄清这些价值判断和评价判断的性质与功能。

我们已经在第 11 章的图 11.1 和图 11.2 中说明了自动控制系统的基本图式,并运用这个图式讨论了一组伦理价值如何对经济系统运行起到重大的调节作用。这里我们还是要用图 11.1、图 11.2 和图 11.3 来讨论价值与评价本身。为了讨论方便,我再将图 11.1、图 11.2 转载如下:

---

① 西季威克:《伦理学方法》,廖申白译,中国社会科学出版社 1993 年版,第 58 页。

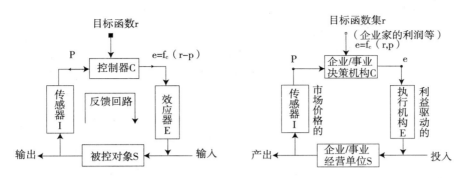

图11.1　自动控制系统的基本图式　　　图11.2　微观经济单位的控制系统

根据我们在第 11 章所讨论的内容,所谓传感器,就是我们的感知或社会的调查研究系统,它传达的是环境和被我们控制的对象的实际状态。这个实际情况以 P 的信号表示出来。如果这些信号用语言来表达就有了 P 语句,即描述语句。对于主体行为系统来说,它是一个事实判断是没有问题的,我们无论做什么事都要尽可能客观地了解情况进行调查研究。所谓控制器,按照它的不同作用,可以称它为决策器或比较器,这是一个神经中枢、一个领导机构、一个参谋部、一个决策机关那样的东西。它在行为系统中的功能是要将行动者的目的,即他或她所期望的状态(r)表达出来,并与实际的状态,通常是与行动者所不满意的状态进行比较。比较的结果,是做出一个行为的指令(e)。这是一个简化的说法,做实际的决策自然非常复杂,要考虑诸多因素,协调各方意见。但本质上都是要表达一个目标或期望,并与实际的我们所不满意的情况相比较,研究如何选择方案改变实际状况。至于"效应器",它就是一种行动执行系统,接受和执行指令做出改变世界的行动。事实判断与价值判断及其缠结,都是在这个系统中产生的。不过,这套思想在控制论产生以前,已由哲学家杜威于 1910 年在《我们怎样思维》一书中明白地阐发出来。他说:"困难就存在于现有条件(即我们的图 11.1 中的 P)与所期望(desired)和企求结果(intended result,即我们图中的 r)的冲突之中。"[1]这就是我们上面所说的决策系统中存在的情况,由此导致行动者的苦恼、情绪和改变这种冲突的热情,或者变成"一种叫喊",而所谓"问题(或解决问题的方法)就是发现一个干预项,作为中介(intermediate),

---

① John Dewey. *How We Think*. Lexington, Mass：D. C. Heath, 1910, p. 75.

插入到目标和给定手段之间,使它们协调起来"①。"给定一个难点,下一步就是提出设想,即形成某些试探性的计划与方案,研究问题的种种解决办法。资料不能提供解答,它只能提供设想。"②这就是我们上述的行动指令 $e = f_c(r - p)$,它指出要消除或协调期望状况与现实状态之间以及目标与手段之间的不协调,它导致的行动就是他所说的"中介"、"干预项",以解决不协调并达到目标。杜威的一般思维方法实质上是控制论的,只不过他没有将它形式化与普遍化,更没有将它运用到设计导弹上罢了。我们说杜威的思想方法是控制论的,就是因为他要通过行为控制来改变当下的现实状态,来解决问题。他将解决问题的探索总结为五个步骤"(1)察觉到困难;(2)困难的所在和(目标的定义);(3)可能的解决方案的设想;(4)运用推理对各种设想的意义与蕴涵所作的发挥;(5)进一步的观察与实验,它导致对设想的接受或拒斥,即做出它们可信或不可信的结论。"③杜威的五步法,是当代系统工程和决策管理的方法论基础。H. A. 西蒙在他的《管理决策新科学》一书中,以及当代著名管理学家 E. 卡斯特和 E. 罗森茨韦克在他们的代表作《组织与管理》一书中都直言不讳地承认他们的理论来自杜威。④ 西蒙说,他的决策论"和杜威所首倡的解决问题的步骤紧密相关"⑤。有人查明,波普尔证伪主义的著名公式:P—TT—EE—P,也是来自杜威五步法。现在轮到我们要将他的五步法提到控制论的高度来建立我们的整体主义价值论了。大家可以看出,他的第(5)式就是要通过实践经验的检验对价值命题做出评价判断。

在逻辑经验主义兴起之后,杜威对卡尔纳普、艾耶尔等人攻击价值学说是经验地不可证实的从而要清除价值哲学的论断十分恼火,他就将上面的意向性行为系统理论(也就是后来的所谓感知控制论行为理论)改写成价值判断或评价命题的形式,写了《评价理论》一书。⑥ 杜威说:"如果我们将那些前因后果都考虑在内,那么我们就会看到:赋予实际存在状况以否定性

---

① John Dewey. *How We Think*. Lexington, Mass: D. C. Heath, 1910. p. 72.
② Ibid. , p. 12.
③ 杜威:《评价理论》,冯平、余泽娜等译,上海译文出版社 2007 年版,第 72 页。
④ 弗里蒙特·E. 卡斯特,E. 罗森茨韦克:《组织与管理》,傅严等译,中国社会科学出版社 1985 年版,第 407 页。
⑤ 西蒙:《管理决策新科学》,李柱流等译,中国社会科学出版社 1982 年版,第 37 页。
⑥ 杜威:《评价理论》,冯平、余泽娜等译,上海译文出版社 2007 年版。

的价值命题;赋予所预期状况以相对肯定的价值命题;作为中介命题(这类命题可以包含、也可以不包含评价表达)引起某些活动,从而实现一种状态到另一种状态的转换。"①杜威在这里似乎已经明确指出有四类价值命题:(1)r 命题——赋予预期状况以肯定和指望的命题;(2)r-p 命题——赋予实际状况以否定的和不满的命题;(3)e 命题,即行为指令,即他所说的"可以包含评价表达的命题";(4)高阶 r 命题和 e 命题。这是真正的评价命题,对于(低阶的)原初的目的、愿望、兴趣及其手段都要进行评价与估值,评定原初"所想望的"东西是否"值得想望"(desirable)。于是价值或善不是给定的,而是评价过程及其结果"评价命题""促使它产生出来的"②。有关这种过程和命题,我们留到后面进行详细讨论。

这样看来,在一个行为系统中,价值判断绝不应该被拒斥为无意义的命题,它是理性地可反思的和经验地可检验的,而且事实上人类不断地在用理性的论据和实践经验对它们进行检验。我们的目的设置,或表达为"我们所企求的东西是什么"的命题(图 11.1 中的 r 命题)是否适当,"我们对实际存在状态是否满意"的(r-p)命题,"我们应不应该采取某种行动","我们应该选择哪一种行动"的命题(e 命题)是否正确,"我们所企求的东西是不是真的值得我们企求"(高阶 e 命题)等,所有这些价值命题反复地受到理论的论证和实验的检验。我在本节开头列举的几个应该判断(1)(2)(3)中,判断(1)陈述的"你应该每天做一个小时的运动"对于是否能改进你的健康状态这个目标来说是可检验的,而且是经验地可检验的。如果不可经验地检验,就不可能存在医生了,或者任何人都可以当医生了;判断(2)依据康德的道德形而上学的绝对命令,得出"你不应说假话",因为说假话不能成为一条你意愿它成为普遍的规则。这个论证对康德来说是先验的,是无需经验地检验的,但是,它是可理性地论证的,而对于杜威这样的实用主义者来说则是仍需经验地检验的,因为人们说假话会导致对社会合作的损害的,其后果与人们追求不断改善和不断发展着的社会福利这个价值目标相违背。这不就是经验检验吗?判断(3)是以规范、法律、习俗和"良心"为基准的价值判断,它是一种社会文化和社会交往的现象,自然和判断

---

① 杜威:《评价理论》,冯平、余泽娜等译,上海译文出版社 2007 年版,第 73 页。

② 同上书,第 90 页。

（1）（2）一样，也是经验地可检验的和理性地可论证的。它们事实上在反馈的循环中反复被进行检验，使得社会契约、社会规范、习俗和"良心"不断地进化。不过杜威这里已暗含一个检验标准而心照不宣。这里的检验标准是看这些习俗与传统是否"实用"，是否合乎进化的要求：适乎世界之潮流，合乎人群之需要。所以杜威坚持价值命题或评价命题是经验地可检验的，至少部分地或间接地是经验地可检验的，与我们的控制论价值模型是一致的。不过我们的控制论价值模型坚持了事实判断与价值判断的区分，并提出了这种区分的标准，而杜威没有拿出区分的标准，并认为一旦把评价现象看成在行为的生物学模式中有其直接源泉，并且把评价现象的具体内容归因于文化环境对价值的影响时，那种所谓存在于"事实世界"和"价值领域"的分离就会"从人类信念中绝迹"。① 这样，他就将对"事实命题的检验与评价"与对"价值命题的检验与评价"混为一谈。另一方面，我们的价值学说容纳了某些形而上的先验价值命题，尽管包含这些先验命题的一个价值体系总体上是可检验的。这是奎因的语义整体论。奎因可以说是杜威的门徒，它是美国新实用主义代表人物，曾被称做"逻辑实用主义者"，他的语义整体论也是我们所同意的。杜威强调的是经验主义一元论和实用主义一元论，我们强调的是整体论和进化论。我们的模型与杜威还有一点不同，就是多层次的控制系统价值说帮助我们把他没说清楚的问题说清楚了，如对为什么他所说的"评价命题"与他所说的"价值命题"不同，为什么后者是"我们想望的东西"（低层次目的价值），而前者是"我们想望的东西是否值得我们想望"（高层次目的价值），为什么它们具有不同的"独特的逻辑性质"②，情形就是这样。下一节我们将会具体谈到这个问题。

▶▶ 13.2 控制论价值学模型

现在，让我们更技术化地来讨论控制论价值学模型。我们将首先介绍鲍威斯的感知控制论，然后再为这个控制论模型做价值学的诠释。感知控

---

① 杜威：《评价理论》，冯平、余泽娜等译，上海译文出版社 2007 年版，第 73 页。
② 同上书，第 29、37、90 页。

制论(perceptive control theory)是美国心理学家和系统工程师威廉·鲍威斯于1973年创立的心理学理论和行为科学理论,它是控制论的一个新发展。1973年他出版了《行为:感知的控制》(*Behavior：the Control of Perception*)一书,系统地阐明了这个理论。[①] 感知控制论的模式与本书第11章图11.1的控制论略有不同。首先在于它比较精确,是对图11.1的具体化。它将系统与环境做出了严格的区分,强调在人类行为中实际上被控制的对象是人们对环境的感知,只有在这个感知符合环境的情况下,在符合的限度里,K_c才可以说是如实地控制了环境,而且是控制了环境的某个变量q,而不是笼统地讲控制环境。现在我们来看看图13.1：

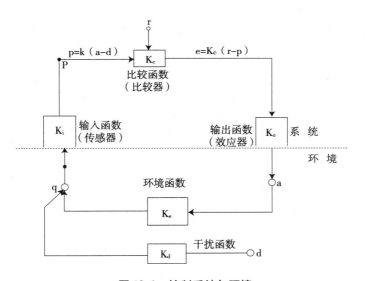

图13.1 控制系统与环境

图13.1 显示了一个负反馈回路(loop),其中有五个k函数,用方框表示,包括对控制系统的输入函数K_i,输出函数K_o,环境函数(反馈函数)K_e,干扰函数K_d以及比较函数K_c。有六个变量:r,p,e,a,q,d,在带箭头的线中相互作用或相互传递。本图虚线之上为控制系统;虚线之下为环境。黑点表示来自另一层级或传向另一个层级的结点。

---

① 威廉·鲍威斯:《感知控制论》,张华夏、范冬萍等译,广东高等教育出版社2004年版。

在这些变量中,有两个最为重要的关系式:

(1)行动 $a = K_o(e) = K_o K_c(r-p)$,其中:

$e = K_c(r-p)$

(2)感知 $P = K_i(q) = K_i(K_e a - K_d d)$

(1)式表明,系统输出的行动 a 是基准信号(reference signal,指的是要求被控对象要达到的目标)与感知信号(perceptual signal)之间的偏差(error)的函数。这个偏离越大,为纠正这个偏离所需要的行动变量就越大。正所谓期望值越高,理想与现实的差距就越大,所以失落的可能性就越大。所谓理想是美好的,现实是残酷的,就是指的这种情况。(2)式表明,感知信号是干扰变量与行动变量加权差(weighted difference)的函数,它报告了行动抵消(counteract)干扰以达到基准信号所指示的稳定性的情况,表明经过努力的行动达到预期结果的情况。

在这控制系统中,有三类不同的信号或信息:感知信号、基准信号和偏差信号。它们之间的关系用上式 $e = K_c(r-p)$ 以及下列的图式来表示(见图13.2)。

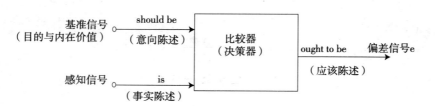

图13.2 控制论的目的论图式

图13.2不过是图13.1的比较器的放大。这个公式就是控制论的目的论与价值论公式。称图13.2为控制论的目的论与价值论图式是十分合适的。在这个控制系统中,有三类性质不同的信号或信息:感知信号、基准信号(目的信号)和偏差信号(指令信号)。现在我们分别加以讨论:

1. 感知信号或感知信息是描述信息。就它们报告的是环境的情况和系统的行为结果的情况来说,它们描述和表达了某种事实,这些事实无论是从动物感官中获得的,或是从人类思维器官中获得的,或是从空调器的传感器中获得的,或是从生态系统的发展、破坏和重建中获得的,都是一种描述信息。感知信号解决的问题是获得信息问题,而不是将它加工成指令的问题。所以感知信号相当于休谟的"是"陈述。如果它用人类的语言来表达,就是事实描述或事实判断。当然它不一定要用人类的语言写出来,而可以用生命 DNA 的语言写出来或用计算机语言写出来。所以严格说来,杜威"赋予实际存在状况以否定性的价值命题"的表达是不太清楚的。表达实际存在状况的命题是事实命题,而对实际情况的不满的表达才是价值命题。

2. 从比较器中输出的偏差信号或偏差信息则具有另一种性质与语义,它直接指导或阻止系统的行动,并按这信息改变环境的状态,因此这种信息的性质是规范性的和指令性的。计算机的工作程序,指导火箭飞行的电子信号,生命 DNA 对于有机体合成蛋白质的指令即所谓控制基因,人们的规范陈述以及道德律令,或政府决策等,都是规范的和指令性的信息。在计算机的语言中,这种信息称为"指令"(command)。偏差信号或指令信号相当于休谟的"应该"信号。如果它用人类语言来表述并运用于解决人类行为的规范与决策问题,就是规范陈述或应然判断。它告诉执行机构或效应器 K_o,系统的目的还没有达到;为了达到目标,缩小实际状况与目标的距离,我们应该怎样做。

3. 基准信号(reference signal)。现在我们留下了一个问题:基准信号是什么性质的? 基准信号这个名词,也可翻译成参照信号、参考信号。这个概念在传统控制论中以"调整点"(set point)或"设定值"(set value)、"目标值"(object value)的形式给出。如空调机中设定的我们所期望的温度,导弹中设定的导弹与目标之间的零点距离(击中),基因中的 DNA 排序,以及人类的个体与群体的生存、繁荣和发展的驱动力等。它是对目的性的一种表达。但在传统的伦理学中,这个基准信号或基准信息并不是这样表达的,它是用价值的术语来表达的,是一个行为的模式与目标,包括经济的、教育的、社会的、伦理的模式与目标。我们将它置于控制论的脉络或语境中进行讨论。

鲍威斯说:"像意图(intention)、目的(purpose)、目标(goal)、想要(want)、瞄向(aim)、目的物(objective)、计划(plan)、设计(design)、终端(end)、动机(motivation)、抱负(ambition)等词,形成了围绕着中心概念的一

个系列……在控制理论中这个中心概念称为基准信号或基准条件,它指的是,在行动结果出现之前选择这个结果。"这样目的就不仅是人们的一种主观的态度或主观的要求,而是可以在数学公式中并在它的"物理复本"(physical counterpart)即基准信号中对之进行科学讨论的。① 鲍威斯的理论使人们想起杜威的假说,杜威想将欲望、兴趣、目的性东西还原为能量进行讨论。他说:"所期待的结果是作为指导活动的手段而发挥作用的。在日常语言中,所期待的结果被称为'计划',作为手段,欲望、兴趣和周围条件都是行为方式,因而可以被设想为能量,借助能量的语言,可以将它们还原成同质的、可比较的同类事物"。② 杜威写《评价理论》(1939)时,自然科学中还没有信息这个概念。鲍威斯比杜威的唯能论显然前进了一步。无论如何,运用信号、信息的概念讨论目的性和意向性,就引出了一个信息系统和反馈控制系统。运用这个系统来分析问题,控制论便解构了笛卡儿主义者的主客二分而建构了系统与环境的区分,这个区分比起主客二分来说灵活得多。在这里系统与环境之间的区分,从而目的与手段的区分,是相对的,视被控变量的不同而不同。这样,我们便可以从人类主客二分为基础的旧价值体系转变为以系统与环境的区分作基础的新价值体系。

那么,基准信息或目的性陈述是属于"是"陈述还是"应"陈述呢? 对此,我们可以有两种不同方式的回答:

第一种回答是:r 信号可以表述为"是"陈述的形式。于是上述目的论公式($e=K_c(r-p)$)便可以直接成为"是"与"应"之间的桥梁:通过将目的性陈述确定为事实陈述,根据这个前提,我们便可以从"是"陈述演绎推出"应"陈述。例如我们通过经验的观察确定了这样一个事实:所有的人群,即社会共同体,都把保证后代的健康成长看作是他们的目的。这是一个作为事实陈述的目的陈述。而亲缘通婚是不利于保证后代健康成长的(这也是一个事实陈述),所以我们不应该亲缘通婚。历史上和现实生活中的禁止亲缘通婚作为道德戒律是可以这样推出的。又如,我们对地球生态系统的客观目的性进行研究,认识到地球生态系统的自我稳定、自我组织和自我

---

① 鲍威斯:《感知控制论》,张华夏、范冬萍等译,广东高等教育出版社 2004 年版,第 56 页。

② 杜威:《评价理论》,冯平、余泽娜等译,上海译文出版社 2007 年版,第 61—62 页。

繁荣是它的基准信息或基准条件。一旦这个目的性陈述被现代科学确定之后,从目前地球生态系统面临的生态危机和需要生态保护的事实出发,我们便可以演绎地推得一个最重要的"自然规范"和"自然律令",这就是莱奥布尔特所说的:"一种事情趋向于保护生物共同体的完整、稳定和优美时,它就是正当的,而当它们与此相反时,它就是错误的"①。这就与我们在第12章第3节中讨论的伦理相关的生产目标问题密切相关。

第二种回答是:r 信号或目的性陈述可以用规范陈述的形式来说明。因为,我们可以对第一种回答进行质疑:对于目的性的陈述,如果讲的是人类的目的,它就是一种意向、意愿和想要的东西,是意识到的目标,因而要用 imperative statement,即意向陈述、祈使语句或命令语句来表示。这是一种规范的陈述,是"应"陈述。例如保持一个社会群体的生存、健康与繁荣发展就应表述为"我们意愿要保持子孙后代的健康发展",这是一个规范陈述或应该陈述,所以我们并没有单纯从纯粹事实陈述中演绎推出禁止亲缘通婚的道德律令,而只是追溯到一个更高规范陈述或规范公理。尽管如此,亲缘通婚导致群体的衰退这个事实陈述是推出禁止亲缘通婚道德律令的一个很重要的理由,前者解释了后者,对后者进行了经验检验,虽然并不是演绎地推出后者。同样,保护地球生态系统完整、稳定和优美这个自然律令要逻辑地成为道德律令,还需补上"我们要将地球生态系统的自稳定当作我们的要求和义务"这个基准信号的"应"陈述或目的性的"应"陈述。尽管如此,对生态目标和生态危机的"是"陈述也很好地解释了或经验地检验了(虽然不是演绎地推出了)深层生态伦理的原则。

很显然,目的性陈述是一个不能还原为"是"陈述也不能还原为"应"陈述的缠结陈述,它是厚事实概念或厚价值概念,是事实与价值的缠结。目的性概念是一个既是事实又是价值的概念。说它是事实概念,因为它陈述了目的本身的事实内涵,可用事实陈述来表示;而说它是价值概念,因为它说明一种主体的意向与要求,可用规范陈述来表示。按照感知控制论,它是层次地被决定的,可以客观地被研究,同时又可以主观地被研究。所以鲍威斯不是简单地用"ought to"(应该),而是用"should be"(要求)来表示目的性

---

① Aldo Leopold. *A Sand Country Almance.* New York, Oxford University Press, 1966, pp. 224-225.

的。在讲到开汽车在路上行走时，他说："现在怎样模拟汽车被要求（should be）走在路的哪里？在看到明显的解答之前，第一批控制系统工程师足足为这个难题困惑了两年，必须用另一种信号来表示基准条件……现在基准信号表现了我们所要求的在挡风玻璃上看到的路的感觉是怎样，而感知信号表现了它实际上看上去是怎样的。"①表达 r 信号或目的性陈述的"要求是"，不同于纯粹"应该是"的地方，就在于它具有二重性，它既是描述性的，又是评价性的和规范性的，而且这两个方面很难以分离，它的规范性方面部分地决定了它的描述性方面应该怎样运用于哪些具体情景；反之，它的描述性方面又限制了目的意向性方面的适用范围。关于这个问题，我们在第 12 章中已经讨论过了，不过我自己也是经过几年的困惑和犹疑之后才将它表达为"是"与"应该"、事实与价值的缠结。从"是"到"应该"以及从"应该"到"是"的桥梁就缠结在这里了。

现在看来，对于事实判断与价值判断、描述陈述和规范陈述的区分以及它们之间的缠结，我们有了一个控制论的判据。若问一种表达是属于事实描述还是属于规范的表达，就要问你的观察点是什么，你要控制的对象是什么。描述被控对象信息的是事实判断，传达改变被控对象的行动指令的是规范陈述。如果你要控制社会的道德败坏、贪污腐化的现象，社会的调查研究机关向决策机关报告的情况便属于"事实判断"而不是价值判断，它可以名副其实地被称为伦理事实或伦理描述，而关于决策机关采取的克服道德滑坡和贪污腐化的各种行动措施的行动指令，包括各种有关的红头文件，就属于规范表达。这样就有道德现象、道德状况和道德描述这些概念了。从这种相对的观点出发，转换一个"观察点"，转换一个"被控对象"，原来的事实判断就会变成规范陈述，或者相反，原来的伦理价值判断就变成了事实判断。但是一旦观察点和被控对象确定下来，事实与价值、描述与规范的区分就是明显的。又如，从某一观察点来看，杜威所说的"欲望、兴趣和目的"以及与此相联系的"社会文化条件下的传统、风俗和制度"可以作为价值判断，作为评价的出发点和标准去评价人的行为。它们多年来都是这样使用

---

① W. T. Powers（2003）. *A brief introduction to perceptual control theory.* http:// home. earthlink. net/ ~ powers_w/whatpct. html.

的。但换一个观察点，像杜威所坚持的那样，不将它们看作"原初之物"①，它们就成为被评价的对象，就成为一些被描写的"与事实命题没有任何区别的"命题。② 这样一个相对的判据可以解决普特南所说的问题，即："一种普通的区分（ordinary distriction）和一种形而上学的二分法（metaphysical dichotomy）之间的一个差别是，普通的区分有它的适用范围，如果它们并不总是适用，我们也无需惊奇。"③

将控制论与价值学结合起来的研究构成我们称之为控制论价值学的研究领域，它是控制论伦理学的一个核心的部分，成为进化论价值学与进化论伦理学的一个重要支柱。从以上分析的"是"陈述，"应"陈述以及"是"与"应"的缠结与控制过程的描述信息流、指令信息流与基准信息流的一一对应中，我们不难看出感知控制论模型与价值学模型的同构关系，比较图13.1与图13.3，这种同构关系是很明显的。下面是一个用价值论诠释了的感知控制论图式（见下页）。

在这里，一般控制系统的基准信息表示系统的目的价值和内在价值。于是，系统的工具价值的概念便变得清楚了。在所有复杂系统的控制环中，凡是有利于达到目的或基准状态的结构、行为与环境，都具有正的工具价值，反之便具有负的或零的工具价值。由于外界的干扰对于系统的达到目标来说总是起到负面的作用，因此一般说来对系统来说具有负的工具价值；而纠正系统偏离目标、抵消干扰作用的行为对于系统目标来说便具有正的工具价值。例如，如果生存、繁荣与发展是植物的目的和基准状态，则适当的土壤、阳光、空气和水分对植物具有正的工具价值；反之，大气、水源和空气的污染，对于植物的生长便具有负的工具价值，而控制论中的比较器在价值学中就变成一个系统行为的决策器，问题、解决和规范判断的发生器，控制论中的效应器就变成为价值学中的工具价值的发生器，从而决定了人类以及其他生命系统的目的性行为。这些目的性行为反馈回到系统的决策器中。在这个循环过程中，价值得以发生和发展，并得到了动力学的解释。

现在让我们讨论一个多层次的价值系统的模型。如图13.3中所示，目

---

① 杜威：《评价理论》，冯平、余泽娜等译，上海译文出版社2007年版，第26、63、70页。
② 同上书，第60页。
③ H. Putnam. *The collapse of The Fact / Value Dichotomy*. Harvard University，Press，2002，p. 11.

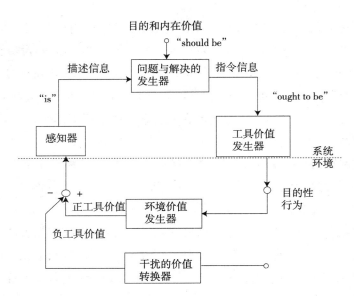

图 13.3　感知控制论模型与价值学模型的同构性

的价值 r 是给定了的,是明确而没有争议的。系统的行为重点在于如何选择工具价值比较高的手段来实现既定的目标。这种情况在管理学上适用于所谓硬系统工程的情况。例如,1941 年底,美国罗斯福政府决定要开发制造出原子弹(所谓曼哈顿计划),以及 1961 年,美国肯尼迪政府决定要组织人力物力用 10 年时间将人送上月球并返回地面(所谓阿波罗登月计划)。在这里价值目标是明确一致而无再评价之必要的,是所谓"既定的原初之物"。这两个人类活动系统的问题只是如何选择与评价各种实现目标的手段。研究情况,发出各种指令,导致有关人员的各种努力和行为来实现这个目标。于是人们便为达到目标做出许许多多的价值判断、行为规范判断或行为指令判断,指导人们应该怎样做。可是这只是一阶价值系统的情况。如果问题发生在系统的价值目标并不明确,或者确定后的系统的决策机构和执行机构对这个目标发生怀疑,需要进行再评价,这就需要一个高阶的价值控制系统。美国在 20 世纪 60 年代发动的越南战争就是这种情况。开始时,美国当局决策者们以为钳制越南的共产主义势力、进行不同规模的越南战争是美国既定的目标,于是找来了一些原子物理学家,按原子的状态激发跃迁和放能返回原状态的隐喻,设计了分为多步走的越南战争"逐步升级"和"逐步降级"的战略方案。可是,美国人普遍怀疑其后果:我们干嘛要牺牲无数美国青年的生命,跑到越南去保卫"美国的自由"呢? 这就要求有一个高阶的价值系统来重新评价"原初的价值目标或目的价值"。这个含有高层价值系统的两个层级的价值评价系统的情况如图 13.4(a)所示,而含有多层级价值评价系统和目的—手段链则由图 13.4(b)表示。

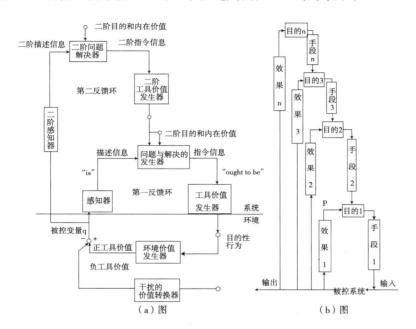

图 13.4   一阶价值系统与二阶评价系统

图 13.4 不过是第 11 章图 11.3 的一个价值学的改写。由于越南战争的例子过于复杂,不便以此来解释多层级的价值系统模型。在第 11 章中有一个现成的例子,就是有关企业的价值目标的评价问题,可参见图 11.3 的企业事业决策机构面临的目的价值问题。四个目的价值箭头都指向决策机构。假定微观企业家 x 的价值取向是传统式的企业管理思维,认为谋取利润、达到收益的最大化是企业家最有兴趣的、最喜欢的和最值得想望的东西(一阶目的),它是一种原初之物,被认为是既定的无可怀疑的东西。因为,在一个自由竞争和适者生存的社会里,企业如果不最大限度地谋取利润,就要在竞争中被淘汰。政府也应该给予企业自主权,"让人们干自己想干的事"、"好好地活下去"才是最基本的目标。假定某个政府的经济顾问为伦理学家 y,他按凯恩斯的经济理论,认为那个所谓企业的唯一目标是只顾最

大利润而不顾工人的死活这个"最值得想望的东西",本身就是值得怀疑的,本身就需要评价,于是就按因果关系从执行 x 企业家价值观点的结果(图中的被控变量 q)中经过二阶感知器进行调查研究,了解到 x 企业生产的是假、伪、劣产品,而且工伤事故频频出现,于是他权衡了利益的冲突,得出一个有关企业家应该想望什么,应该爱什么的评价结论。因此 y 提出了一个价值观念:企业家既要在一定条件下谋取自己的最大利润,同时又要服从国家的利益,遵守国家的法律,爱财富、爱国家、爱工人,为建立和谐社会服务,这才是最值得想望的。于是他做了对企业的一个评价,这个评价不过是在一阶价值判断和一阶价值评价基础上做出二阶评价。在这里,传统的 x 的原初的价值论与 y 的重新评价论的区别只是一阶价值判断与二阶价值判断的区别。图 13.4(a)的问题与解决发生器之所以有多个目标函数的箭头,是要表明一个期望、偏爱与目标不是固定的和既定的,而是需要重新评价的,以解决不同价值之间的冲突与协调问题、一阶目标的重新设置问题。当然这个高阶评价本身又有自己的目标体系和手段体系,它又受到更高的评价系统的评价与检验。这就产生了多层级的价值与评价问题。图 13.4(b)就表示这个多层级价值与评价问题。

我们的多层次价值模型,还可以解决杜威与培里的争论问题。培里认为,"价值"一词可定义为"兴趣、欲望与期望",因此它是评价的前提或标准(培里当然不知道自己说的是一阶价值与评价);而杜威则批评培里,认为这样理解问题那还了得?"关于已经作为价值而被给定的价值的命题根本就不是评价判断。"①评价判断要评价已给定的目的和手段本身是否值得去认定,回答原初想望的东西是否"值得想望"和"应该想望"问题。②

杜威十分关注他所说的评价判断问题,因为正是由于这个问题才有价值的创造。他认为,当代世界最关键的问题就是要用自然科学的实验方法来评价社会文化环境下的传统、风俗和制度。"最危险的事情之一就是没有经过深思熟虑而直接为我们原始的喜欢,兴趣和欲望所左右。"③杜威称这个问题为评价问题,既定的价值命题正是评价的对象。在这里,培里与杜

---

① 杜威:《评价理论》,冯平、余泽娜等译,上海译文出版社 2007 年版,第 89 页。
② 同上书,第 37 页。
③ 同上书,第 21 页。

威的争论事实上不过就是培里从一阶观点看价值与评价,而杜威是从二阶
观点上看评价。他们的见解是相容的。明确了这个区分,就会省去术语上
的不必要的混淆。价值一词可以在名词上(价值),在形容词上(有价值的)
和动词上(评价)上进行应用。"价值命题"和"评价判断"根本没有什么原
则上的区别,只是一阶价值命题或评价命题与二阶价值命题与评价命题有
着重大的区别。

▶▶　13.3　目的价值与手段价值

目的与手段范畴与价值、善这些概念密切相关。如果世界上没有什么
东西(例如生命与人类心灵)是有目的、有企图、有意向的,则只有必然世界
与偶然王国,就不需要价值与评价这些范畴,也就没有价值世界了。现在我
们不是在生命系统和生态系统上讨论价值与评价的,而是在人类活动系统
或人类行为系统中讨论价值问题。所以目的本身指的是一种企图的东西和
所期望的东西,即马克思所说的"……得到的结果,在这个过程开始时就已
经在劳动者的表象中存在着,即已经观念地存在着"①的东西。这里目的
(ends)本身就是作为行动主体的人们企图通过一定的手段(means)而获得他
们所期望的东西,包括人们所期望得到的客体事物以及主体自身的属性、结
构和状态等。而所谓手段,广义地说,就是获得所期望的东西的各种条件,包
括客体的条件和主体自身的行为努力。这样,手段对于主体的目的来说是有
意义、有价值的,所以被哲学家称为手段价值或工具价值,而主体运用手段企
求达到的目的本身便具有目的价值或目的性价值,它对于主体行为来说起到
导向的作用。这样,关于目的与手段的讨论便在价值学中具有相当核心的作
用。在本书许多地方多次出现这些词,例如,第 4 章第 1 节、第 14 章第 3 节
等。现在有必要在此理清目的与手段相互关系的概念内涵了。

首先我们要看到,目的手段关系中包含一种因果关系,手段是原因,所
要达到的目的和所要实现的期望是结果。因此,首先要弄清因果关系是什
么意思。

———————————

① 《马克思恩格斯文集》第 5 卷,人民出版社 2009 年版,第 208 页。

运用条件逻辑对因果关系进行分析，以英国哲学家马奇（John Mackie）在《宇宙的水泥》（1980）一书中做得最为详细。他认为，所谓一个事件 C_i 是另一个事件 E 的原因，就是有一组条件（$C_1^1 \cdot C_2^1 \cdot C_3^1 \cdot \cdots\cdots C_n^1$），其中各个组分联合起来对结果 E 的出现是充分的，而分别开来每一个对 E 的出现都是必要的。例如失火是个结果 E，而 C_1^1（例如电流短路）以及电线附近有可燃物体（C_2^1），有粗心大意的住客（C_3^1）等，它们联合起来对于失火来说是充分的，分开来看每一个都是必要的，则其中任一个必要条件 C_i^1（例如电流短路 C_1^1）就被看作是 E 的原因，而充分条件组（$C_1^1 \cdot C_2^1 \cdot C_3^1 \cdot \cdots\cdots C_n^1$）就看作是 E 出现的"全原因"，但这个"全原因"并不是唯一的。由于异因可以引起同果，所以其他的"全原因"如（$C_1^2 \cdot C_2^2 \cdot C_3^2 \cdot \cdots\cdots C_m^2$）以及 C^3, C^4 都可能引起失火燃烧。例如煤气管道爆炸（C_1^2）、小孩玩火（C_1^3）、恐怖分子袭击（C_1^4）都会引起失火。所以单个原因对于结果来说，并不是它的充分条件，也不是这个结果事件的必要条件，而是这个事件的非必要的但充分的条件中的一个不充分的但必要的或非盈余的部分，其英文原文是：The so-called cause is, and is known to be, an insufficient but necessary part of a condition which is itself unnecessary but sufficient for the result. ① 简称为 INUS 条件。于是，因果关系便可形式地表述如下：

$$若:(C_1^1 \cdot C_2^1 \cdot C_3^1 \cdot \cdots\cdots C_n^1) \vee (C_1^2 \cdot C_2^2 \cdot C_3^2 \cdot \cdots\cdots C_m^2) \vee \cdots\cdots \leftrightarrow E$$

则：C_i^j 是 E 的原因。

这里符号 · 是"合取"，符合 ∨ 是"析取"，表示最小充分条件组不必同时出现。每个最小充分条件组都叫做"全原因"。

显然，在一个行为系统中，手段 M（means 的简写）是目的 E（ends）得以实现的 INUS 条件。而对于 E 出现的每个最小充分条件组，叫做目的 E 的"全手段"或"充分手段"（full means）。在自然界和社会生活中的非目的性的因果关系中，只要初始条件决定了，就有一个确定性的因果链。原因（这

---

① J. L. Mackie. Causes and Conditions, In Sosa, E. （ed.） *Causation and Conditionals*. London: Oxford University Press, 1976, p.67.

里指的是全原因)决定结果,结果又反过来决定后面一个结果,将这个因果关系的作用推到极端,就会出现法国天文学家拉普拉斯所说的宇宙因果决定论:"我们把宇宙的现在的状态看作是它先前状态的结果,随后状态的原因。暂时设想有一位有超人的智力的神灵,它能够知道某一瞬时施加于自然界的所有作用力以及自然界所有组成物各自的位置,他并且能够广泛地分析这些数据,那么它就可以把宇宙中最重物体和最轻的原子的运动,均纳入同一公式之中。对于它,再也没有什么事情是不确定的,未来和过去一样,均呈现在它的眼前。"①但是在有目的性的人事活动中,在目的与手段的链条中,不但不存在拉普拉斯的因果决定性,而且也不存在一般的因果链条的充分决定性。这是因为,在确定一个所期望的目标时,这目标只是一个理想的存在(ideal existence),它与实现了的目标(即实际结果)是很不相同的,而达到结果的过程,即目的的实现过程和手段的运作过程又总是千差万别的。只要想想 20 世纪的社会主义者们是怎样实现他们的理想目标的过程、手段和结果的,就会明白这一点。就算是一个普通的技术上的目标,例如要治好你的某个疾病,可能会有怎样的过程和怎样的结果,谁敢说是充分决定论的呢? 这是因为:(1)从逻辑上讲,能达到目标的手段,是达到目标的 INUS 条件,它们由许多充分条件组 C^1, C^2, C^3……组成。这些充分条件组并不是自动地出现而成为实现目标的初始条件的。人们必须根据自己的价值观,自己对达到目标的实际条件及其因果关系的认识以及对自己的实际能力的评估对手段进行选择,选择其中一组 C^j。这已经是个不确定因素。(2)无论选定哪一个充分条件组,每一个达到目标的充分条件组都不是现成的,已经完成了的,它都包括客观条件和主观努力两个部分。这两个部分是相互关联的,客观条件可以影响主观的努力,而主观的努力又可改变客观条件;并且由于时过境迁,这两个部分都不断变化着。在这些作为手段的主观努力中,如果是一个团队的合作行为,则各人的努力情况也不会相同,它们并不取决于共同目标或共同目标制定者本身。而倘若在实现目标的过程中,不可避免地还要触犯其他利益集团——这在社会生活中都是通

---

① Laplace, P. (1820) "Essai Philosophique sur les Probabilités" forming the introduction to his Théorie Analytique des Probabilités, Paris: V Courcier; repr. F. W. Truscott and F. L. Emory (trans.), *A Philosophical Essay on Probabilities*, New York: Dover, 1951.

常会遇到的情况，又必会使结果的出现更不确定。凡此种种，都会使得目的—手段过程成为一个更为复杂的过程。(3)由于理想的目标和现实的结果总是不完全一致的，因而目的与手段之间或多或少地是相互冲突的，有时甚至是南辕北辙的，这就迫使人类活动要不断地对目的和手段进行经验的检验、理性的分析和价值的评估，在修正目标或是修正手段、或是二者同时修正中进行决策。

以上三个原因，说明了目的—手段关系的复杂性和不确定性。由此便产生了有关目的—手段动态相互关系的几种很不相同的见解，这些见解对于我们的现实生活以及上一编讨论的当代政治伦理的三大思潮问题来说，简直是太重要了。不过作者并非想用一些抽象的原则来解决具体的实践问题，特别是政治实践问题。以下所说只是想提供一个方法论的思路，至于关于具体问题的结论，只是一种可能的或可供参考的意见而已。有关目的—手段相互关系的可能的或历史上常见的见解有下列三种：

1. 目的决定论或目的价值至上论。目的价值决定论认为，在目的实现和手段选择与运作的过程中，是目的价值高于一切、目的决定一切的，手段是从属于目的的。最常见的一种目的决定论是"目的为手段辩护"(end justifies the means)的格言。这首先是在西方 16 世纪宗教革命中的耶稣教士(Jesuit)为反对新教徒而提出来的。基本的意思是，为了天主教及其教义的胜利这个"目的"，即使做出一些按天主教道德被认为是罪行的事，也是可以允许的。在一些其他的宗教中，亦有人提出类似的主张，即为了讨伐异教徒这个"目的"，可以使用欺骗、谋杀和发动恐怖袭击这类不道德手段。这就是所谓"两种邪恶(evils)取其轻"，宁愿使用不道德的手段，以避免丧失了道德"基本目标"的更不道德的状况。历史和现实中都存在大量以所谓善良目的为卑劣手段辩护的主张。事实上，目标是不可能为手段辩护的，因为我们前面已经分析过，手段应该是目标的一个联合起来充分的必要条件组。目标的实现是手段与条件发展的必然结果，那些不道德的甚至是罪过的手段是不可能结出"正果"的，它首先违背了更高层次的道德目标，它对低层次目标即使有作用，其副作用之大也远远超过它可能起到的一点正面的作用，所以它应该被从手段条件组中清除出去。

2. 手段决定论和手段价值至上论。有些自由主义者跟随诺齐克主张"手段为目的辩护"(the means justify the ends)。诺齐克批判"目的状态理论家"(end-state theorist)假定他们从社会调查中得出有 15% 的居民处于社会贫困线之下,而有 5% 的富豪则花天酒地占有了社会 30% 的财富,于是这些理论家制定了一个"公平分配的方案",例如从富人中抽税救济贫民。他说,有什么理由为这个方案辩护没有呢? 没有! 因为我们问的问题是:"无论穷人和富人,他们获得财产的手段是不是合理的? 获得之后,他们的财产转让是不是正义的?"如果是,现行的分配结果便是合理的。在自由资本主义条件下依靠自由市场致富或因自由市场而致穷这个结果便得到辩护,只要手段正确,它无论达到了什么目标都是正确的。贫富两极分化是正义的,因为大家使用的手段是正义的和正确的。这是用手段的正义性为目的的正义性辩护。国家插手社会分配,就好像本来已经存在一口社会的大锅饭而询问怎样分配才是正义的一样,反而是不合理的。但诺齐克没有注意到,自由资本主义的时期早已过去,由于自由市场的弊病,国家早就不可避免地掌握了相当大的财富,且有必要用较大的社会权力来调控社会生活,而公民社会与民主参与又足以形成一组在全社会达成共识的文化价值,对社会进行组织和对国家领导人进行民主的监督,这就出现了社会整体性的目标控制。否定这一作为整体目标定向的一组社会文化的伦理价值,将个人手段价值看作是至高无上的,显然是错误的。

还需指出,在实现社会主义目标上,德国社会民主党领导人,曾与马克思、恩格斯进行合作并被恩格斯指定为遗嘱继承人之一的伯恩斯坦,也曾提出过一种手段主义,否认社会主义的最终目标的目的价值。他在《社会主义的前提和社会民党的任务》一书中写道:"对于我来说,一般所说的社会主义的终极目标是不存在的,运动就是一切。"(To me that which is generally called the ultimate aim of socialism is nothing, but the movement is everything.)①这句话就它的内容来说,是想说社会主义者要反对激烈的暴力革命,要将"一切生产资料国有化这个终极目标""搁置起来"而实行改良的社会主义运动。② 但伯恩斯坦将这个社会改良的运动表达成没有目标,后来又改口说成为"应该宣布所有表达为原则的工人运动的一般目的都是

---

① 伯恩斯坦:《社会主义的前提和社会民主党的任务》,舒贻上、杨凡等译,生活·读书·新知三联书店 1958 年版,第 117 页。引文经作者按英译本校对过。

② 同上书,第 118 页。

没有价值的东西"①（Every general aim of the working class movement formulated as a principle should be declared valueless. ）。这个观点是值得商榷的,如果运动就是一切,运动只有当前利益,没有进一步的目标和理想,即没有与当前条件相矛盾的东西,则无异于宣布当前的条件以及包括这个运动自身都是完全合理的,而这就等于放弃一切目标、理想本身。我在《实在与过程》一书中曾经写过,社会主义是个家族类似的概念,但也有一些共同的特征:"社会主义是对资本主义产生的异化、不平等和弊端的一种抗衡,它是对社会公平、共同富裕和人类全面而自由的发展的一种追求。人们大体上是在这个范围里用社会主义这个词来指称一种思想,一种价值体系,一种社会运动和一种社会体制。"②这就是我们所理解的社会主义的一般目标。从学理上讲,人类对未来社会的研究总是必要的,根据社会发展的最新情况和社会科学的发现,预言未来社会的特征总是必要的,否则人类的行动就没有方向。我国改革开放以来,如果提出或执行"下海挣钱就是一切,最终的目标是没有的"这个格言,将会出现什么情况呢? 这不是个想象,我们事实上在局域的状态空间中已经不断地看到这种情况,所以创建比较和谐的社会和实现社会成员的全面自由的发展这个目标是有重大价值的。目的与手段是个相对的范畴。硬要去掉目标,手段便异化为终极目标。挣钱是必要的,但如果将挣钱异化为最终目标,人们便成为金钱的奴隶,这就是马克思反复批判的商品货币拜物教。

3. 目的与手段的反思平衡（相互调整）和协同进化。这是我们所支持的目的—手段相互协调的过程观。从以上分析可见,如果我们从主张"目的为手段辩护"、"目的决定手段是单向度的"这种立场出发,那就要发生一个问题,谁为目的做辩护呢? 那个目的是怎样被决定的呢? 难道它只是一种信念和幻想? 如果不是这样,就必然引出手段的作用、价值和评价问题。这正如杜威所说的,"不考虑手段就表示不严肃地对待目的","我们应该把方法和手段提高到前人单独给予目的的那个重要地位"③。这就是说,如果

---

① 伯恩斯坦:《社会主义的前提和社会民主党的任务》,舒贻上、杨凡等译,生活·读书·新知三联书店 1958 年版,第 119 页。
② 张华夏:《实在与过程》,广东人民出版社 1997 年版,第 93 页。
③ 杜威:《确定性的寻求》。载于周辅成编《西方伦理学名著选辑》(下卷),商务印书馆1996 年版,第 721 页。

寻找各种手段都达不到实现目的的程度,经过各种努力也创造不出期望结果可以实现的 INUS 条件的充分条件组,这个目标就是必须修改的。所以手段对目标是起调节作用的。而如果从"手段为目的做辩护"的论断出发,同样要碰到谁为手段做辩护、根据什么来决定手段这样一个目标问题。因此在现实和历史中,必定存在一个目的与手段相互调整的过程。这过程可能是消极被动的,也可能是积极主动的。有关这个思路,黑格尔、马克思、杜威、罗尔斯都从不同的侧面谈过。罗尔斯称这个调节的过程为"反思平衡"(reflective equilibrium)。用到我们这里就是:当目的与手段不相适应的时候,有时修改手段使其能达到目的,有时则修改目的,使其能被手段所达到。"通过这样的反复来回""最后达到了和谐,但它又是反思的(可修正的)"①。在这里没有什么是最基础的和不可修改的东西(罗尔斯正是用这种方法来建立他的两个正义原则的。参看本书第 6 章第 3 节)。20 世纪的社会主义运动史有许多例证说明这种目的手段相互调整的情况。许多社会主义国家在实现了全部生产资料公有化(国有化和集体化)或全国生产资料基本公有化之后,就立即出现了一个问题,原来所预期的生产资料公有制和由此达到的指令性计划经济一定会导致生产力极大的提高和人民生活水平极大提高的效果没有出现。于是决策者们便开始寻找各种手段来达到这个目标。列宁在 20 世纪 20 年代实行新经济政策,苏联东欧在批判斯大林之后实行各种改革实验,包括南斯拉夫的工人自治、波兰和匈牙利的市场经济改革。在经过六七十年的摸索之后,在不触及公有制和计划经济这两个基本目标的各种可能形式的改革都试验过了,但极大地提高生产力和人民生活水平、实现个人自由而全面的发展这个终极目标还始终达不到,能达到的却是一种短缺经济。这就需要修正基本目标,实行多种经济成分的同时并存和推行市场经济。所以在目的与手段不相协调甚至不相容的情况下,目标是需要修改的,但也不能变成放任手段而无视目标。在调整了社会主义的目标,将它定义为实现市场社会主义的目标之后,手段又需要进行调整,例如,建立和完善各种社会保障体制、劳动保护制度、普及教育制度、民主参与制度和生态环境保护制度等,以此来达到更高的目标。有关这个问题,我们已在第 9 章和第 10 章中进行讨论了。这里只是对这些内容进行一

① 约翰·罗尔斯:《正义论》,何怀宏等译,中国社会科学出版社 1988 年版,第 18 页。

道德哲学与经济系统分析

个价值论的辩护。

关于目的价值与手段价值的相互调整和反思平衡的问题,杜威曾经举过一个烤肉的有趣例子:人们第一次尝到烤肉的美味,是在一间有猪在里面的房子意外起火的时候偶然尝到的。主人因为太喜欢烤肉的美味了,就将获得烤肉作为自己的目的,于是他开始盖好房子,然后关入猪仔,再放火烧掉房子以获得烤肉。杜威举这个例子的目的,是想通过它来说明目的本身是需要评价的,因为"代价"(烧房子)太大,人们需要修改目标。但我却想利用这个例子说明另外一个侧面:手段本身需要评价,因为手段对于目的来说"代价"太大而需要修改手段。就野火是人类获得熟食的起源来说,这个例子是很合适的。熟食的目的起源于野火,其手段也起源于野火。

这个案例启发我们,当目的确定之后,对达到目的的手段是要进行评价和选择的。选择首先要看它的"全手段"的组成是不是一个联合起来充分、分别开来必要的条件。当然盖房——关猪——烧房对达到吃烤肉的目的来说原则上是充分的,但对于它的步骤是不是都是必要的,就大有考究之必要。人类正是通过对于达到目的的 INUS 条件的研究而去除了达到吃烤肉目的的各种不必要的条件和因素。再者,在能得到烤肉的诸种手段的充分条件组中,应该如何创造、评价和选择,选出效果最好而"代价最少"者,这是一个试验——评价——再试验——再评价的突创进化的问题。它可能经历了如柴火烤肉、炭火烤肉到电炉烧烤肉这些手段的进化。而进化达到预期效果,人们就会利用已有的手段提出更高的目的,即品尝更佳、更经济、更美味的烤肉。所以,目的、手段与评价不但有一个罗尔斯所说的"反思平衡"的调节问题,而且有一个系统科学所说的"协同进化"的问题。这个协同进化的金三角就是目的——手段——评价之间的动态平衡和动态发展,其图形如下:

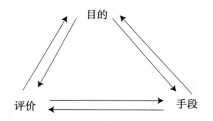

其中,"代价"问题是一个受高层次目标(成本效益)支配的检查低层次

的目标的手段问题。这又是一个我们在图 13.4 看到的多层次进化控制的问题,是一个价值进化论问题。

▶▶ 13.4 内在价值和终极的善

目的与手段之间,目的价值和手段价值之间是相互转换的。某一目标达到之后,就可能成为新的目标的手段。这有点像因果链,过去状态是当前状态的原因,当前状态是过去状态的结果,又是未来状态的原因。关于目的—手段的连续统,最早的发现者还是古希腊哲学家亚里士多德。他说,战争的目的是为了和平,而和平是达到宁静生活这个目的的手段;可是宁静生活是为了我们可以进行哲学的沉思。① 至于哲学沉思是为了什么? 他没有说。沉思既是哲学家的手段,又是哲学家的最终目的。享受到沉思的快乐,就像看到了达·芬奇的油画蒙娜丽莎和听到了贝多芬的命运交响乐一样,有一种满足感。人们不会再追向你有了很满意的艺术感受又是为了什么;如果真要问,回答问题的人会这样回答你:"不为什么,是为了自己。"一个人的生活在特定的环境里总有一个最终的目标,这个最终的目标的追求和达到组成了他的内在价值(intrinsic value),他的至善(final goods)。不是作为手段为了别的什么而具有的价值,是自身就具有的自在的价值。英文常常用"in itself","for its own sake"或"in its own right"来说明这种内在价值。手段是为了达到目的,所以手段的价值可以由目的的价值加上其他条件而导出。在这目的—手段链的解释推理中,那些具有非导出性质的价值源泉,我们称之为内在价值,它是价值主体自身所具有的。

为了给内在价值下一个定义,对之做出比较完整的理解,我们首先要罗列一下到底什么东西有所谓内在价值。威廉·弗兰克纳在他的一本著名著作《伦理学》(1973)②中对之开列的清单如下:生命、意识和活动;健康与身

---

① Aristotle: Nicomachean Ethics. Book 10. chap. 7. (1177b5ff) http://www.constitution. org/ari/ethic. Oo. htm.

② Frankena, William K. *Ethics*. Second edition, Englewood Cliffs: Prentice Hall, 1973. 中译本见弗兰克纳《伦理学》,关键译,三联书店 1987 年版,第 87—88 页。

心强壮;各种类型的快乐与满足;幸福,幸运与满意;真理,知识,各种真实的观念,理解和智慧;美学的学术的感受;道德的高尚或美德;友谊、爱情与合作;生活的和谐与协调;权力与成就感;自由;和平与安全;冒险与创新;名誉、荣誉与受人尊敬,等等。在他所开列的这些清单中,有一些东西是既有工具价值又有内在价值的,如友谊、健康、美丽、知识与智慧等。所以内在价值这个概念最好重新定义为:不管它是否用于作为手段来达到别的目的,其本身就具有价值的东西。例如人的生命本身,不管它有生之年是否还能为了什么而服务,本身都是有价值的;对于这个内在价值的承认和高度的尊重,就是生命伦理的最重大的问题。又例如追求知识与真理,不管它是否有用,都是具有价值的东西。如果人类只追求有用的知识与真理,没有为科学而科学、为真理而真理的精神,这就意味着科学技术的沉沦和人性的毁灭。所以在一个个人的和社会的价值体系中,对于内在价值的研究是十分重要的。因此我们在第4章第3节中基于弗兰克纳表对人类的内在价值做了分类研究,认为人类个体的客观的需要可以划分为生理的、精神的和社会的三个种类或三个维度,并且它的发展有三个层次。对于这些需要的满足便构成他们的内在价值(value)、内在的善(goodness)、福利(well-being 或 well-lived)或生活质量(quality-of-life)。在本节中,我不是想要说明我的观点是正确的。我们的研究肯定是很不完备的,我在这里首先要强调的是对行为主体的内在价值进行研究的重要性:(1)社会福利不过是个人内在价值或个人的生活福利(well-lived)的总和、函数或突现。(2)社会制度和社会政策的制定以及这些政策是否正确,归根结底要视它是否能够保护和提高社会成员的内在价值和个人福利。指令性计划经济和全部生产资料公有化的政策之所以行不通,就是因为它不能提高甚至相对来说是降低了社会成员的内在价值或个人福利。这是一种无声的命令,一个无形的法庭,一切风俗习惯、传统体系、甚至某种所谓美洲价值观或亚洲价值观的东西,最后都要在这个法庭面前决定去留。以这个标准可以重新审理上一篇所说的自由主义、社会主义和生态主义三大思潮。(3)一切道德行为的正当与否,归根结底就是视它是否有利于提高社会成员的内在价值而定。功利主义的行为规范与行为标准就在于视这种行为是否有助于实现"社会最大多数人的最大幸福"这个最高原则。为了研究功利主义的道德哲学,对个人的内在价值或福利的研究是不可少的。道义论的行为规范与行为标准就在于行为的正当性要看这些行为是否尊重个人的权利。而这些权利如个人自由与平等的权利，本身就是个人的内在价值。马克思主义的伦理标准是以人为中心的，即以提高全体成员的自由和全面发展的能力为中心，它对个人的内在价值做出了充分的理解与高度的承诺。只要我们不将它看作是要到遥远的未来才能实现的乌托邦，而是以最大限度趋向这个目标为一切政策与行为的最高标准，而生产力标准、综合国力标准、提高生活水平标准都应该从属于它，这样就有可能用马克思的全面而自由发展的标准来综合统一功利主义标准和道义论标准。我个人对此是有信心的，并且对于全球伦理的建立也是有信心的。

这样便有对一系列行为主体的内在价值或生活福利的研究，如个人的内在价值怎样组成社会的内在价值？内在价值的组成与结构是怎样的？不同的内在价值怎样组成行为主体的内在价值的总体？诸种不同内在价值是可能通约和计量的吗？道德价值与非道德价值的关系是怎样的？经济价值与政治价值和文化价值的关系如何？什么是环境的内在价值？随着社会的发展，自然界对于人类的工具价值是不断提高的吗？个人和社会的内在价值也是不断提高的吗？这个创造价值的进化过程是怎样进行的？这些问题是需要自然科学、心理学、经济学、社会学、政治学与人类学以及哲学共同探讨的问题。在这个探讨过程中，价值哲学学说起到一个中心的作用。

不过有些哲学家，例如杜威，否定有内在价值这种东西。他认为，世界是不断变化的，对一个问题的解决（达到预期的目的）就变成解决另一个问题的源泉（手段），从而在一种情景中是目的的东西，在另一种情景中就是手段。因此，提出一个以不变应万变的内在的善、或内在的恶、或"自在的目的"，是很不适当的，有时甚至可能是"乌托邦和白日梦"的"理想"。① 胡适的"多谈点问题少谈点主义"，对于表达实用主义的观点来说已经是比较温和的了。他的老师杜威根本就否认有内在的善这种东西，不是少谈点主义，而是根本就没有"主义"了。他认为，价值是评价的结果，就一个不太长的目标—手段的连续过程来说，目的和手段不断更换位置；而从全部目的—手段链条来看，那终极目的、内在价值是不存在的，一切都是手段，都是工具价值，目的本身也在终端的意义上是手段。杜威说："已经达到的目的，或

---

① 杜威：《评价理论》，冯平、余泽娜等译，上海译文出版社2007年版，第54、57页。

者已经获得的结果,总是对各种活动的组织,在这里所谓'组织'是指对作为参与因素的所有活动的协调……所期待的结果('目的')作为特殊的活动,是实现这种协调的手段。"①"所期待的结果是作为指导活动的手段而发挥作用的。在日常语言中,所期待的结果被称为'计划'。作为手段,欲望、兴趣和周围条件都是行为方式,因而可以被设想为能量,借助能量语言,可以将它们还原成同质的可比较的同类事物。"②芸芸众生,每个人的目的、理想,都不过是一种微弱的能量,作为沧海一粟汇合到滔滔不绝的宇宙能量中,成为永无终结的过程的一种手段。

我们赞同杜威颠覆价值哲学中事实与价值二分、目的与手段二分这两个教条,但颠覆了形而上学的二分,并不等于没有区分,只有事实一元论和手段一元论。我们否定有终极不变的绝对的内在价值,但并不表明支配人类活动的、在一定历史时期里相对不变的内在价值、内在的善、生活质量、根本利益、最高纲领这些东西就不存在。对于一个来广东打工的外地劳工来说,在一定生活水平上温饱是他们内在的善或内在的价值;在一个较高的生活水准上温饱仍然是内在的善;但除此之外,他们有更高的要求:安全、好的居住环境、受尊重、爱和归宿感也组成他们的善。而在发展的更高的水平上,他们将对企业管理要求有民主参与的权利,并拥有更高生活质量,这些要求便进入他们的内在的善之中。必须研究他们以及人类个体的内在的善的组成及其发展,否则我们要实现温饱、小康和富裕三部曲及其社会价值体系就没有根据。这个观点就是我们在第 4 章中讨论的基本观点:手段之下有获得手段的手段,目的之上有目的所要达到的目的,但是对于一个无限链条的连续统的研究者来说,它总有一个出发点、立足点和落脚点。我们将出发点称为手段价值,称中间过程为相对的手段价值和目的价值,称落脚点和归宿点为内在价值,包括作为整体的内在价值和作为它的组成部分的内在价值。这个观点也是我们在第 1 章讨论过的道德推理结构中的道德公理。它归根结底是非导出的善,即人类社会中个人的内在价值。我们从这个内在价值体系来论证道德公理。事实上,功利主义和道义主义都是以内在的善、内在价值的存在为前提的。同时,这个观点也是我们控制论价值模型的

---

① 杜威:《评价理论》,冯平、余泽娜等译,上海译文出版社 2007 年版,第 56 页。
② 同上书,第 61—62 页。

基本观点,价值问题需要放进一个有多层级控制机制的行为系统中来进行研究。每一个低阶控制系统有它的行为目标,这是该系统的目的价值。但目的价值或基准信息又是二阶控制系统的手段的一个组成部分,它由二阶目标系统加以控制。图 13.4 给出了二阶的价值体系的一个模型。如果我们对三阶、四阶等多级控制机制继续研究下去,会达到特定条件下的价值控制体系的最高点。内在价值就是多层级控制系统中的最高一个基准信息。以上就是我们对内在的善的目的—手段链论证、多层级控制论证和演绎逻辑推理的论证。这三种论证实质上是同构的。

▶▶ 13.5 价值命题的经验检验和价值论题的合理性标准

我们整体论研究的进路是将价值命题或价值判断放进一个多层级的行为控制系统中进行研究,放进一个理论解释和检验的逻辑结构中进行分析。在第 14 章中,我们还要将它放进一个更大的环境,即生态系统中进行研究。在这里我们首先观察人类行为系统,这个行为系统的运作体现为一种循环,这就是目的(价值)→手段(价值)→主体的目的性行为→行为效果→对结果进行检验与评价→新的或高层次的目标和手段……(这里符号→有"决定"的意思)。在这个循环中,从目的—手段链(目的→手段)进入因果链(行为→行为的效果)再进入检验评价链(评价→新目标与手段,即评价为提出新的目标与手段提供信息)。因此,一切价值判断在这个循环中都是按某种标准可评价的,或经验地可检验的。这里所谓经验地可检验的,是通过它的效果进行检验的,虽然并不是经验地可证实的。在这里,目的价值判断——无论它表现为期望判断的理性表达或是一种呐喊、兴趣、愿望或激情的情感表达,手段价值判断——无论它表现为行动指令命题、行为规范判断或是表现为一种热情、行为的冲动,或赞成或反对的表达,评价判断——无论它表现为一种定量或定性的赋值判断,还是表现为一种肯定或否定、满意或不满意的态度表达,都是直接间接地可以通过对行为结果的观察、体验来进行经验检验或理性评价的。由此我们便进入价值认识论和道德认识论的艰难课题。问题在于,对价值判断怎样进行检验与评价,其检验与评价和对科学定律的经验检验有何异同?是一回事还是两回事?

首先我们来分析价值命题的检验逻辑。在对科学知识的检验中,例如在对科学定律的检验中,我们首先从科学定律中推出一个检验蕴涵(test implication of scientific laws),然后在观察与实验中确定这个检验蕴涵是否符合事实,来支持、确证(confirmation)或否证(falsification)这个定律假说。如从存在大气压力这个假说,推出一个气球的体积在喜马拉雅山顶上一定比在山脚下大得多,如果事实是这样,就确证了大气压力的存在。对价值判断的检验也有类似的逻辑,不过情况会复杂得多。首先要从目标价值判断,即陈述一种期望的判断,加上手段判断,即有关应该采取什么行动的规范判断,推出行为的期望后果,然后通过对行为后果的观察分析与评价来检验目标判断和手段判断是否适用或适当(我们暂时不用真理这个词)。

以工业企业中劳动者的劳动条件的改善为例:人类的生活,尤其是下层阶级、劳苦大众的生活,经常面临着种种困境、麻烦、挫折和失败乃至灾难。这些逆境的积极作用就是促使他们看出问题和引起期望与努力。下面就是为此而表达出来的某种事实判断和价值判断:

1. 目标价值项:行动者 A 们期望工厂劳动者的劳动条件得到改善(改善工人劳动条件是有价值的),理想的目标是实行 8 小时工作制和每周两天休假制。

2. 当前事实项:X 工厂的农民工每天工作 14 小时,并且每个月才有一天休息,以及其他的事实条件。

3. 手段事实判断:行动者们坚信,除非采取罢工的手段,迫使厂方规定工人每天法定劳动时间为 8 小时和每周两天休假制,否则工人劳动条件得不到保障。

4. 手段价值判断:行动者 A 们认为,应该采取罢工行动要求厂方实现 8 小时工作制和每周休假两天的休假制。

这是手段价值判断推出的过程,它是由(1)目标状态的价值判断(2)当前状态的事实判断以及(3)行为规律的事实判断而推出(4)的。这就是戴维森反复强调的一个典型的实践推理过程:①从愿望项与信念项推出“应该”命题(评价项)。在这里,愿望与信念是组成动机的两种精神状态,二者

---

① Davidson, Donald, 1963, "Actions, Reasons, and Causes", *Journal of Philosophy* 60: pp. 685 - 699.

是很不相同的:愿望要求世界适合于我们,如果不适合就改变它;而信念要求我们的判断适合世界,如果不适合就改变我们的信念。

现在对两个价值判断(我们应当改善工人劳动条件实行 8 小时工作制和我们应当罢工)进行经验检验,结果得到:

5. 结果不妙。工人斗争的结果不但达不到目的,而且连带头罢工的人也被评价为因扰乱治安而有罪,被关进监狱,这是全世界都有的事。这个行动的失败,并不像气球在喜马拉雅山上反而缩小那样,证明气压定律假说为假,而是对于目标未能达到来说的失败,而并不证明那目标本身是错误的或不好的。这个结果怎样检验目的价值判断和手段价值判断呢? 这里有一连串的评价讨论。首先我们可以肯定目标是对的,我们的目标,即改善工人劳动条件等,是有道德理性或实践理性做辩护的。为工人阶级的最大多数谋利益,何错之有呢? 它是符合基本的社会伦理原则的,所以是对的。由于这是一种正义的目标,所以人们会经过失败、斗争、再失败、再斗争、直至成功的手段和过程来达到目标。我们每年的五一节不就是为了纪念这个吗? 但现在农民工经多次罢工失败,我们会从经验中得到教训:"我们应该罢工"这个价值判断在当前的情景下,对于达到目标来说是不恰当的。请注意我们只就上述 1—5 项的逻辑进行讨论,不要扯远了。这个"不恰当"有两个含义:第一个含义是它的事实根据,即第 3 项为假。这是在科学意义上为假,即在社会科学意义上为假,是认知上的假。第二个含义是它对于达到目标来说不恰当,即在实用上不当,可以称为实用上的"假"。

以上的分析,在形式上可以表达如下:

1. 目标如果表现为一个价值谓词 G,则 x 意愿达到一定目标,或认为这个目标对 x 是有目标价值的,可表达为 G(x)。而,

2. 当前事实项,即 x 处于一种主体不满意的事态 F 中,可表达为 F(x)。

3. 手段项,即 x 相信在环境 C 中进行 K 行动是达到 G 的手段,即:B(K(x)&C→R(G(x))),其中 B 为信念算子,R 为实现算子,R(G(x))表示 G(x)得到实现。

4. 将上式表现为道义逻辑表达式,即 O(K(x)),这里表示 x 为了达到 G 应当采取行动 K。O 为"应当"符号。

5. 结果是没有达到目标,即¬R(G(x))。

这里从 1、2、3 推出 4 形式化为：

$$G(x) \wedge B(K(x)\&C \to R(G(x))) \wedge F(x) \to O(K(x))$$

这里从 1、2、3、4 推出目标的实现 $R(G(x))$。即：

$$G(x) \wedge B(K(x)\&C \to R(G(x))) \wedge K(x) \to R(G(x))$$

而检验结果 $\neg R(G(x))$，则有 $G(x) \vee B(K(x)\&C \to R(G(x))) \vee K(x)$ 为"假"，即或者是目标不当，或者是手段不适当。既然我们认为 $G(x)$ 是适当的，所以唯一的结论是手段不适当或条件不具备，即不应采取这个手段，亦即 $O(K(x))$。

当手段不能达到目的时，人们并不是立刻修改他们的目的，因为这个目标受到更高阶目标的支持，并由此加以推出（参看图 13.4）。因而在常规价值评价中，人们首先修改他们用以达到目标的手段和手段价值判断。在上例中，当罢工手段不能达到改善工人劳动条件的目的时，人们可能走向采取一种更激烈的行动，用全行业总罢工、跨行业总罢工来实现他们的目的，就像 1886 年芝加哥 25 万工人在 5 月 1 日前后所举行的罢工和游行那样。但是人们可能不采取这种手段，而采取温和的谈判的手段来达到自己的价值目标。谈判就有让步，工人代表与资方谈判时可能调整原来的价值目标，从较高目标转向较低目标，例如要求资方只实行 10 小时工作制和每周一天休假制。但是要注意，这个调整是理性的。它首先要对原来的目标进行评价。不仅是依据经验进行评价，而且是依据更高层的原则进行评价，例如根据当时的实际条件 C，考虑按既要改善工人的劳动条件，又要兼顾资方利益这个和谐政策——更高层次的价值目标进行评价。这里对原初目标的价值评价与科学认知的评价不同，它不是或不完全是根据认知的评价标准（如库恩所说的理论导出的结论与现有观察实验结果相符的精确性、理论内部的一致性、表述的简单性、解释的广泛性和应用的有效性等[①]）来评价原有价值目标的恰当性和选择新价值目标的恰当性。它是根据一组高层次的价值目

---

① 参看库恩《必要的张力》，纪树立等译，福建人民出版社 1981 年版，第 316 页。

标来评价和选择的,绝不是单纯依据直接的经验标准,尤其不是单纯依据经验地"可证实的"标准来进行评价的。在评价有的价值判断时,是一组文化价值标准起了主要作用。当然文化传统也要受检验和评价,但这个评价仍然要看道德经验和道德感的支持程度和它与更高层次的价值标准相一致的程度。至于最高层次的价值标准是什么,则是一个悬而未决的问题。总之,道德评价与科学评价的价值标准是不一样的。这一点构成了科学知识与道德价值体系的基本区别。杜威曾预言将来可用科学评价标准完全取代规范标准,使"事实世界"与"价值世界"的区分从人类信念中绝迹。① 我们离这一天还很遥远,也许根本不能达到这一点。

再举一个例子:假定有一个患了晚期胰腺癌的病人 x,她可以延长生命,而在目前医学条件下无治愈的希望。但她的身体经受了几乎不可忍受的痛苦。医生应不应该给她注射相当数量的止痛剂或麻醉剂,例如吗啡之类,以减轻甚至消除她的痛苦呢? 这类药剂对于延长她的生命肯定是没有好处的。"应该给她注射大量止痛剂",这是一个价值判断,而且是伦理相关的价值判断。这个价值判断是经验地可检验或经验地可评价的吗? 是的。对于减轻或消除痛苦这个目的来说,医学上做了大量的实验,例如做了一千个实验,证实了这个效果;这个病人注射了大量止痛药,效果良好,可以说她是第一千零一个病例,确证了这个医疗效果。于是经验检验证明了这个价值判断是对的或者是好的。稍为形式化一点来重构这个语句,参照上例,它的表达式如下:

1. 目标价值项:以 G 表示减轻与消除 x 病人的痛苦但伤害 x 的生命的持续时间的目的谓词,则目的价值判断为 $G(x)$。

2. 手段信念项:以 K 表示对 x 注射大量止痛剂的行动谓词。对于特定病人情况的条件 C,则手段事实判断为:$K(x)\&C \to R(G(x))$。这里 R 表示实现了目的 G。

3. 手段价值判断:$G(x) \wedge B((K(x)\&C) \to R(G(x))) \to O(K(x))$。其中 B 为信念算子,O 为"应当"符号。

4. 目标实现的推理:
$G(x) \wedge B((K(x)\&C \to R(G(x))) \wedge K(x) \vdash R(G(x))$。

---

① 杜威:《评价理论》,冯平等译,上海译文出版社 2007 年版,第 73 页。

5. 经验检验结果:R(G(x))。这就是说,对于特定的条件 C(某个病人的状况)来说,行动 K(注射大量止痛剂)对于 G(减轻与消除病人的痛苦)这个目的来说,是有效的,比起不注射止痛剂的方案要好,所以我们可以选择这个治疗方案。但是对于减轻甚至消除病人的痛苦来说,可能还有别的方案。例如让她安乐死。这可能是一个更有效的方案,因为只有这个方案才能彻底消除病人的痛苦。让她从痛苦中完全解脱了,这当然也是经验地可检验的。我们已经将这类价值判断称为手段价值判断,它通过实行该价值判断的规约行动的效果得到经验的检验,经验的辩护在评价和选择这个判断中起了重要的作用。在一个行为系统中,层次越低,经验检验在评价手段价值命题中的作用越大。

但是,很不幸,我们的相关价值命题并没有得到决定性的检验或决定性的辩护。我们可以进一步追问:难道减轻病人 x 的痛苦但却伤害了她生命的延长这个目标是值得追求的吗? 这里有两个高层次的涉及人生的善的价值命题 V_{h1}:"给病人 x 注射大量止痛剂,甚至让她安乐死,对于她的人生目的来说是善的,是值得追求的";价值命题 V_{h2}:"给病人 C 注射大量止痛剂加速她的死亡,甚至等于慢性杀人,是恶的,是不值得追求的"。"尤其是让她安乐死,这就是谋杀,更是不值得追求的"。我们怎样通过可检验的原则,或经验科学方法,或认知科学标准,来对这两个对立的价值命题进行检验、评价或选择呢? 在这里,为了给出一个理性的选择,伦理学家不是求助于经验,也不求助于经验科学,而是求助于高层次的伦理原则。例如,一般医院的医生在处理这类姑息疗法时,尽量少用止痛剂,是根据道义论的人类生命尊严原则、根据功利主义的最大功利原则和宗教的行善原则来行事的。这些不同学派的伦理观有一个共同点,就是"不伤害原理"。大量使用麻醉剂和止痛剂构成对病人生命的伤害,因而是不可取的。因此,我们要区分两类价值判断。第一类叫做低层次的手段价值判断,它一般是在所意愿达到的目的是既定的、不发生分歧、不发生疑问的情况下出现的价值判断。它追问的是:为了达到既定的目标,哪一种手段更好。例如我们应该采用什么样的方法来制造世界上第一颗原子弹才是最好的? 我们应该采取什么样的工程方案将人送上月球? 这些都是属于低层次手段价值判断范畴,对于它所要达到的目的是不发生疑问、不受质疑的。一般硬系统工程、经济效益最优决策论等学科就采用经验检验的方法,即经验科学的方法，来解决这些价值判断问题。第二类价值判断叫做高层次的目的价值判断，它要追问我们所追求的价值目标和伦理目标是不是值得我们想望。例如我们是不是应该使用原子弹对日作战？由此而滥杀几十万无辜的平民百姓是道德上可接受的吗？我们耗费 100 亿美元将人送上月球是有价值的吗？这类问题是不接受科学方法的检验的，它得到理性辩护的理由主要不是来自经验和经验科学的方法，而是来自高层次伦理原则。英国系统科学家切克兰德创造的软系统方法论，就是为了解决包含价值冲突的高层次目的价值判断的评价问题。

所以，一个价值判断或价值命题的适当性就在于，它在实践上是可行的而又与行为目标相一致，它在实践的可行性和目标期望性之间保持一定的张力和反思平衡（reflective equilibrium）。这个反思平衡是通过不断学习循环和相互调整而达到的。在达到了反思平衡后，我们的价值判断之间便有一个稳定的层次结构。这里我们又有必要重提本书的三幅图：图 1.1 道德推理的结构图；图 11.3 社会微观系统的三环调控；图 13.4 一阶价值系统和二阶评价系统，从这里可以得出多阶的价值控制系统。这三个图是同构的，它们说明人类道德行为或其他目的性行为不是单纯由环境刺激引起的，也不是单纯由行为的效果决定的。一个伦理价值判断是恰当的，当且仅当它是可行的，并且能够从高层次的价值目标和道德原则以及相关的真命题加以推出。

这样看来，参照库恩归纳的科学理论或科学命题的真假值评价标准，我们也可以提出价值体系或价值命题恰当性的评价标准。我认为这些标准可以归纳为下列四点：

1. 可行性标准。一个或一组价值命题是"好的"，其判定标准首先是看它的可行性。对于手段价值来说，就看这些价值判断所指导的行为对于它们所要达到的目标来说是否是可行的，以及目标所提出的功能要求是否得到满足。而对于目的价值来说，这种可行性指的是这种目标的实现的条件和手段是否具备，或通过人们的主观努力是否能将它创造出来。由于我们的评价是在一个行为系统的运作中进行的，所以它的可行性必须是相对于目的—手段系统来说的，必须约定是对于哪一目标系统来说对它进行评价。

2. 与社会基本的善和基本伦理原则相一致性标准。可行的并不一定是应该做的，现代科学技术和社会的发展已经使原来认为不能做的事情成

道德哲学与经济系统分析

为可能的和可行的,但并不一定是"应该做的"。所以一组价值判断是"好的"或"恰当的",必须考察它与高层目标的一致性,例如克隆人类、基因改良以控制人性、永生术(保存死亡者的大脑期待未来的科技使它复活)、扩散核武器以谋取国家利益等,即使是可能和可行的,也是不应该做的,因为它违背最大多数人的最大利益,无利于提高社会成员总体的全面的自由能力,有损人类生命的尊严等。

3. 符合人们的道德直觉和道德感标准。人类是社会动物,并有利他基因,他们是有某种良心与道德本能的。这是道德直觉的第一层意思,它对于所有社会形态都是适用的。道德直觉的第二层意思是指一个社会受过道德教育的人们共同拥有的道德信念。如果人们的行为及对其进行指导的价值原则是违反道德直觉的,一般都被认为是"错误的"或不适当的。

4. 尊重社会文化传统标准。一个社会长期形成的社会文化传统,对于该社会的运作一般具有良性的作用,对于这种文化传统应该给予尊重,不能轻易地加以否定。它可以成为判别一个行为的适当性的标准之一。对于这个文化传统标准,切克兰德在软系统方法论中称之为文化上、社会上和政治上的可行性(culturally, socially and politically feasible),而称我们所说的第1个标准为干预上的可行性(feasibility of intervention)。[①]

有一个很好的例子来说明文化上的可行性和干预上的可行性的区别。有一些少数民族,在久旱无雨时,会跳起一种求雨的舞蹈。其作为手段,从科学的观点来看,是不可能达到目的的。有些科学家可能建议这些少数民族放弃这种舞蹈。但是,这种舞蹈在文化上是有意义的。在久旱无雨、生活苦不堪言、人心涣散时,跳起这种舞蹈有团结整个部落、激励大家在困难中共同奋斗的作用。

类似于我们关于价值命题或价值体系的评价标准,切克兰德提出了"五个 E"的标准:E_1:efficacy——指的是作为一种手段能达到目标的效力,即是否能够运作。相当于我们的第一个标准——干预上的可行性和第 4 个标准——文化上的可行性。E_2:efficiency——指的是效率,即能否用最小的资源来达到目的。相当于我们在前面所说的"考虑达到目标的代价"。E_3:

---

① Peter Checkland, Jim Scholes. *Soft Systems Methodology in Action*. John Wiley & Sons, 1990, p.29.

effectiveness——指的是效果,"是否能满足高层次的和长期的目标"。① 它相当于我们前面讨论到的"与高层次目标的一致性"。E_4:ethicality——即这种价值命题所要求的行动在道德上是否正确。它相当于我们在第二个标准中所说到的"与社会伦理基本原则相一致"。E_5:elegance——指从美学的观点来看待这种价值命题所要求的行动与效果。

以上四条标准有时在处理具体问题时是相互冲突的。在发生价值冲突时,价值哲学的解决方法一般有两个。第一个方法是给这些标准以一个优先次序的排列。例如与社会基本伦理原则相一致占有首要的地位。另一种方法是为不同原则赋予不同的权重,综合平衡进行协调与安置(accommodation)。

价值命题与价值体系和科学命题与科学体系在评价标准上最根本的区别就在于,科学命题,包括最基本的科学命题,都需要接受经验的检验或科学的检验(Scientific test),而基本的伦理命题不需要和不接受实践的检验和科学的检验。例如爱因斯坦的广义相对论,尽管它是关于万有引力和相对运动的最抽象和最基本的原理,但它必须接受科学的检验,例如接受星光在太阳附近弯曲的检验,水星近日点上的运动以及光线引力红移的实验检验,才能得以确认。但基本的伦理原则却不可能也不需要进行这种经验的检验和证实。有关这个问题我们已经在前面论述了,只有那些手段价值能得到经验和科学的检验;至于目的价值,如果要运用可检验的手段价值对它进行调整,必须依赖于一个更高层次的目的价值作为支撑。这就导致作为出发点的基本的目的价值、基本的伦理价值不受经验证据的检验。有关这个问题,连美国实用主义哲学家詹姆士也是不得不加以承认的。詹姆士说:"道德问题直接表现为这样的问题:它的解决不可能依赖于感性的证据,道德问题不是关于感性存在的问题,而是关于什么是善,或者如果它确实存在的话什么会是善的问题。科学能够告诉我们什么东西存在,但要比较各种价值——不论是关于存在的东西还是不存在的东西,我们不可能请教科学,而必须请教帕斯卡尔所谓的'我们的内心'。当科学认为关于事实的无穷的确定和对于错误信仰的纠正是人类至高的善时,它自己就求救于自己的内

① Peter Checkland, Jim Scholes. *Soft Systems Methodology in Action.* John Wiley & Sons, 1990, p.39.

心。如果有人诘难这一陈述,科学只能神谕般地重复它:这种确定和纠正给人们带来所有他们在内心依次断言的其他善(goods)。"①但是,这个"我们的内心"的标准又是什么呢? 它是社会地形成的,所以它就必须追溯到一组基本的伦理价值。

现在让我们举一个生物伦理的例子,来说明以上四项准则是评价价值命题优劣好坏的准则。当代科学的发展对伦理发生的最大挑战莫过于基因科学与遗传工程,其中克隆技术涉及优秀人类基因的复制,基因改造涉及优秀人类品质的创造。现代人类阅读自然之书,进到阅读最后和最厚的几卷了。我们不但可以解读这些(基因)文字,而且还可以将它修改和创新。于是产生一个伦理命题:"我们是否应该克隆人类和改进人类基因?"对于这个伦理命题,如果做出否定的回答,我们一般是从哪些方面来进行辩护的呢? 第一,这个命题没有可行性,而且风险太大。因为虽然科学已经发现人类的八百多种基因遗传疾病,但在实验上消除这些疾病的基因切除手段基本上没有取得预期的后果,而且还有许多负面作用。至于克隆人类,其风险更大。1997 年英国苏格兰罗斯林研究所成功克隆出来的多利羊,经过一千多次失败才取得一例成功。其中大量出现死胎、怪胎、残疾者、生理缺陷者,且多利羊本身是未老先衰的。而该所 2000 年克隆的一只克隆羊有严重残疾,研究者无法治好其病,最后只好将它杀死。如果当事者不是一只羊,而是一个克隆儿童,那该怎样办?② 这是技术上的不可行性问题,还有经济上的不可行性,即成本效益太差。这是技术经济层面的辩护,是经验地可证实的,这就是说其在技术价值上和经济价值上都是不可取的。第二,克隆人和基因改造违反了与社会基本伦理规范相一致的原则。假设人类已经穷尽了对自己全部基因结构的理解,并且完全掌握相应的基因克隆、基因重组和修正的技术,我们能够只挑选世界上最有才华的人的基因来克隆人并改进人性,我们自认将生活在一个充满了"善"、充满了"美"的人类世界里。于是立刻发生一个问题:谁有干预他人遗传基因的权利? 我们有什么权利将我

① 詹姆士:《信仰的意志》。见约翰·杜威等《实用主义》,杨玉成等编译,世界知识出版社 2007 年版,第 161 页。

② 《时代》周刊记者采访克隆羊创始人维尔穆特(I. Wilmut)。《时代》周报 2001 年第 11 期,第 43 页。见甘绍平著《应用伦理学前沿问题研究》,江西人民出版社 2002 年版,第 44 页。

们这代人的价值标准、审美观念和善恶观念不是通过说服教育的方法,而是通过基因方法,永久地强加给下一代呢? 假设这种技术进步早在满清时代就掌握了,那岂不是我们现代的女性个个都要长着小脚了吗? 尽管这不是通过残酷的裹足实现,而是通过高科技的"小脚基因"很"自然"地实现的,但仍无异于侵犯后代人权,违反任何人享有自决权这个基本伦理原则。第三,尊重道德直觉与社会伦理、社会宗教的传统的标准虽然并不一定是很重要的,但却是值得重视的。假定你很怀念你已故的母亲,在她逝世前取下她的一个细胞,重新克隆了她,并养育她长大,那她到底是你的母亲、你的姨母还是你的妹妹或是女儿呢? 这种伦理混乱在传统的家庭伦理中可能是不被接受的。

因此,价值命题和价值体系的评价标准或它的合理性标准与科学命题和科学理论的评价标准是很不相同的,经验和经验科学的评价标准对于价值体系只起到局部辩护的作用,即只对该价值体系在经验上的可行性进行检验与辩护。至于通过经验可行性辩护的价值命题是否应该执行,它在伦理上是否合理,则科学检验和科学方法对此无能为力,对此我们必须做人文的研究。将科学方法与伦理方法,将科学主义与人本主义混为一谈是不科学的,也是非人本的。

▶▶ 13.6 基本伦理原则的起源与辩护

伦理评价的基本问题是:基本伦理原则从何而来? 它是如何得到理性辩护和理性选择的? 下面我们介绍对此基本问题的几种不同的解答。

▷▷ 13.6.1 康德与罗尔斯

康德认为,伦理道德的基本原则不是基于自然世界的经验而由经验来加以辩护的。它与功利主义者所说的快乐、痛苦、利益这些经验或体现毫无关系,而是基于人们的先验理性获得的。最基本的先验理性原则就是:"你必须遵循那种你能同时也立志要它成为普遍规律的准则去行动。"这是一个理性的绝对命令。由此推出其他的道德原则:"不要说谎"、"不要偷盗"、"要信守诺言",等等,以此来为后者做辩护。"说谎"、"偷盗"、"不讲信用"

是不能成为普遍规则的,因为它们必然导致"意愿矛盾":例如,如果你意愿对别人"说谎",但你却不意愿别人对你也"说谎",就出现了意愿矛盾。这样,道德基本规则的知识便取得了像几何原理那样的地位。它们是"分析真",即它的真理性仅从对自明的先验的基本前提的概念分析中便可得出。它是属于演绎逻辑的合理性。测量三角形一万次,都测得其三内角之和等于180度,也不能证明这个普遍真理;只有从几何原理中,例如从欧氏几何的平行公理中推出三角形三内角之和等于180度,你才证明了这个定理是真的,辩护了它的真理性。

　　伦理道德的基本原则真的具有逻辑或数学的分析真的地位,并可以通过个人对自己的先验理性的反思而获得吗？只要仔细研究康德的绝对命令,就会发现它并不是完全与经验无关。为什么"说谎"、"偷盗"、"不信守诺言"会导致"意愿矛盾"而不能成为普遍规则呢？你为什么不愿意别人也对你"说谎"或"偷盗"你的东西、对你也不信守诺言,从而导致"意愿矛盾"呢？这不是因为你的个人利益受到了侵犯吗？如果你意愿你的个人利益受侵犯,违反这个规则就不会导致意愿矛盾。有关这一点,我们在第6章第2节中已经讨论过了。另一方面,社会上并非所有的人都会做出康德式的反躬自问的反思,即使通过这样的反思也无法检验他们应该或者愿意采用绝对命令式的普遍道德规范。所以康德的绝对命令,包括不能将别人只看作手段而不看作目的本身的绝对命令,应表达为自由、平等、自主的个人之间通过民主商谈、交往对话达成共识,约定共同遵守的基本道德原则。这里所谓自主的,在康德那里指的是自己给自己立法,不是他人给自己立法;这里所说的"共识",就体现在上面所说的自己立的"法"应以是否"普遍"即别人也愿意这样作为准则。所以我们就不能将伦理道德规则的"合理性"辩护置于数学的"分析真"的地位,即通过纯粹概念分析而获得的逻辑真理的地位,并做出先验论的辩护。也不能像康德那样将道德基本原则看作是经自我反思而达到绝对命令的独角戏的结果。所以,社会伦理道德的基本原则的确立与辩护,必定有一个社会交往和达成共识的合理化过程。

　　对于道德判断或伦理价值判断的另一种辩护是认为伦理价值基本原则的"合理性"是基于它所依随的经验事实,即基于它有道德直觉的证据。人类是群居动物,是有道德感和道德经验的,并且这些道德感情与社会的心理的经验事实或观察事实是缠结在一起的。见人行善,如救济饥民,行善者有道德满足感,观察者有道德同情感和道德赞许感;见人作恶,如遗弃婴儿、虐待儿童、殴打父母之类,作恶者在一定的时候有受良心责备感,而观察者有道德厌恶感或道德责备感。路见不平,拔刀相助,其人有道德正义感。目睹南京大屠杀的惨状,正常的人都有道德谴责感。这些都是道德正义和道德过错的直觉的经验的证据。但仅仅是这些道德感情的心理的和社会的经验事实和道德直觉,是否就可以为道德原则——例如为自由、平等、博爱之类的道德原则——提供一种证实标准,或一种较为完整的经验辩护呢? 这种与康德处于另一极端的基础主义不能成立! 这里有两个问题。第一个问题是:单称的特殊的道德感、道德直觉或道德经验等,不能证实普遍的道德原则命题。第二个问题是:这些道德感、道德直觉或道德经验,虽然对低层次的道德原则有较强的支持力,但它们是决定道德基本原则的东西,还是相反,它们是由行动者或行为观察者的道德原则所决定的呢? 情况似乎是后者。关于这个问题,我们在上一节中已经讨论过了。所以,道德直觉对于基本伦理原则的建立至多也只能起到局部辩护的作用,而不能起到决定性的合理性辩护的作用。

沿着这个思路来考虑道德命题、特别是基本道德命题的合理性问题,罗尔斯提出了关于道德命题的合理性的"反思平衡"辩护。与康德不同,罗尔斯并不假定某些道德命题是先验地正确的或适当的;与直觉主义者也不同,他并不假定某些日常的道德信念或道德感是确定的,可以作为"基础"的东西来决定其他道德原则。他首先设计了一个社会的"原初状态",以及个人的"无知之幕",然后考察自由、平等、自主的个人大多数对他们要生活于其中的社会的规范会做出什么样的理性选择,将他们可能选择的正义原则与日常的道德信息与道德直觉和道德正义感进行比较,相互调整。如果选出的正义原则违背人们日常最坚定的道德信念,就通过修改理性选择的条件来修改人们选择的道德原则;如果我们选择的道德原则体现了普遍的公平条件,而它们与日常的道德信念与道德感不相一致,就修改日常的道德信念,并改变人们的道德感。这样,道德真理便建立在经由道德经验修正过的特定条件下的理性选择的基础上,它由经验与理性协调地进行辩护。而理性选择本身就是一种约定的共识的社会契约的选择。这种社会契约在约定前并不存在,所以道德合理性或道德真并不是自然科学那样的经验真或综合真,也不是数学和逻辑那样的分析真,而是契约约定真。这个道德真理被社会地建构起来以解决人们共同生活在一起的问题,例如社会福利问题、公平分配问题、持续发展问题和内部和谐与合作问题等。它在约定后作为一种社会力量存在于人们的行动中,作为一种社会关系存在于社会结构中,所以有它的实在性。但是,罗尔斯的"反思平衡"所体现的人与人之间的约定共识与实际的人类交往相去甚远。人类理性地商谈订立社会契约,应以充分理解自己和别人为前提。所以无知之幕,对自己的出身、成分、知识能力、甚至自己的价值观念也完全无知,不是订立社会契约时的合理性商谈的前提,相反却是理性商谈的阻碍。因此,为要解决基本伦理原则的起源与辩护问题,对社会交谈的合理性条件进行分析是十分必要的。

▷▷ **13.6.2 哈贝马斯的社会交往合理性分析及其商谈伦理**

这样一种达成社会共同伦理准则的程序伦理观点的理论基础,是在德国哲学家哈贝马斯(Juergen Habermas, 1929—)的交往合理性(communicative rationality)理论中提出来的。哈贝马斯认为,交往理性首先体现在交往对话的个人有充分的自主性,肯定个人有按照自己的"好的生活"的理念来安排自己生活方式的自由,并承认个体之间利益的冲突和价值的冲突,在这基础上强调解决价值冲突的唯一途径是通过充分的理性的交谈对话达成共识。哈贝马斯说:"这种交往合理性概念的内涵最终可以还原为论证性话语在不受强制的前提下达成共识这样一种核心经验。其中,不同的参与者克服掉了他们最初的那些纯粹主观的信念,同时,为了共同的合理信念而确立了主观世界的统一性和生活世界的主体间性。"①所以,人类的理性是成功的交谈的必然结果。真理与合理性就潜在地存在于那些"具有可理解性、真实性、真诚性和正当性"的交谈中,通过分析人们之间交谈的语言行为,就可能发现其中的普遍的道德义务。所以交往合理性应该是一种独立于科学合理性的人类行为合理性,它决定道德的合理性和道德的真理性。社会交谈怎么会具有这样的重要性质呢?社会交谈怎么会达到大家都共同遵守的准则?哈贝马斯首先为自主个人之间的交谈确定一个理性条件或理智规则(rules of reason)。例如:(1)所有的相关论题都允许进行讨论。(2)

---

① 哈贝马斯:《交往行动理论》,第1卷,洪佩郁等译,重庆出版社1994年版,第25页。本书作者对译文进行了核正。

在交谈中没有任何一种意见会被禁止发表。(3)在交谈中没有任何一种意见被强迫接受,在交谈中不允许任何内在的和外在的压力。(4)所有相关的人都有权参加讨论并自由发表意见,宣布自己的主张和表达自己的态度、愿望和需要。有了这些理性条件,就必然会预设一个道德的深层结构,即"只有那些表达普遍意志的规范才被接受为有效"①。哈贝马斯将这个深层的规范共识表达为两个原理:

普遍性原理(U原理):一切有效规范必须满足这样的条件,即所有相关者能接受那些预期能满足所有人的利益平衡的结果。

商谈伦理原理(D原理):只有那些经过相关者进行实际商谈达到一致同意的规范才是有效的,因而是正义的。

哈贝马斯是这样表达这两个原理的:"真正的公正只属于那种能够明确地推广规范的观点,这些规范由于体现着所有相关的人的共同利益,因而有望获得普遍的同意。这些规范应该受到主体间的认同。所以,表达公正判断的一个原则就是,在利益的平衡中约束所有受其影响的人采纳其他人的观点……由此,每个有效性规范必须满足以下条件:

(U)所有受影响的人都能够接受规范的后果及其副作用,而为了满足每个个体的利益,对一个有争论的规范的普遍遵循能够预期这些后果(而且,这些后果比另外的已知的可选择方案就其可控制性而言更可取)。"②

"(D)在一个实践活动中,规范只有得到(或能够得到)所有受影响的参与者在他们能力范围内的认可,才能宣称是有效的。"③

这两个原理所导致的结果,都是经过自由平等的商谈而达到的,是在商谈的过程中学习到的。他改变了康德经自我反思而达到绝对命令的独角戏,又揭开了罗尔斯的"无知之幕",承认交谈者之间的利益与观点的多元

---

① Habermas, Jurgen. Discourse ethics: Notes on a Program of Philosophical Justification. in his book *Moral Consciousness and Communicative Action*. Cambridge, MA: The MIT Press, 1995, p. 63.

② Habermas, Jurgen, Moral Consciousness and Communicative Action. Cambridge, MA: The MIT Press, 1995, p. 65.

③ Ibid. , p. 73.

性。哈贝马斯比康德和罗尔斯全面得多也实际得多,因为道德原则本来就是人们之间相互作用的结果,是人们之间的交谈行为的结果,是社会的产物,而不是个人的反思。

▷▷ **13. 6. 3 社会交往合理性的意义**

社会交往合理性对于认识科学技术、价值伦理与社会和谐的关系有重大的意义。这可以从解构与建构两个方面来分析这个问题。

1. 从对科学主义的解构的观点看:科学方法,包括我们在第 12 章讨论的各个层级的科学合理性方法,不能从根本上解决社会伦理问题,社会伦理价值只能从科学技术及其方法中得到局部的辩护。认识到这一点是科学哲学的巨大进步,它从批判意识这方面来说,对于科学主义、科学技术霸权主义、科学技术在现代社会中过度膨胀从而湮没社会文化(除科学技术方面之外)的其他积极方面是一副解毒剂。因为如果社会只有一种理性,即逻辑合理性和科学合理性,人们就会将一种价值,即作为工具价值的科学技术价值以及由此运用于社会的成本效益价值、最大效用决策价值,凌驾于一切其他价值之上。这种价值就是通过有效的科学方法主宰、控制、支配和征服自然。但在社会存在着阶级之间、集团之间以及国家之间的利益冲突的背景下,科学方法不但造成科学技术统治和压迫自然界,而且通过统治压迫自然界最后实现少数专家与精英的"权力意志",达到其统治和压迫人的目的。① 这就像人文主义技术哲学的创始人之一路易斯·芒福德所说的"巨机器"(mega machine)一样。他说:"巨机器的标准实例是庞大的军队或者像建造金字塔和中国万里长城的那些组织起来的劳动集体,巨机器经常会带来惊人的物质利益,但却付出了沉重代价:限定人的活动和愿望使人失去人性。"②

哈贝马斯在讨论这个问题时指出:"科学通过科学进步带来的专业知识和不断扩充的技术控制形式融入我们社会存在的日常生活中,由于科学理性和工具理性的作用,即所谓认知—工具合理性(cognitive-instrumental

---

① 威廉·莱斯:《自然的控制》,岳长龄、李建华译,重庆出版社 1993 年版。
② 卡尔·米切姆:《技术哲学概论》,殷登祥、曹南燕等译,天津科学技术出版社 1999 年版,第 21 页。

rationality），它已经不再关注人类行动十分基本的问题，如我们应该如何生活的问题。"当然，现在有人运用科学从控制自然发展到控制社会，但"简单地允许技术合理性标准变成我们最重要的标准并不能为人类生存的各个方面提供充分的解决办法"。结果是从官僚统治变成技术专家治国。"它表明了这样一种信念，即技术合理性形式适合于处理任何技术和实践问题，尽管存在这样一个事实，即有大量的问题（这些问题与价值、社会需要和解放相关）不可能通过这个模式得到解决——这些问题恰好是不能用成本—效益或系统—理论的计算来衡量的。""结果就是一个高度组织化的、强化的合理性与未经反思的目标、僵化的价值系统和过时的意识形态之间的极端的失衡"而"没有为有意志有意识的反思运作留下空间"。①

2. 再从建构的方面来分析，经验科学方法只能为伦理价值做出局部辩护这个论点说明，人类的知识领域除了数学与科学知识之外，还存在着人文知识和伦理知识，它们是一种与科学知识性质不相同的知识。在人类理性方面，除了工具理性之外，还有价值理性，它为工具理性规定目的。除了科学技术理性之外，还有社会交往理性，即自由、平等、以人民之间通过民主的商谈对话达到理性一致的模式，在这种社会理性体制下，公民广泛地享有责任和权力，所有个人都被鼓励发展他们的批判能力，以促进有效的商谈与讨论，通过自然组织的"应答过程"②形成共同遵守的基本伦理原则，基本的伦理知识，建构伦理真理。科学知识与人本知识是有区别的，经济科学与伦理学、政治学、管理学是有区别的，硬系统思想与软系统方法是有区别的。

3. 因此，道德命题、价值命题的真值不是逻辑和数学意义上的分析的真，也不是科学意义上的综合真或事实真（现在一般将事实真不理解为经验地可证实的，而是理解为它是经验的最好解释的推理），而是第三种真理，即社会共同体的契约约定真。不过约定是进化的，并且这个约定还包括对何谓"成功"，何谓"有实用价值"的约定。分析真、事实真和约定真鼎足而立，支撑着人类整个知识与信念大厦。于是我们可以得出下面的图表：

---

① J. Habemas. Technical Progress and the Social Life World. In *Toward a Rational Society*. pp. 55–65. 转引自莱斯利·A. 豪著《哈贝马斯》，陈志刚译，中华书局 2002 年版，第17—19 页。

② 张华夏：《两种系统思想，两种管理理念》，载《哲学研究》，2007 年第 11 期。

表 13.1　分析真、综合真和契约约定真

	数学	科学	伦理学
公理系统的特征	自明性、完备性、相容性、任意性	自明性、完备性、相容性、已确认	自明性、完备性、协调性、约定性
理论的结构层次	公理、定理、命题	理论规律、经验规律、经验事实	高层次伦理原则、低层次伦理原则、单称伦理命题
判断的性质	分析判断、重言式	事实判断	价值判断与事实判断
推理的性质	演绎	演绎与归纳	归纳、演绎与实践推理
推理的作用	证明	解释与预言	评价与决策
真理的性质	分析真	事实真	约定"真"，契约"真"
合理性类型	演绎逻辑合理性	科学合理性、认知价值合理性	价值合理性和社会交往合理性

第 14 章
广义价值论和生态价值论

近二十年来,由于国外环境伦理学和生态伦理学的兴起,提出了一系列新奇、颇有争议的价值观念和价值理论,也引起了我国传统伦理学家们的反对。近年被介绍到国内来的生态伦理学家、美国的莱奥波尔德和霍尔姆斯·罗尔斯顿等人提出了一系列新颖的观点,诸如大地伦理,自然价值与经济价值、内在价值与工具价值的划分,动物权利和后代人权利观念,对事实判断与价值判断二分法这个被人们称之为经验主义的"第三个教条"的质疑,以及非人类中心主义特别是生态中心主义伦理理论等。我国一些正统或传统的伦理学家不接受这些观点,认为这些观点作为价值观和伦理观,其存在的合法性应受到质疑,它们"完全抛开人类的尺度",企图从生态规律之"是"中直接推导出生态伦理的"应当",混淆了事实与价值,从而一再陷入逻辑和理论的困境。他们认为,价值总是相对于评价者而言的,除了我们人类之外,无法想象世界上会有其他评价者,所以价值只是人类这种动物才有的。但是,生态伦理正是要挑战这些传统前提:价值仅仅是人才有的,对其他生命形式和生态系统的关怀仅仅是为了人的生存与发展;除人之外,生命系统和生态系统都仅仅是一个"是"的事实问题。本章的目的,是想在介绍某些系统科学哲学家和生态伦理学家的价值论之本体论前提的基础上,运用我们第 13 章介绍和探讨的进化控制论价值模型,提出和阐明一种广义价值论的概念架构,企求以此协调现代生态伦理与传统人文伦理之间的意见冲突和价值冲突。

▶▶ 14.1 有机哲学与广义价值

近年来,无论是国外或是国内的系统哲学家和生态伦理学家都在企图扩展"价值"的概念,使它不仅能运用于社会系统领域,运用于作为价值主体的人与作为价值对象的客体之间的相互关系领域,而且能适用于一切控制系统,特别是复杂系统,即多层级控制、自组织、自我维持的适应环境的系统,或至少适用于一切生物系统和生态系统。这种广义的、转义的价值观念,朱葆伟教授曾称之为"类价值"(quasi-value,即准价值)或"前价值"(pre-value)①,而罗尔斯顿称之为"前主观价值"(pre-subjective value)或"自然价值"(natural value)②,波普尔称之为"客观价值"(objective value)③,怀特海则称之为"价值评价"(valuation)④。我个人认为,用广义价值(general value)一词更为合适一些,因为它在某种程度上涵盖了类价值、前价值、自然价值、客观价值的含义,并在这基础上也涵盖了狭义价值(special value)即传统意义上的价值范畴。我们一般所说的"价值",是相对于广义的自然价值来说的,属于狭义的人文价值(human value)的范畴。价值哲学主要讨论的就是这种人文价值。不过,我们现在应该而且可能在广义价值论的基础上来讨论我们通常所说的价值。

怀特海(A. N. Whitehead, 1861—1947)是广义价值论的创始人,所以讨论广义价值应从怀特海的有机哲学说起。怀特海的有机哲学主要反映在他的两本哲学著作中,这就是《科学与近代世界》(1925)和《过程与实在》(1929)。有机哲学或机体哲学是在 20 世纪初由于量子力学和相对论的出现而导致机械唯物论崩溃的基础上形成的本体论哲学,是当今系统科学哲学的前身。它反对将物质客体看作是不变质量、不变质料在定域的空间中运动的机械实体,而主张万物都是相互作用、相互摄受着的事件或过程,

---

① 朱葆伟:《机体与价值》,载吴国盛主编《自然哲学》第 1 辑,第 154 页。
② H. Rolston. "Are Values in Nature Subjective or Objective?" In *Environmental Philosophy*, R. Elliot and Arran Gare ed. Open University Press, 1983, pp. 142 – 144.
③ 波普尔:《波普尔思想自述》,赵月慧译,上海译文出版社 1988 年版,第 247 页。
④ A. N. Whitehead. *Process and Reality*. Cambridge Press, 1929, p. 36、p. 340.

"每一件事物在全部时间内存在于所有的地方","每一个时空基点（spatiotemporal standpoint）都反映了整个世界","事件与一切存在都有关，尤其与其他事件有关"。① 这样，事件便是一切事物的终极要素。一切事物，无论是电子、生物、人类社会，都不过是某种相互联系、相互作用着的统一起来的事件或事件的一种有机组织，这就是机体。于是"电子也是最小的机体"，"原子自身也转化成一个机体"。② 怀特海将一切事物均看作是如同今天系统科学所说的复杂适应系统那样的东西，他叫做机体（organism）。于是，他认为一切科学都变成了对"事件"与"机体"的研究，"现代理论的基本精神就是说明较简单的前期机体状态向复杂机体的进化过程。因此，这一理论便迫切地要求一种机体观念作为自然的基础。同时，它也要求有一种潜在的活动（一种重要的活动）表现自身于个体的体现状态之中，并在机体达成态中进化。机体是产生价值的单元，一种永恒客体的各种特征的现实的结合，从而呈现为一种自为的存在（emerging for its own sake）"③。"实际事件是自为的达成态。或者说，实际事件各种不同的实体由于在该模式中的真正的结合，而被摄入一个价值之中，并且排斥其他实体的过程……但价值的重要性各有不同，因而每一个事件对于事件共同体说来虽然都是必需的，但它所贡献的分量则由其本身内在的东西所决定。"④ 这样，"演化问题是价值持续形态的持续谐和转入超出其本身的较高达成态的发展过程"⑤。

怀特海不将世界的终极实在看作是机械的粒子，而将世界的单元看作是系统有机体。那么很显然，世界是一个机体的形成过程，是从简单的机体向复杂的机体的演化过程，他怎么又将这个机体形成过程看作是价值的形成过程、价值的发生过程，看作是由实现初级的价值目标的达成态进展到价值的高级达成态呢？

关于这个问题，怀特海在《科学与近代世界》一书中已经说得很清楚。

---

① Alfred North Whitehead, *Science and the Modern Would*,上海外语教育出版社,2005 年版,p. 127。

② Ibid. , p. 142。

③ Ibid. , p. 131。

④ 怀特海:《科学与近代世界》,何钦译,商务印书馆 1959 年版,第 99—104、92 页。

⑤ 同上。

他在对现实世界做形而上学思索时,一不将现实世界看作是机械实体、质料与质量那样的东西,二不将世界看作是独立存在的抽象的"永恒实体"。所以他总是强调所谓永恒实体(概念模式、样态、几何形状等)必须在个体事物中具体地结合起来。他的基本本体论思想是将现实世界的一切看作是由事件经相互作用、相互摄受而有机地组成的"机体",那么如何考察这种自然的机体呢? 他需要持两种观点,第一种观点是将它们看作是进化的,不断有新事物的产生,而不是不变实体的外部结合与分离;第二种观点是将它们看作是有目的性的,即自在、自为的,是因有自己的持续性、稳定性和相互关系中的选择性而存在的。这样他就认为,要表达"机体",价值这个东西是不可少的。"只要我们想一想对我们实际经验的诗意表达,就会马上明白,价值、成为价值、具有价值、成为目的自身(being an end in itself)、变成自为的事物(being something which is for its own sake)等,在将事件作为最具体现实的事物来说明时一定不可省略。价值是我用来说明事件的内在实在(intrinsic reality)的一个词。"①

怀特海在《过程与实在》一书中又进一步回答了这些问题。他认为,万物(即一切机体)形成和发展的机制是事件之间的相互作用、相互渗透的过程。这个相互作用不是粒子机械碰撞的机械作用,而是实际事物之间主动的、有选择的"摄受"(prehension)过程。这个"摄受",是一个抽象的哲学术语,它包含吸收(absorb)、传递(pass)、进入或摄入(ingress)、对象化(objectification)等意思。用现代科学术语来讲,所谓相互作用,实质上是系统之间的物质、信息、能量的相互交换(发出、发射与吸取和接受)的过程。因此,说相互作用就是摄受,从科学上也是说得通的。

那么,如何从哲学上分析"摄受"呢? 怀特海说,所有摄受都包含三个要素:(1)"摄受主体,即正在进行摄受的实际事物,它摄受的是具体的要素";(2)摄受资料(datum),即被摄受者,它不但包括其他实际事物,而且包括永恒对象(例如在事物生成过程中起决定作用的潜能、模式、数量关系、空间模式等)。动物的卵子与精子的相互作用(摄受)就不仅摄受了物质与能量,而且摄受了遗传物质的基因模式或发展潜能。这就是他所说的"永

---

① Alfred North Whitehead. *Science and the Modern Would*,上海外语教育出版社,2005 年版,p.130。

恒实体"。（3）"主体方式"（subjective form），它说明摄受主体"怎样摄受它的资料"，采取什么形式、什么格调（affective tone）、什么标准来摄受，也就是说按什么"价值"来摄受。所以，由于主体方式不同，怀特海将摄受分为肯定摄受和否定摄受两种。所谓肯定摄受，就是肯定地摄取各种元素而组成事物的真正结构。否定摄受就是拒斥摄受。一种最原始的生物鞭毛虫，它对环境不断进行试探性的相互作用，遇到食物时，就肯定地加以摄受，而遇到有害物质时，就加以拒斥与逃避。一个原子大概也不是对一切外部作用于它的粒子或能量子都作肯定摄受的，依其特殊的主体方式，它肯定摄受了某些能量子而发生能级跃迁，肯定摄受了某些高能粒子而发生核聚变或核裂变并进行重组。怀特海类比于有机体来看事物，他说："有许多种不同的主体方式，如情绪、评价、目标、逆反、厌恶、自觉性等"，但"主体方式不是必然地包含自觉性"①。而主体方式归根结底是由主体目标决定的。"评价的特征只是主体目标（subjective aim）的结果，决定了它们整合起来是什么，这个过程自身的特征是什么。"②这个主体目标，一般说来就是"自为事物"的"自我保持、持续、重现等"③。这样，实际事物便依价值而组织起来，成为复杂的有机体。

当我们尽可能从合理因素上来阅读怀特海的有机哲学著作时，就会发现，广义的价值概念来自系统（机体）的主体性。所谓主体性，就是事物系统是其自身运动变化和与其他事物相互作用的主体。系统主体有自己的目标，有自己的主体方式和价值标准，这决定了它在与其他事物的相互作用中，在物质、信息、能量的交换中，有自己的选择性。机体系统的价值是表述系统主体目标和达到目标的主体方式或主体选择性的范畴。这个主体、主体目标和主体价值选择的概念，与当代人工智能的行动主体的概念有相同之处。1995年世界上有200所大学使用为教材的《人工智能：现代观点》给行动主体（Agents）下了这样的定义："行动主体是能被看作通过感受器来感知它的环境并通过效应器来作用于这个环境的任何事物。"④"并且在这样

① A. N. Whitehead. *Process and Reality*. Cambridge Press, 1929, pp. 29 – 33、p. 341.
② Ibid.
③ 怀特海：《科学与近代世界》，何钦译，商务印书馆1959年版，第101—102页。
④ Russell, Stuart J. and Peter Norvig（1995）. *Artificial Intelligence：A Modern Approach*, Englewood Cliffs. NJ. Prentice Hall. p. 33.

做时实现了一组目标或任务。"①怀特海的广义价值论至少对于有机体以及一切具有目的性的系统是成立的。怀特海的广义价值论是不是拟人观呢？不是或不全是。它的那些范畴如机体、摄受、主体、主体方式、目的、适应、选择等，正如他说的，"不是必然包含自觉性"，但它对于生命系统是适用的。那么，它是不是泛生命观呢？是的。怀特海哲学有泛生论或客观唯心论的倾向，对于他的论点，我们应该批判地汲取。如果说达尔文进化论出现以前的哲学本体论和自然观，用力学的观点将自然看作一部大机器，连生命机体也是一部机器，那么，达尔文进化论出现之后的哲学本体论和自然观，则主要用生命科学的观点将自然界看作一个有机的整体，连无机世界的事物也被看作一种有机体。将某些从生命科学中发现的概念经提炼后适当推广到用于解释整个世界，亦有可取之处。马克思亦将社会看作是"社会有机体"②。当今世界的本体论和价值论思潮，的确是从机械论返回到了有机论或整体论，不可避免地要对近代休谟时代的价值论以及现代英美分析哲学的价值论作重新审理。这就不可避免地会出现一些从传统价值学说和传统伦理观念看来是奇谈怪论的东西。

▶▶ 14.2 系统论与系统价值

在 20 世纪，那种将事物的终极实在看作不变实体或微粒的外部运动的机械观，经过相对论、量子力学、基本粒子物理学、量子场论和系统科学的多次冲击，已衰落下去了，代之而起的是一种有关复杂整体的系统的世界观。从某种意义上说，唯物辩证法思想，也是当代整体主义和系统主义思潮的组成部分。怀特海的有机哲学不过是系统主义哲学的先驱。世界的基本单元或"终极的实在"不是不变实体，而是过程的系统，在这里，系统不是不变实体的聚合物，而是某种过程的实在事件的有机组织。系统哲学家们以 E. 拉兹洛和 P. 切克兰德为代表。他们曾经总结了系统的四大特征：(1)整体突现

---

① Maes, Patlie ed. *Designing Autonomous Agents*. Cambridge, MA: MIT Press, 1990, p. 21.

② 《马克思恩格斯文集》第 5 卷，人民出版社 2009 年版，第 21 页。

性。系统的元素之间的关系是如此密切,以致于不仅形成元素之间的型构与结构,而且改变了组元的性质与功能,它们按整体组织起来,突然出现了组元集合所不具有的整体性质,形成系统的个体性特征。例如生命有机体就出现了其组元大分子所不具有的新陈代谢、自我更新、自我复制的突现性质。(2)等级层次性。突现产生了组织层次,每一层次以其低一层次所不存在的突现性质为其特征。于是系统成了多层次的复杂体系。例如生物就是一个由生命大分子、细胞器、细胞、组织、器官等层次组成的复杂体系。(3)适应性自稳定。如果系统不是与环境无关,不是变成不变实体处于平衡态的封闭体系,它就应该是开放系统,在与环境进行不断的物质、能量、信息的交换中,通过自我调节(自动控制)、自我维持或自我修复才能保持自己在环境中的稳定性和亚稳定性。适应性自稳定是系统的这样一种性质:它的基本的变量和状态是一个具有上限和下限的域,如外部环境的干扰不超过这个域时,系统整体总是能组织自己的流,缓冲和抵消外部干扰,使它恢复其恒稳状态,或称为内稳态,以达到适应环境的目的。这里存在着信息流、负反馈和自动控制的机制。生命通过自动调节、自我保护的机能达到适应性自稳,这是众所周知的。(4)适应性自组织和适应性进化。当外部环境的干扰超过上述所说的稳定域时,系统能够通过分叉与突变,重新组织它的结构和过程的力,从旧的稳态进展到更能对抗外界干扰的新稳态。这样,系统便在环境的"自然选择"下向更加复杂、更加有序和有更多等级层次的形态演化。世界上没有什么不变的质料或实体,实体不过是动态过程的有机结构和关系网络的纽结,这就是系统科学哲学所论证的本体论的精髓所在。

上述一般系统尤其是复杂开放系统的特征表明,复杂系统具有自己的目的性。这里所说的"目的",虽然包含但并不是人类特有的"内在动机"、"有目的意识"、"有目的意向"的意思。所谓目的性,广义地说,就是系统的这样一种状态:物质系统的运动、活动与行为通过负反馈总是倾向于(tend to)、会聚于(converge to)达到它,而不论其初始条件、边界条件和外界条件如何。用系统科学的语言来表达,它包括了相互交叉的三种情况:第一是控制系统的目标函数,有关这一点,我们在第11、12章已经讨论过了;第二种情况是复杂系统动力系统的状态"吸引子"。所谓吸引子,是指这样一组状态的集合,系统受干扰离开这组状态后,总是很快走向这组状态集合;第三种情况是生命系统的适应性生存(survival),即保持它的基本的组织,所有的生物都按照这个基本目标受到自然选择,所有不能使自己的行为会聚于适应性生存的生命体的形式与变异都被淘汰了。所有这三种情况中,系统都有一个趋向的状态,系统通过负反馈来趋向这个状态。于是系统的这个被趋向的状态,就叫做系统的目标;达到这个目标的条件、事件与行为,被称为手段;系统趋向目标的行为叫做合目的性行为,或目标定向行为。很明显,这个广义的目标范畴不是用心理学语言而是用系统科学的语言表达的客观的范畴。对于人类的语言表达来说,可以用事实命题来表示。不仅人类具有目的性行为,其他生物以至非生物世界也有目的性行为。恒温器、电冰箱、导弹以及其他人工的或自然的自动控制系统,都是一个目标定向系统。以上所说的适应性自稳定状态就是复杂系统的目标。系统科学用了一连串的概念来表达这个目的性:贝塔朗菲一般系统论称之为"等终性";N.维纳称之为"由反馈来控制的目的";普利高津的耗散结构理论称之为"定态";哈肯的协同学称目的性为"吸引子"、"目的点"或"目的环",它通过序参量的控制而达到目的。系统是"有调节的、有目的的自组织起来的","系统自己非要拖到目的点或目的环上才能罢休,这就是系统的自组织"。①

感知控制论的创始人鲍威斯称这种目的性为"基准信号"。他说:"目的不过就是基准信号,基准信号决定着这样一个状态,其中一个输入即感觉信号会被带到这个状态,并在那里维持下来……被观察变量的某种所偏好的状态(preferred state),对于这个状态,行动总是在任何干扰之后都倾向于返回去。这个状态是控制系统目的的可观察的反映。"②既然自调节、自稳定、自组织系统有它的目的,这个目的(目标状态、目的环、目的点等)便是这些系统的内在价值之所在,而达到系统目的的手段(条件、事件与行为等)具有了工具价值的意义。这些价值都可以离开人而独立存在。从一种较宽的标准来看,我们可以称之为自然价值。系统哲学家拉兹洛甚至说,这个"目标或价值"是由工程师装置入系统中还是为系统自身所具有并不重

---

① 哈肯:《协同学及其最新应用领域》,载《系统论、控制论经典文献选编》,求是出版社1989年版,第219页;钱学森等:《论系统工程》,湖南科学技术出版社1982年版,第78页。

② William T. Powers (1995). The Origins of Purpose: the first metasystem transitions. In F. Heylighen, C. Joslyn & V. Turchin (eds): *The Quantum of Evolution*. Gordon and Breach Science Publishers, New York, pp. 125–138.

要,有意义的是价值在系统中的地位。其实,人的价值观念和偏爱在相当大的程度上也是由基因和文化从外部"赋予人的"。① 可见,系统哲学对于广义价值做出了比怀特海有机论更加精细和科学的论述。由于自然界复杂控制系统的目的性及与其相应的自然价值是两个新的概念,在伦理学界和价值哲学界尚未得到多数人的认同。因此,我们在这里需要费一点笔墨来分析清楚下面几个问题。

1. 说自然界的复杂控制系统有自己的目的性,这是否仅仅是一种"启发性比喻"? 这是一个颇为重大的问题。对于伺服装置(Sorvomechanism)和非人的动物来说,如果目的性概念,即说它们有目的性,仅仅是比喻,则在相关陈述中我们可以将它删去。例如,用目的性语言来表述声纳导向的鱼雷的行为,可表述为:"有一根据声波进行导航的音感鱼雷,利用目标发出的声波,由音感输回自己的行为是加大还是减弱了声波,而导航向加大声波的方向前进以击中目标。"这个陈述有个目标的概念和目的信号设置(自身固有,或称为内在的目的性)的概念,如果将它表现为"在 t_1 时有声波 C_1(t_1)以及其他原因 $D_1(t_1)$,就有鱼雷行为的结果 $E_1(t_1')$;而在 t_2 时,有声波 $C_2(t_2)$ 以及其他原因 $D_2(t_2)$,就有鱼雷行为的结果 $E_2(t_2')$。这里 t' 滞后于 t。如下类推:$\Sigma(C_i(t_i)\&D_i(t_i))$ 因果地导出了 $\Sigma E_i(t_i')$。这是一个线性因果的描述模型。第一,由于它没有说明由结果返回作为原因以改变过去的初始条件,所以在机制的说明上是不完备的;第二,由于没有目的和目标的描述,行为性质的描述是不完备的;第三,由于没有目的性的机制,这个表达式不能预言 E_{i+1} 或 E_{i+j} 的行为。所以,如果去掉了目的性行为(Purposeful behavior)的概念以及它的同义词,对行为的描述和解释就是不完备的。

生命世界中的目的性行为也是如此。我们来看对生物行为的目的论解释:目的论的解释模型是:A 在环境 E 中采取 B 的行为,是因为 B 能够达到目的 G(例如老虎 A 在具有野鹿的环境 E 中采取追捕的行为 B,是为了达到捕食野鹿的目的 G)。这里"因为……""为了……"在解释模型中指示了一个目的性规律或目的论规律:"任何一个 A 类动物在环境 E 中采取 B 行为如果能达到 G 的目的,则 A 采取行为 B;而如果在这种情况下 B 不能达到

---

① E. Laszlo. "A Systems Philosophy of Human Value", In *Systems Science and World Order*, E. Laszlo ed. Pergamon Pergamon Press, 1983, pp. 48 – 60.

G 的目的,则 A 不采取行动 B。"有了这个规律或规则,就能解释 A 为何采取 B 的行动,这是目的导向的。现在假定我们找到一个等价的条件 I,凡是满足"B 的行为能达到目的 G"就满足条件 I。于是,上述的目的论规律就可改写为作用因或动力因规律(The law of efficient causation):"任何一个 A 类动物在情况 I 下采取 B 行为,而在其他不是 I 的情况下不采取 B 行为。"有了这个因果律,我们也能解释 A 采取 B 的行为,即将 A 的行为 B 作为环境 I 的"刺激反应",但"目的"这个概念被代换了。我们用完全行为主义或后果主义的观点看世界,似乎在 I_1 的情况下看到 A 的行为 B_1,在 I_2 的情况下看到 A 的行为 B_2,……并且在 L_r 的情况下看到 A 有行为 B_r。但是由于我们用 I 替换了 B 的行为要达到目的 G 这个共同特征,这个本质性的东西,这个目的性驱动力,便陷入了休谟归纳问题的困境。因为缺少了这个目的性驱动力的那种如狼似虎的作用,我们有什么理由去预言 A 在 I_{r+1} 的情况下必然会有行为 B_{r+1} 呢?目的性解释有时比作用因果解释有更好的预言力和解释力,所以从认识论上说,目的论解释有它的独立意义,是不可以加以省略的,是不可以完全用作用因果解释来加以替代的。一种作为突现性质的目的性是不可以轻易地用低层次因果性将它还原"掉"的。

以上就是我们重构了一个伺服机器的例子和一个动物世界的例子说明。除了人的目的性之外,自然界也有目的性行为,这个观念是控制论创始人在 1943 年首次从科学的角度提出来的。哲学家里查德·泰勒(Richard Taylor,1919—2003)与控制论创始人 N. 维纳发生了一场激烈的争论。尽管现在早已被人遗忘,这个争论却是今天关于非人的生命系统和包括人在内的生态系统是否可以有自身目的价值问题的大争论的历史前奏曲。有关文章值得一读。泰勒在 1950 年《科学哲学》杂志上发表了批评维纳的论文。他认为"目的性"、"目的论"、"内在目的性"的概念可以用无目的性概念的陈述来代替,因而"目标跟踪导弹"事实上是一种"隐喻性的"(metaphorical)表达。[①] 他严厉批评了维纳控制论的目的论表述,矛盾直指维纳等三人在《科学哲学》杂志 1943 年第 1 期发表的《行为、目的和目的论》一文。维纳与 A. 罗森贝尔斯对泰勒 1950 年的论文做出了回应。他们

---

① R. Taylor:"Comments on a Mechanistic Conception of Purposefulness". In *Philosophy of Science*:Vol. 17. 1950. (No. 4) ,p. 316.

指出：没有目的论的概念，对于描述伺服机器的行为是"不完备的"。"目的性行为与非目的性行为的区别，不仅是有用的，而且是本质的。目的性的范畴在科学上确实是一个基本的范畴"。他又说："我们在描述某些机器的行为的时候，为什么要使用原本只用于人类的目的和目的论的术语？显然，并不是那些机器是否是人或高等动物，或者那些机器能够像或不像人或高等动物这样的问题致使我们做出这样的选择，可以说这个问题基本上与科学的目标不相干。我们相信，从科学的立场看，人以及其他动物的确像机器，因为我们相信用于研究人和动物行为的唯一卓有成效的方法同样也能用来研究机器客体的行为。因此我们的选择相关的术语的主要根据是要强调，作为科学研究的对象，人和机器是没有区别的。"①所以承认自然界各种系统的行为可以划分为目的性行为与非目的性行为，自然系统可以划分为有内在目的的系统和没有内在目的的系统，并不是一种纯粹的从而可以省略的比喻，更不是反科学的神秘主义或拟人观，而是科学本身发展得出来的结论。接受这个自然目的性概念，对许多哲学家来说简直是不可思议的，更何况要将它用价值的语言表达出来呢？所以必然产生下面一个问题。

2. 某些自然系统的目的性是不是表示它们有内在价值？说生命自然界的目的系统乃至无生命自然界的目的系统有自身的内在价值，是不是将"功能目的"（本能的）与"实践目的"（有自由意志与道德责任的）混为一谈了呢？

首先，一般说来，说一个事物、事件、行为有价值是什么意思？它总是相对于达到某一种目的来说的。阳光、空气和水分对于植物的生长是有价值的，就是说它对于实现某个目的有工具价值或手段价值，这在缺乏阳光、合适的大气和水分的条件下更加显现出来，变成一个生存问题。上面所说的鱼雷的传感器和效应器及其信息收集和行为驱动对于鱼雷攻击目标是有价值的，就是因为它是达到目标的手段。这一点在某些装置出了故障时更加明显地表现出来，因为这时发生了攻击失灵的问题。那么，那个被达到的目的本身又是什么呢？如果一个有目的的自然系统的各种行为总是围绕着它的某种目标而行动，以这个目标为它的"基准条件"或"基准状态"

---

①　A. Rosenblueth & N. Wiener："Puposefal and Non-Purposeful Behavior"．In *Philosophy of Science*：Vol. 17, 1950．No. 4, p. 321, p. 326.

（reference state）、"偏好状态"（perferent state），那么，这个目标就是它的内在价值之所在，即它对于这个系统的行为是具有导向性的、指导性的，从而具有基本的重要性。因此称之为它的内在价值，自然是十分恰当的。所以用目的、手段范畴来表达一个系统行为与行为系统，与用内在价值与工具价值的术语来表达这个系统行为和行为系统，不过是同一个问题的两个不同表达方式。前者用的是功能主义（functional）语言，后者用的是价值学的（axiolgical）语言，指称的是同一件事情，所以事实上它们是可以相互定义的。这不但在非生命世界如此，在生命世界如此，在人类"理性世界"中也如此。亚里士多德说："如果有一种我们作为目的本身而去追求的目的（其他的事物也是为了这个目的而去追求的）……则显然这种目的就是善（good），而且是至善（chief good）。"①这里是用目的来定义内在价值或"善"。康德说："如果有一东西，凭它的存在，本身就具有绝对价值，那么它就是目的的自身，并能产生精确的规律。"②这里是反过来用内在价值来定义目的，并将内在目的性和绝对价值性作为同义语使用。不过这里我们要附带说明的是，我们并不主张目的是先验地存在的而手段本身并不重要，目的性行为总是以目的为导向、以手段为基础的。这里我们只是引用一些经典的话来说明，目的和手段的关系与内在价值和手段价值的关系可以是同义的。可以提出这样的问题：自然界中既然已有了目的性的基础概念用于科学（如生物学、动物心理学）技术（自动控制技术）和方法论（目的论解释或功能解释方法），何必再将一个价值赋予它，以致产生许多误解和误导呢？何不用奥卡姆剃刀将它剃掉，以免受非人类中心主义伦理夸夸其谈之扰、也免受动物解放组织的"恐怖活动"之害呢？不过这种"剃头"就像想以中英文可以互译为理由剃去英文一样，它将失去半个价值世界。

也许有人会说，这种广义价值或自然价值论的分析混淆了功能目的与实践目的，动植物与微生物价值与人类生命价值，抹杀了二者之间的本质差别，而这种本质差别在讨论价值问题时有决定意义。不过如果我们坚持笛

---

① Adler, Martimer et al. （ed.） *Great Books of the Western World.* Vol. 9 , Chicago: Encyclopedia Britannica, Inc. , 1952 , p.339.

② I. Kant. *Foundations of the Metaphysics of Morals.* 中译文见周辅成编《西方伦理学名著选辑》（下卷），商务印书馆 1996 年版，第 371 页。

卡儿甚至康德的主客二分的观点,并把它绝对化,当然就犯了混淆二者的错误。但是正如读者在第 13 章中已经看到的,我们的目的正是要解构笛卡儿主客二元论和康德的人类理性中心说,并建构系统与环境的划分来讨论价值问题,这就不会混淆功能目的与实践目的,动物生命价值与人类生命价值,而是通过广义目的性与广义价值论将它们沟通起来,以便有一个广阔的价值框架来讨论物种多样性危机和生态危机的生死攸关问题。

▶▶ **14.3 生命世界的内在价值和工具价值**

如果说非生命的目标定向系统其价值范畴表现得并不十分充分,以至于为避免不必要的争论起见,可以称它为“准价值”,那么在生命系统中,价值的范畴,包括内在价值与工具价值、自我利益、评价、目标、手段和选择、好与坏等,就已经有了自己的充分明确的意义,以至于我们完全可以称之为自然价值,或生命的价值体系。生命系统有什么基本特征而使得其具有价值呢? 对此前面已经讲过了,本节只是给它补充一些论据。其中比较突出的一点就是生命有它的自我(self)。诺贝尔奖获得者、分子生物学家雅克·莫诺曾经指出,生命系统有三大特征:(1)生命是有目的性和计划性的客体。其目的性在结构中显示出来,并决定它的行为与行动,其目的指向维护自己及其物种的生存和繁殖。(2)自主的形态发生。不是依赖外力,而是从内部自己构造自己,能自我维持、自我更新、自我生长和自我修复。(3)繁殖的不变性,即物种特有的内容(由遗传信息决定)世代相传。① 因此,生命系统的自我调节(self-regulation)不仅是调节到维持自己一定的稳定的状态变量(如体温、血压、体积等),而且指向一个中心或最高目的——维持自己及其物种的生存与繁殖,它的整个结构、行为和活动都是合乎这个目的的。生命系统的自我维持(self-maintenace)不仅是一种普通的自我调节,而且是自我维持,自我解决自己的物质、能量的供应,这种自我维持是自我定向、不依赖于外界命令信号而取得的。这些都是生命系统与非生命系

---

① 雅克·莫诺:《偶然性和必然性》,上海外国自然科学哲学编译组译,上海人民出版社 1977 年版,第 5、9 页。

统或目前人类能造出来的伺服机器系统(servo mechanism)的根本区别。因此,生命系统存在着一种"自我":自我利益,自我目的。自我保护,实现自己及其物种的生存与繁殖,这个目的本身是生物所追求的,我们将它看作是生物的内部的"善",或内在价值。

从现代系统科学哲学和生态伦理学家们关于内部价值的论证中,我们可以看出内在价值有三个特点:

1. 生命系统的内在价值是自我定向的。所谓自我定向,就是生命系统维持自身生存与繁殖这个最高目的是价值本身,而不是为了别的什么目的,不是只成为其他目的的手段价值。生态伦理学家 P. 泰勒(Paul Taylor)认为,有机体是生命目的论中心的系统,它旨在努力保护自身,以自己的方式实现自身的善,"它的内部功能和外部活动都是目的定向的,它在所有时间里总是趋向于维持自己的有机体的存在,并依靠繁殖同类和不断适应变化着的环境成功地实现这一点。正如这个有机体固有的统一的功能,即是指向实现自身的善,使它成为活动的目的中心。"①它就是生物的"内部的价值"。生态伦理学家 F. 玛菲(Freya Mathews)认为,一旦一个系统有了内部价值,它就有一种要求,要求"它的存在不应受到破坏而应受到保护"。一旦我们认识到它具有自我自为存在的内在价值,就必须在我们的注意力中将它与其他事物分开对待。不论我们是否高兴,我们已进入了一个价值场。用康德的话说,"它是一个以自身为目标的存在,而不仅是作为我们目标的手段,这样我们就有一种道德责任来对待他们"。"这是我们要尊重自然这种态度的基础。"②

为什么有些工业实验室曾经进行过的非常残忍的动物实验,如第 10 章所说的"滴盲实验","药物死亡率实验",会引起许多人对动物苦难的同情,并要求立法尽可能仁慈地对待动物呢? 那就是基于这种对它们的自我目的的尊重,即承认它们有自我的内在价值。这些"同情"与"仁慈"地对待动物,难道不就是对自然的一种伦理态度吗? 难道这样做只是为了人吗? 要保全地球物种的多样性也只是为了子孙后代可以欣赏它们吗? 在一个生态

---

① Paul Taylor. "Respect for Nature". Princeton University Press, Princeton, 1986, pp. 121 - 122. In F. Mathews, *The Ecological Self*, Routledge, London, 1991, p. 175.

② F. Mathews, *The Ecological Self*, Routledge, London, 1991, pp. 118 - 119、p. 177.

系统中,我们与多样性的物种之间有共同利益。我们应该关心这种共同利益。为了人类自身利益而关心共同利益是必要的,但难道这就是充分的吗?如果对上述问题给予"不是"的回答,就已经走出了人类中心主义。至于如何处理人类的自我价值与其他生物的自我价值的价值冲突或利益冲突,那是另外一个问题。从生命价值到生命伦理有许多中间环节,有专门的学科来对这些中间环节加以研究。

2. 对于人类来说,生命系统有内部价值,是客观的而不是主观的。这就是说,它是自身固有的,不以任何人类观察者、评价者和行动者的需要、愿望、利益为转移,它与人类评价主体是分开的。它不需要别的评价者与行动者,而自身就是评价者与行动者。所以生态哲学家罗尔斯顿说:"自然界不仅是价值的载体,而且是价值的源泉。"①因此,在表述非人类的自然内在价值时,以人为本的"事实判断"与"价值判断"的二分法失效了。或者说,相对于人类行为系统来说,这种自然内在价值可以用事实判断来表述;而相对于生命系统来说,它们有自己的"价值判断"。

3. 内在价值也有一个从低级向高级发展的问题。用罗尔斯顿的话说,就是自然界"有计划地""朝向价值进化"。"一门更加深刻的环境伦理学,穿越整个地球连续统一体,探索真实的价值。价值在自然演替的等级中增加,而且是不断地出现在有顺序的价值序列中。这个系统是有价值的,能产生价值,人类评价者也是其产物之一。"②因此生态伦理学认为,不同生命系统的内在价值之大小,原则上是可以比较的,如果找到测量标准,也是可以计量的。例如,可以按对环境的适应能力,或者按它们的自我维生的能力,或者按照它们的复杂性,来比较不同生物个体的内在价值之大小等。

有了内在价值的概念,工具价值的概念就比较清楚了。一个系统的目标是维持自己的生存,它对其周围环境产生一种需要,凡有助于自己生存的就是善,反之就是恶。它的生存的目标是内的,而达到这种目标的手段便具有工具价值。生命自维生系统由于有了自维生的需要,所以,环境或它自己的行为如果有助于它维持自己生存,就具有了正的工具价值;反之,不利

---

① 罗尔斯顿:《自然界的价值和对自然界的义务》,载《国外自然科学哲学问题》,中国社会科学院哲学研究所编,中国社会科学出版社1994年版,第290页。

② 同上书,第292页。

于它维生的利益,则具有负的工具价值。前者对于它来说是善,后者是恶。这样,以内在价值作为标准,决定了一切与生命系统有关的事物的价值或效用,它们具有多大的价值视它们与生命系统的利益和需要的关系如何而定。它们的价值是相对的,同一事物对于不同的生命有不同的价值。例如,氧气对于动植物来说具有正的(工具)价值,可是对于厌氧细菌来说具有负的(工具)价值。大量砍伐森林,对于人类的暂时利益来说具有正的价值,而对于生态系统或野生动物来说具有负的价值。这样,我们便可以谈论营养价值、光合作用的价值、基因突变的价值、昆虫的保护色的价值等,因为它们对生命维持和发展有价值,这些事物的功能因而具有了工具价值。

生命系统的内在价值和工具价值的关系完全可以用二元函数加以表达。生命自我维持系统或生命自维生系统有自己的自我,有自己的目标、需要和利益,它们完全可以作为价值主体,我们将其记为 S_1(the life self),小写英文字母 l 表示生命。这样,由生命系统定位的工具价值可以定义为:

$$V_{1,I} = V_I(S_1, O)$$

这里的 V_I 是 instrument value(工具价值)的简写。至于以生命系统定位的内在价值,这不过是生命系统自身的自我关系、自我维持、自我维生,或如杜威所说的是自我目的的确立和达到目的的行为活动的协调统一体。它可以定义为:

$$V_{1,i} = V_i(S_1, S_1)$$

这里的 V_i 是 instrinsic value(内在价值)的简写。用关系逻辑的语言来说,这不过是说,对于价值主体类 S,价值关系是自反的。传统的价值论没有明确考虑到价值关系的自反性,甚至排除这个自反性,将这种自反性只看作是与手段相隔离的空洞幻想或与环境相隔离的绝对心灵,这完全是一种误解。广义的价值概念仍然指的是主体与客体的关系性质,不过这个主体扩展到了生命系统,这个客体的类也可以包括主体自身。所以,广义的价值概念并没有背离传统的价值概念,而是推广发展了传统的价值概念,从而可以包含或推出传统的价值概念。

其实,在生命系统的基础中有一个复杂的语言系统来表达和解决它的内在价值和工具价值、评价和行为选择问题。它的特定的 DNA 大分子,本身就是一个语言系统,记录了庞大的生命信息,比起我们日常运用的语言不知多多少倍。它又是一个意向系统(propositional set)。某种生命的目的、计划、意图、期望都在这里加以记录规定。它又是一个动机系统,即它总是有一种从基因型潜在形式向表现型功能形式的驱动运动,将环境变成它的资源,以自我保存生命和繁殖同类型的生命,使它的内在价值得以实现。同时它又是一个规范系统或评价系统,对环境和自我进行评价,所以它能够区分"好"、"坏",哪些是对生存有利的,哪些是对生存不利的,哪些是适应环境的,哪些是不适应环境的,并及时做出反应与选择。至于在这基础上具有学习功能的动物行为,就有更加丰富的价值与评价的内容了。正因为这样,我们将生命看作是有自主性、能动性的价值主体,是毫不过分的。

▶▶ 14.4 生态价值与生态伦理

如前所述,所有的生命系统,包括人类自身,都有其内在价值,这些内在价值投射到周围环境而赋予它们以工具价值,某些生命系统的内在价值又可以转换为相对于别的系统的工具价值。于是这些价值之间既相互冲突又相互协调,它们整合成更高的整体的生态价值。

所有的价值都是在生态系统演化过程中产生出来的,这些价值在它们产生出来后都包含于或服从于生态系统的总体价值(holistic value)中。从这个前提出发,便可以得出生态伦理的一个基本原则,这就是生态伦理创始人 A. 莱奥波尔德所说的,"一事物趋向于保护生物共同体的完整(intergrity)、稳定(stablilty)和优美(beauty)时,它就是正当的,而当它与此相反时,它就是错误的"①。生态系统有内在价值,人类的价值属于它的组成部分,同时生态系统对于人类是有工具价值的。没有生态系统的支持,人类就不能存在与发展。因此无论从生态中心或人类中心的角度看,生物共

---

① Aldo Leopold, *A Sand Country Almanac*, New York, Oxford University Press, 1966, pp. 224–225.

同体的完整、稳定和优美都是人类与一切生命的共同利益之所在;而生物共同体的不完整、不稳定和丑陋,对于包括人类在内的整个生命世界都是有害的,是对人类与所有生命的共同利益的破坏,对于人来说是恶而不是善。这就是保护环境的伦理基础。保护环境、保护生态系统的完整性是最高的道德命令和终极的价值,这是广义价值论导出的一个最重要的结论。① 因此,人类对生态系统的完整性负有不可推卸的道德责任。这又是一个整体论的价值观与伦理观。

还应指出,动物具有完整的感觉系统并有初步意识的能力,能通过痛苦、快乐及其信号来表达它们的内在价值是否能得到实现,这就无异于宣布自己的生存权利。当然,我们完全可以不尊重它们乃至践踏它们的生存权利,像过去有些人吃活猴的脑髓一样。过去人们也许没有觉得这是不道德的,现在我们认识到这是不道德的,因为从生态系统的内在价值或从生态系统的工具价值来考虑,我们应该尊重这些野生动物的生存权利。这些动物与人类一样,都有感受和体验苦乐的能力。一种同情心或移情作用使我们意识到,我们应当维护它们不受虐待的权利。至于我们尊重动物的权利到什么程度,是否要到达佛教提倡的"不杀生"的程度,那是另外一个问题。无论如何,对广义价值论的研究,对生态价值和生命价值论的研究,确实导出了动物权利这个新伦理概念。

▶▶ 14.5 广义价值论对人类伦理的启示

从广义价值论的前提到人类伦理学的结论之间有着许多中介范畴和中间环节。需要加入一系列辅助伦理假说,才能够从广义价值论的前提导出人类伦理学的结论。这就是我们在这一章中已经说明了的问题。我们这里讲的主要是广义价值论对人类伦理的启发性或"劝导性"的意义。

1. 广义价值论为人文价值的起源提供某种论证。广义价值,包含准价值(由非生命自组织系统定位的价值)、自然价值(由生命系统定位的价

---

① L. Western. *An Environmental Proposal for ethics*. Rowman & Littefield Pubishers, Inc. 1994, p.6.

值),以及人文价值即通常我们所说的"价值"(由人类定位的价值),有一个发展的过程。当然,社会价值系统与动物价值系统有本质的差别,一旦进入人类社会价值系统,就不但有目的性,而且有对这个目的性的自觉意识,即意向性;不但有行动的选择,而且有基于人类自由意志的选择,就出现了诸如目的意识、意志自由、自律、主观愿望、理想、价值观念、价值取向和道德责任这些范畴,它们是属于人类价值主体特有的东西,是不可还原为生物学或动物心理学的概念来加以表述的。但是,对于自然价值的充分研究,的确能揭示人类价值关系和伦理关系的起源。动物维护自己物种的生存和发展,不但产生出利己主义行为,而且也产生出利他主义行为,甚至产生了原始伦理。例如,猴群中为了抑制猴子之间相互的攻击,以免破坏猴群协调的生存和发展,出现了类似于人类原始社会的伦理规范,违反这些规范的猴子会受到惩罚①,它是我们理解人类原始社会的原始伦理起源的钥匙。人类价值概念的许多要素,以及与人类价值相关的许多要素,如"利"、"害"、"得"、"失"、"自主性"、"目的"、"手段"、"选择"、"功能"、"需要"、"利益"、"效用"等,都以原始的形态客观地存在于生物世界或自然价值世界之中。对这些概念的研究自然不能代替对人类价值概念的研究,也不能逻辑性地推出人类的价值,但这种研究都是可以用自然科学的精确实验来加以检验的。这就可以为人类价值的研究提供某种基础性的和启发性的论证,避免人们完全走向心灵主义的内省主义。

2. 广义价值论划分了客观价值和主观价值,引导我们注意人类价值以及价值评价的客观基础。既然广义的价值世界中存在着准价值、自然价值这些不以人类意志与欲望为转移的客观价值,那么,对于人类价值的研究就不能单从主观的方面,即从是否能满足各个社会成员的主观欲望来研究价值和价值取向,而还应从客观方面,即从它们是否满足人们的客观需要或社会的需要来研究价值和价值取向。鸦片对于许多吸毒者来说在主观上是有价值的东西,从鸦片对人体有害的事实判断不能逻辑地推出"我们不应吸毒"这个价值判断,但实际上从客观方面看,鸦片对人体是极其有害的东西,它具有负的客观价值。20世纪初英美妇女用鸟类的羽毛装饰她们华丽的帽子,以显示她们的荣华富贵,这样,杀害珍贵的鸟类对她们来说是很有

---

① B. J. Singer. Human Nature and Community. 《开放时代》1997 年 9、10 月号,第 68 页。

道德哲学与经济系统分析

价值的,但从生态伦理方面客观地看,却是很有害的,它具有负的客观生态价值。价值与价值判断虽然无科学认知意义上的"真"、"假"之分,但却有"对"、"错"和"好"、"坏"之别。这个对、错与好、坏虽然不能从事实判断逻辑地推出,但可以用客观的事实判断对它进行理性论证。因此,价值除了有主观标准之外还有客观标准,除了有非理性的一面之外还有合理性的一面。所以,即使在社会价值论中,我们也应该考虑是否可以建立"客观价值"这个范畴,使它成为评价合理性论证的基础。这是广义价值论对狭义价值论的启示。其实在经济领域,我们已经有了客观价值的概念。一种商品,不论需要者个人的偏爱如何,尽管它对不同的人有不同的主观价值,但其供求均衡价格(对边际效用论来说),或生产该商品的社会必要劳动时间(对劳动价值论来说),或生产该商品的自然资源利用率(对生态价值论来说),就是它的客观价值的度量。至于道德领域的评价和美学领域的评价,也应有其虽然是相对的但仍然可以说是客观的标准。

3. 广义价值论区分了内在价值和工具价值两个范畴,这两个范畴虽然来自人类价值学和伦理学,但经生命伦理和生态伦理的论证,以更加充实的内容返回人类伦理的研究中,有助于我们揭示各派伦理学的限度或局限性。例如流行于英美、近年又流行于我国的功利主义伦理学,基本上将人们的行为的伦理价值看做是一种工具价值,一种行为或行为准则是不是正当的或有伦理价值的,要看它是否有利于最大多数人的最大幸福,这幸福对于某些学派来说,就是人们感觉到或意识到的喜悦与快乐。但是由于缺乏内在价值的概念,即人本身就是目的这个概念,就导致功利主义忽视人的自主性,忽视人的尊严,甚至忽视人权。所以在实践中运用功利主义的原则,必须补充上康德的"人类尊严原理":"人自身就作为一个目的而存在,本身就具有绝对价值"。因此"绝对的命令"便是"你一定要这样做:无论对自己或对别人,你始终都要把人看作是目的,而不是把他作为一种工具或手段"[1]。在医学伦理中,不能拿人来做毒气或细菌的试验品,也不能拿人来做克隆的试验品,即使是为了最大多数人的最大幸福,也不能这样牺牲少数人的幸福,这是根据任何人都具有内在价值的人类尊严原理得出的规范。这个原理被某些功利主义学派忽视了,广义价值论帮助我们将这个原理找回来。

---

[1]　周辅成编:《西方伦理学名著选辑》下卷,商务印书馆1996年版,第371—372页。

4. 广义价值论有它的整体价值和局部价值的概念。以某种尺度来衡量,人类的内在价值及其所投射的工具价值,在整个价值进化的阶梯中也许是最高的价值。但人类的价值即人文价值是整个自然生态系统总价值的一个组成部分,人类的局部利益特别是人类的经济利益必须服从整体的利益。尽管人类的长远利益与生态系统的繁荣、稳定的利益基本上是一致的,但不能因此就将生态系统以及其他生命的价值加以抹杀,统统还原为人类利益。广义价值论有助于我们看到人类价值的边界与限度,拓宽我们的眼界。其实人类伦理和价值观念的发展过程,就是不断地将伦理关怀从个体利益扩展到人们认为是自己亲属的那些共同体利益,再到群体共同利益,阶级共同利益,国家、民族共同利益,最后进展到人类共同利益。为什么不可以再进展到动物世界的共同利益和生态系统的共同利益呢? 既然有了多层次利益共同体或多层次价值共同体,为什么我们只能走进人类命运共同体,而不能走进生态圈命运共同体呢? 广义价值论提供了这种"走进"的新视野。

▶▶ 14.6 本编结语

本编的主要目的是要提出一个整体主义的和控制论的价值模型:

1. 这个模型首先揭示了事实与价值的二分法的失败及其在经济学中的困境。它反对将事实与价值绝对地、非此即彼地分离开来,但又承认事实命题和价值命题有相对的区分,但它们可以相互缠结并可以相互转换:同一命题依不同情景,此时此地是价值命题,彼时彼地可以是事实命题。这个模型认定:事实命题与价值命题的区分标准不是以主观与客观的区分来划界,而是以人类行为系统的系统与环境的区分来划界。

2. 这个模型主张,对事实命题和价值命题,描述命题和评价命题,是要在一个行为系统的整体中看它们行使什么功能来加以识别。在一个行为主体的系统中或由主体组成的行为控制系统中,凡是向行动者发出的指令信号,表达行为者应当怎样行动的信息的,就是价值判断,它对于达到所期望的状态有价值性。而表达系统与环境的实际存在状态的信息,是一种描述信号,用语言来表示,就是事实判断,起到一种描述事实的作用,不论这些判断的内容是自然界的事实,还是社会文化的现象,或是人们的感情、欲望、爱好等心理现象,都是事实判断。至于行为主体所期望的,或行为系统的目的状态,则在不同的观察点上,既可以表达为事实判断,也可以表达为价值判断,更可以表达为一种事实与价值的缠结判断。

3. 由于事实判断和价值判断被置于一个控制论的行为系统中进行考察,而这个行为系统是有因果效应的,是可观察的,因此,无论价值判断还是事实判断都是经验地可检验的或直接间接地与经验相关的。事实判断是经验地可检验的,行为所接受的评价判断和指令判断是通过行动的结果来进行检验并在不断反复的学习循环圈中得到修正的。而目标陈述是在手段与目标的相互作用中进行检验和修正的,当使用的手段不断变换都不能达到目标时,目标的可能性受到检验和修正,高阶的行为系统也会不断地对低阶目标系统进行检验与修正。不过这里我们应该注意的是:一个行为系统的价值判断及其推理体系,是作为整体来接受经验的检验的,尽管其中一些最基本的善和最基本的伦理原则就其本身而言是作为前提被给定的,是经验地不可检验的,但它只作为其组成部分的那个价值整体是受到经验检验的。

4. 可行性并不是评价价值命题或价值体系的适当性的唯一标准。一种行为及其指导的价值原则的适当性有更重要的标准,就是视它是否适合社会最基本的伦理原则。此外道德直觉与文化传统也是评价标准之一,但不是主要标准。因此价值命题的真值是"约定真"。真理是鼎足而立的。分析真、事实真和约定真构成真理与信念的三块基石。这里社会契约约定真是作为一种社会交往的合理性而区别于逻辑合理性与科学合理性的。

5. 由于价值体系的整体是可检验可修正的,所以价值判断本身,无论是目的判断、评价判断和指令性判断都是进化的,社会的基本的善和基本伦理准则也是可进化的,是随着社会和社会交往的合理性的进化而进化的。这就可能在控制论价值模型基础上建立进化的价值学说或价值系统进化论。

6. 多层级的控制论价值模型与本书第 1 章所论证的道德推理结构模型是同构的,前者可以看作是道德推理形式结构的一个落实。在本书第 2编第 11 章讨论的经济系统的多层级模型与上述两个模型也是同构的。它又可以看成是多层级控制论价值模型的一个落实或一个典型案例。

7. 由于控制论价值模型是建立在系统与环境的划分基础上的,因此可以将人类的人文价值理论同构地推广到生命系统和生态系统,这就是支持广义价值论。广义价值论是当代自然哲学和道德哲学发展的新趋势。人类自然观念的发展有三个大的阶段：古代将自然界看作是有机整体和认为自然界有理性的观念；近代将自然界看作是一个巨大的机器，不但要撇开一切第二性质来研究自然，而且要撇开一切价值与目的性来研究自然；现代系统世界观则有限度地将目的性和价值引回自然界的研究中，这自然就有一个广义价值论与之相适应。广义价值论不是某些人心血来潮、灵机一动的产物，也不是一种信奉神秘主义、复古主义和权威主义的思想大倒退，它是一个长期酝酿、新近发展起来的整体主义自然哲学和价值哲学思潮，值得我们认真加以研究。

后语:复杂整体论的方法论问题

波普尔有个关于科学发展进程的公式,叫做 P—TT—EE—P′,即:科学研究从问题开始,然后提出各种试探性假说或解决问题的方案,接着对这些假说或解决方案进行批判和检验,力图排除错误,最后产生出新的问题。意大利有一位研究波普尔哲学的专家,曾指出波普尔这个公式来自杜威的五步法,总结起来是三句话:问题是什么? 解决问题的方案有哪些? 哪种方案最好? 还可加上一句:产生了一些什么新的问题? 杜威的三句话,妙就妙在那个"好"字,使得他的三句话既适合于科学知识的进展程序,又适合于价值体系的评价程序。这就启发了我如何写本书的结语。我的结语不采取老一套的办法归纳总结本书的最主要观点,而是主要讨论本书的方法论,并探讨在方法论上还有什么问题没有解决而有待解决,即波普尔的 P′。

本书所使用的方法称为复杂整体论,或称为复杂系统整体论方法。所谓复杂系统,借用诺贝尔物理学奖获得者盖尔曼的复杂适应系统概念,指的是"复杂适应系统包含地球生命出现前导致生命出现的化学反应、生命进化本身、个体生命有机体和生态共同体的功能,生命子系统如哺乳动物免疫系统以及人类大脑的运作,人类文化进化方面,计算机硬件和软件的功能,地球上各种经济系统的进化,组织与社团的进化等各种各样的过程。这样一种我所持的较全面的观点导致力图去理解作为所有这些系统的基础的一般原理以及它们之间的关键性区别"[1]。这是从概念的外延来讲的复杂系统。至于复杂性概念,指的是复杂系统内部关系和外部关系的某种性质,并着重从信息、描述和计算的角度来研究这些性质。例如系统元素及其关系的多样性,这些联系或关系的缠结性、非线性、多层级性和非对称性,以及这些关系处于有序与混沌之间的边缘性,都指的是复杂性。所以非常明显,凡

---

① Murray Gell-Mann. "Complex Adaptive Systems". In George A. Cowan and et al (ed.) *Complexity*: *Metaphors*, *Models and Reality*. David Pines, David Meltzer, p. 18.

有生命参与或由生命组成的系统,特别是人类社会及其文化系统、社会经济组织系统、社会政治结构系统、社会伦理价值系统,都是典型的复杂系统。复杂系统就是那些具有复杂性的系统。

整体论是研究自然科学与人文学科的一种方法论进路,它强调一个系统的特征是由整体结构及其环境决定的;而所谓方法论上的个体主义,就社会科学来说,是强调一切社会现象都应该运用有动机、有意向的个人行为来加以解释。而我们的复杂整体论是主张,当研究复杂系统时,系统的所有基本性质不能完全由研究它的组成部分(或个体)的行为及其局域的相互作用来加以解释和确定,相反,复杂系统作为整体,却以非常重要的方式规定它的组成部分的行为与功能。所以,我们所主张的复杂整体论是兼容了方法论个体主义和方法论的还原方法的合理要素的整体论。在某种意义上,它是既超越传统个体主义、又超越传统整体主义的一种方法论进路。本书正是运用这种方法论来研究价值与伦理以及它们与经济体系的关系的。我们可以从下列三个方面讨论这种方法论及其存在的问题。

1. 关于分析抽象方法以及复杂整体论如何克服它的局限性

复杂系统的组成的要素和方面是多样性的,并且相互间是缠结着的,有些还是不可分解的,因而要从多维度的视角来分析它、综合它,并且还需要独特地研究它和表达它。但是几百年来科学的发展习惯使用一种颇有成效的分析、抽象方法:从现象中隔离和排除许多对于研究的目的来说是次要的特征,在"纯粹状态下"分离和抽象出主要的特征,建立一些作为出发点的基本概念,然后一步一步地去解释其他各种具体现象。构造这些基本概念体系的方法,马克思称之为"抽象法"、"从具体到抽象"的方法。马克斯·韦伯称之为"理想类型",自然科学称之为"理想状态"、"思想实验"等。我们在本书中首先遇到的是"经济人"的概念,即谋求个人效用最大化的抽象的人。其次我们遇到的是"社会福利"的概念,即个人效用的函数,也是这种抽象法的产物。我们很快就认识到这种方法论的局限性,它完全忽略了经济生活中价值的多侧面性;价值有主观的方面也有客观的方面,它们忽略了价值的客观性;同时,经济生活也是多层面多维度的,它不仅有效用层面,而且有伦理层面和政治层面,经济学中的抽象性,忽略了经济生活的伦理层面和政治层面。我们揭示了这些层面,指出分析不能是单向度的,而应该是多向度的,这是复杂整体论的一个最基本的要求。但是,当我们沿着这个思路从经济范畴的伦理层面进入伦理学研究的时候,又遇到了在古典经济学和新古典经济学中遇到的同样的问题。许多伦理学家使用的方法同样是分析、抽象方法和理想化的方法,建立了许多不同的、力图在逻辑上"天衣无缝"的理论模型。例如运用博弈论模型来阐明功利主义,运用"自然状态"、"原始状态"、"无知之幕"来建立的道义论,其分析抽象之巧妙,用心之良苦,即使古典经济学和新古典经济学也望尘莫及。可是它们都带有某种信息不完备的片面特征,由之而导出的道德结论和正义结论往往是片面的,不完备的。功利主义忽视个人权利的重要性,甚至主张可以牺牲个人的自由;而道义论则对于个人的收入与物质福利的重要性有所忽视。对于如何克服这种片面性,我们使用的方法是对不同的基本道德原则视不同的情景而赋予它们不同的权重,进行综合平衡,做出系统的伦理决策。这种处理,从理论的融贯性和简单性来说实在太不漂亮,所以我国有些伦理学家对此不屑一顾,也是有他们的道理的。我也只好像但丁所说的那样,"走自己的路,让别人去说吧。"不过,阿玛蒂亚·森在更深层次上建立统摄功利原则和道义原则的概念,即能力—福利概念,以提高社会成员获得追求自己有理由珍视的生活的自由能力为社会经济发展的基准,着重考察这些不同类型的自由能力,如政治自由和民主参与、经济福利、文化素质、生活的安全、健康的保障、信息的全面掌握这些能力之间的不同权重,并整体分析在发展中它们之间的相互作用,以此来解决这个问题,这又是一种多维度、多侧面的整体观,可能比我的整体伦理观完善多了。

因此,在本书的研究工作中,我们体会到一种方法论视野:将系统分解为不同元素,不同侧面。理想化地抽象出其中的一些本质特征进行研究,这种方法是必要的,有时甚至还可能是一种主要的方法,但它是不充分的。它们遗漏或忽略了系统中某种重要的侧面;遗漏或忽略了复杂系统中各个元素之间、各个侧面之间和各个过程之间的相互作用和相互缠结的方面;遗漏或忽略了这些元素之间、侧面之间由局部相互作用进展到全局的整体突现模式。那些缠结的关系是整体性的,它不可分解为组成部分而得到充分理解;至于那突现性质,是另一个更高层次的东西,有它的独特性质与独特规律,从它的组成部分及其局域的相互作用中要将它们推演出来,并不一定是可能的,也不一定是必要的。即使是可能的,也必须补上高层次构型函数

（configuration function）或观察函数这种不属于低层次而属于高层次、不属于分析方法而属于整体方法所研究的东西。① 因此，复杂整体论超越了传统的分析方法和抽象方法，提出整体视野和整体方法（多侧面，多维度，认识缠结，认识突现，认识环境）以补充分析方法，才能达到对复杂系统较为完备的认识。在本书中我们如何认识事实与价值的缠结问题以及伦理学与经济学的缠结问题就是一个很典型的例子，可以帮助我们认识分析、抽象方法的局限性。

但是，这里所谓兼容各种分析、抽象的理想化模型，指的是复杂整体论兼容那些分析方法，至于为了认识一个复杂系统，例如复杂社会系统，学者们运用分析、抽象方法建立了各种理论体系，包括各种由方法论个体主义建立的理论体系和各种由传统方法论整体主义建立的社会学理论体系或伦理学理论体系，它们彼此之间在理论范式上相互区别，有某种不可通约性。选择若干理论范式加以兼容整合，就会发生内部的逻辑协调问题。面对这些问题，复杂整体论似乎有几种处理方法：（1）建立一种新范式，对这些理论体系进行批判的继承和适当的扬弃。阿玛蒂亚·森就是运用这种方法，提出能力—福利理论新范式来吸收功利主义和道义论各自的长处，扬长避短，建立作为自由的不断扩展的社会经济发展观。（2）建立一种元方法论理论，即有关各种不同的理论体系的高层理论，给各种不同理论范式指定各自的适用范围和选择使用这些理论的方法论步骤。在这方面，系统管理学家迈克尔·C. 杰克逊（M. C. Jackon）建立了一种"创造性整体论"，将各种系统方法论如硬系统工程方法、硬系统方法、系统动力学、组织控制论、批判系统启发法等方法论理论协调处理成为多元主义的元理论体系。② （3）对各种不同的理论，特别是以分析方法建立起来的理论，采取"拿来主义"，它们的哪一部分在实践上有助于解决问题，就使用哪一部分，不去批评也不去吸收，甚至无需在理论上进行评价，就可以兼容不同的理论体系。所谓"兼收并蓄"、"中西医结合"，就是这种实用主义的兼容方法。中医与西医各自的理论范式完全不同，就像中餐、西餐的范式完全不同一样。但人的胃是可以

---

① L. Qi and H. Zhang, "Reason on Emergence from Cellular Automata Modeling", *Studies in Computational Intelligence*（SCI）64，147－159（2007），p.149.

② 迈克尔·C. 杰克逊：《系统思考》，高飞、李萌译，中国人民大学出版社 2005 年版。

对它们进行兼容的,它们对于人体的营养与疾病治疗的效用,处理得好,是会同时有益的。许多政治家也采取这种方法,这叫做实用主义兼容方法。

除了上述如何兼容不同的方法论理论之外,毕竟复杂整体论是一种方法论体系,有自己的独特方法,而不是一种"拿来"的大杂烩。无论是从整体出发研究问题的方法,如跨学科系统同构分析法、功能分析法、控制论方法、黑箱方法、隐喻与模型方法等,还是从个体出发的综合研究问题的方法,在运用分析抽象方法论的基础上进行综合的方法,都属于复杂整体论方法。这种方法有两个典型案例,第一个案例就是马克思在《资本论》中运用的从抽象上升到具体的方法。马克思在讨论到这一点时曾经说过:"如果我从人口着手,那么,这就是关于整体的一个混沌的表象,并且通过更切近的规定我就会在分析中达到越来越简单的概念;从表象中的具体达到越来越稀薄的抽象,直到我达到一些最简单的规定。于是行程又得以那里回过头来,直到我最后又回到人口,但是这回人口已不是关于整体的一个混沌的表象,而是一个具有许多规定和关系的丰富的总体了。""具体之所以具体,因为它是许多规定的综合,因而是多样性的统一。因此它在思维中表现为综合的过程,表现为结果,而不是表现为起点,虽然它是现实的起点,因而也是直观和表象的起点。""其实,抽象上升到具体的方法,只是思维用来掌握具体、把它当作一个精神上的具体再现出来的方式。"①如何由抽象上升到具体,达到对整体的理解? 对此,马克思主要采取逻辑与历史相统一的方法,通过考察历史而逐步给抽象的规定附加上各种辅助假说和具体条件,使这些抽象的规定有可能在思维中逐步具体化,从而说明资本主义生产方式的整体。不过这还是一种定性的方法,并且对如何处理命题缠结以及整体突现的问题,马克思并没有具体论及。

第二个案例就是 20 世纪八九十年代出现的计算机模拟方法,主要是元胞自动机的方法。在这个方法中,个体行动者(individal agents)的抽象模型依据给定的行为规则,就可以迭代模拟出各种复杂系统突现现象。这不是一种分析方法,而是一种复杂系统的定量的综合方法。它的运用很广,成为物理学、化学、生物学、生态学和经济学中最近兴起的一种普遍的综合方法,有待哲学家进行总结。不过总体上说来,自然科学和社会科学中对分析抽

---

① 《马克思恩格斯选集》第 2 卷,人民出版社 1995 年版,第 18—19 页。

象的方法研究得很多,而对综合的系统整体的方法研究得很少,它在现在科学方法论中仍然处于一种不太成熟的状态。如何创立更多、更有成效的复杂整体论的方法论,是我们有待解决的问题。这就是本书在处理社会伦理价值体系中遇到的困难。不过综合方法论遇到的困难也可以通过这样的考察来加以补救,将复杂系统科学概念当作方法论来用。这就是:通过将问题放进一个复杂系统中进行分析来加以解决,以弥补我们在整体论方法论工具箱中新工具的不足。

2. 关于复杂整体论如何将问题放进复杂系统中进行分析

这里我们着重讨论复杂整体论方法论的一种要求:将要讨论的问题放进一个复杂系统运行的机制中进行分析。

复杂系统运作和演化的机制一直是复杂性科学研究的重点和难点。根据目前各个学派研究的情况,我们将它归结为三种机制,这就是多层级控制机制、系统自组织机制和适应性进化机制。

所谓自组织就是组成或将要组成系统的行动主体(agents)通过自身的力量,在不依赖外界的干预和集中控制的情况下,自发地提高系统的组织性和有序度的过程。例如在原始生命演化的过程中,原始海洋中分散发生的单细胞自发地聚合为多细胞聚合体如团藻,就是一个自组织过程。它们比单个的独立细胞有更高的生存概率,所以为自然所选择。

所谓适应性进化机制就是广义进化论。达尔文在 19 世纪创立了物种进化论,在 20 世纪中,达尔文进化论被推广应用于解释语言进化、思想与文化进化、心理进化、科学理论的进化、技术的进化、动物行为的进化、社会的进化等。1974 年美国心理学会主席坎贝尔(D. T. Campbell)将它表达为"盲目的变异与选择的保持原理"①,以适用于所有复杂系统领域。

关于控制机制,本书已有说明。1982 年,系统科学家奥林(Arvid Aulin)考察了生命世界和社会生活中的控制情况,总结出控制论的一条定律,叫做必要的层级定律:"调节器的平均调节能力愈弱和被控事物的平均不确定性程度愈大,则对同一调节结果,就愈需要更多的必要的调节与控制

---

① Campbell, D. T. , " Evolutionary Epistemology ". In P. A. Schipp. (ed.) *The Philosophy of Karl Popper*, The Libery of Living Philosophers. 1974,p. 421.

的组织层级来进行补偿"①。所以,当一个复杂系统的行动控制系统不能使它适应外界环境之时,就会要求一个或进化出一个比它更高一级层级的控制机制系统来调整它的行为。

首先我们讨论如何将整体中的一些元素与过程放进一个复杂系统控制机制中进行分析和理解。复杂系统是一个有目的的行为控制系统,其中各个不同部分和不同过程都有自己的不同功能,这些功能相互配合,组成一个适应性自稳定的整体。整体正是这样有了自己的突现性质,也正是这样在一定程度上规定了它的组成元素、它的个体的某种行为与功能。这些整体功能包括:(1)形成目的与规范,为系统总体提供行为导向和行为准则;(2)对系统的事态进行随时评价和及时决策,形成指令,以指导各个时期和各个时点系统及其组成部分(行为主体)的行动;(3)执行指令的行为手段;(4)提供系统整体行动的条件;(5)收集环境和行动效果的信息,以便依照不同情况进行不同的决策。如果离开这个行为系统的整体运作,孤立地考察其中的个体,它的过程、命题、意向等是没有意义的。正是基于这个整体观点,在我们对价值的考察中,区分了事实命题和价值命题;也正是这个整体观点,使我们认识到休谟的下述说法是错误的:"价值命题不过是情感和态度的表达,是没有经验意义的"。从行动控制系统来看,那些属于指令性的评价性的价值命题可以通过它的实行效果来进行经验检验,并通过事实判断将这些结果传递到决策机构,提供指导决策的根据。所以价值命题的真理标准是实用上的适当性。而在伦理命题中,因为它牵涉到一个社会群体的共同目标,它的主要检验标准就不仅是实用上的适当性,而且是对于社会的共同规范原则的适当性,因而它们的真值是"规范真"。至于一组伦理规范或伦理价值与经济系统之间的关系,孤立地看也是没有意义或意义不完整的。如果从一个社会的自我调节的大系统来看,经济系统不过是起到手段价值的作用,它改变自然与社会的环境,提供资源,使社会成员能更好地达到他们想要的生活目标。以这种观点看经济系统,我们便能认识到伦理价值直接对经济系统、或伦理价值通过公共政策对经济系统起到重大的调控作用。人本主义的根源正是在这个社会调控系统中。这就是将伦理与价值放到社会复杂控制系统中使我们看到的问题。

---

① Aulim, Arvid (1982). *Cybernetic laws of Social Pergamon*. Oxford, 1982, p. 115.

将整体中的一些元素与过程放进一个复杂系统控制机制中进行分析和理解,这意味着开发和使用一系列系统控制方法:功能主义方法,黑箱方法,系统动力学方法,活系统方法,硬系统方法,软系统方法等。

如果将伦理价值、公共政策以及经济系统的运作放到一个更大的生态系统中进行考察,它们的价值与功能又会发生什么改变? 现在我们看到,人类的价值是整体生态系统价值的一个组成部分,人类的经济系统是整体生态系统的物质、能量循环和它的信息传递的一个组成部分。人类的价值是受到生态系统的约束和制约的。按照保护生态环境的需要,地球上的人口需要压缩到 10 亿左右,才能有人类与生态的可持续发展,即不但人类而且其他物种也能可持续发展。在有关人类的生产效率的测量中,应该计算的首先是自然资源的生产力,即单位产品耗费自然资源的数量;而单位产品耗费的社会必要劳动时间,即劳动生产率或劳动生产力,虽是另一种度量,但这种度量是不完备的。而人类的需要也同样受到生态系统的限制,而不应从自然界索取超过基本需要太多的不可再生资源和能量。不过在目前市场经济的机制中,人类的需求确实是贪得无厌的。在生态系统中考察人类的价值与伦理,就必然产生出一种新的概念,例如广义的价值、生态系统的价值,深层的伦理等,它大大扩展了我们关于可持续发展,关于科学发展观的视野,使我们将系统整体及其元素的运作放到一个更大的环境系统中进行分析和理解,考察环境对它们的作用、选择和控制,它与环境的协同进化。由此产生一系列环境分析方法:生态方法,进化论方法,上索方法,遗传算法和其他进化算法等。

如果我们再将社会生活的现象放到自组织系统中来考察问题,能得出一些什么新的见地? 首先,根据控制论学家艾什比(W. R. Ashby)有关控制的"必要的变异度定律","只有用调控器的变异度(其状态的多样性)才能压低干扰引起的变异度,即只有用变异度才能消灭变异度"[①]。这就是说,任何一个复杂系统的控制能力都是有限的,因为系统用以抵消外部环境的干扰的多样性状态、手段的多样性是有限的,而环境对系统的干扰与破坏的状态多样性远远超过系统的状态多样性,并且在大多数情况下是不可预测的。所以一个人从一出生就只能用很有限的手段控制环境,在他生活的过程中不能控制的事情远远比他能控制的事情多得多,而最后人人都以不能

---

① W. R. Ashby. *An Introduction to Cybernctics.* Chapman Hall LTD. , p. 207.

控制最起码的一件事,即不能控制自己的生命而告终。所以从根本上说,控制论是控制能力有限论或"控制不住论"。这就给人们提出一个警告,不要以为什么事情都是可以控制的。一些管理学家和管理实践家,特别是政治家,有时习惯于通过控制别人和控制整个事态来解决问题,事实上在很多情况下这都是很不明智的。

自然界和社会生活的复杂系统的有序性,除了有多层级集中控制机制之外,还有一种自组织机制,它是由系统的组成部分,即自主的行动主体,在不受外界干预、不受集中控制的情况下自发地提高组织性与有序度的过程。由于这种自组织是在混沌边缘的条件下自发地和不可预测地产生的,因而是很有生命力和很具鲁棒性(robust:健壮性、稳健性,在一定变化下保持性能不变)和创造性的。这就给社会系统的管理者提供了一种新的管理理念,就是如何善待群众的自发创造性、自发的组织和自发的民主参与问题,如何善待公民社会,如何评价它们的价值问题。在这里关键的问题是保护自组织的主体,即个人的主动性和创造性,并创造条件发挥个人的主动性和创造性。为此首先要保护他们的自由,包括政治上的自由权利、经济上独立自主经营事业与企业的权利;提高他们的文化素质、教育水平,使他们具有创造自己的福利的能力。改革开放,发展经济,农民"一包就灵",根源就在于保护了他们这种自由权利。整个市场经济的繁荣也就是在这基础上发展起来的。所以我们在本书中特别强调,发展就是自由能力的提高。这是在复杂系统自组织理论的基础上提出来的。

那么,这种管理理念对管理人员有什么要求呢?这就是要求他们不是以外部观察者、全局模式的选择和控制者的姿态出现,而是以组织的内部参与者的姿态出现,并创造条件让所有参与者发挥积极性和创造性,在相互作用中共同创造那不可准确预知的未来。系统科学告诉我们,处于"混沌边缘"上的自组织,常常是最有创造性的,但其总体结局也是最不可预测和不可控制的。试想,春秋战国400年,整个社会处于大混乱中,但又不是混乱到无政府状态,正是在这个时候中国出现了"百家争鸣",中国全部文化传统都来源于此,儒、墨、法、道、黄帝内经、孙子兵法……应有尽有,此后几千年的学术成就都不如那400年大。那些企图以控制者的身份来对待"百家争鸣"的行为,无论是秦始皇的"焚书坑儒"还是汉文帝的"罢黜百家,独尊儒术",在历史上都没有什么好结果。汲取这个教训,我们倡导"百家争鸣,百花齐放"，效果显著。所以管理人员以自己的参与者与促进者的作用介入自组织系统的管理，并不一定比以控制者的身份介入更无所作为。

自组织管理理念还有一个要求，就是为了发挥自组织主体的自觉的主动的作用，要保证各种信息渠道的透明和畅通。当代社会是信息时代，一切自主的行动者都需要有足够的信息，而且人民还有对各种信息的知情权。那些封锁新闻、黑箱作业的管理，只能助长腐败，而不利于发挥自主主体建设共同事业的积极性与创造性。

在自组织复杂社会系统中，特别值得注意的是政治家的职业伦理问题（professional ethics for politicians）。根据对有关各国政治家的职业道德的情况的调查研究，伦理学家们也大致研究出下列几条政治家的职业道德原则：奉行一视同仁地为全体国民的利益服务，做人民公仆，反对以权谋私，或为某一利益集团和党派所左右；坚持保护公民的民主自由权利，反对压制民主自由与侵犯人权，善待公民社会；提倡广开言路，信息透明，反对隐瞒真相，封锁新闻；奉行廉洁奉公，反对贪污腐败等。例如日本的《国家公务员伦理法》规定得十分具体，不允许从利害当事人手中接受礼品。如不得接受打高尔夫球的招待和作有酬的演讲，违者要受处分。并且对于个人私生活还作出一些规范，无非是反对特殊化和婚外情之类，连克林顿的性伦理问题也被伦理学家们广为讨论，并且争论激烈。为什么对政治家的职业道德要有特别的要求？因为政治家对历史的发展、国家的命运和人民的利益负有特殊使命，政治家的善是最大的善，而政治家的恶是最大的恶，所以特别引起人们注意。最近加拿大蒙特利尔大学魏因斯塔克（Daniel Weinstock）博士受加拿大人文与社会科学联合会的委托撰写了《政治家的职业伦理》一文，批评政治哲学家"花了太多的时间用于研究政治系统必须遵循的抽象规范与价值，而没有研究实现这些目标的政治家的职业伦理"①。我个人认为这种研究对于自组织的社会系统尤为重要。这是一个伦理问题，也是一个公共管理问题。本书的缺点之一就在于花太多的时间与精力去研究个人的和社会制度的规范与价值，而忽略了对实现这样的规范与价值的各种不同职业人员的职业伦理、并将它作为一个要素放进复杂社会系统的整体运作中的研究。

---

① Daniel Weinstock, A. Professional Ethics for Politicians? Canadian Federation for Hamanitios and Social Science Press, 2002, p. 2.

3. 复杂整体论的层级世界观和各层级协同进化的研究进路

复杂整体论有一个基本的本体论观点，就是认为世界是有层级结构的，不同层级的系统各有自己突现的性质和独特的规律，同时这些层级之间又相互联系着和协同进化着。根据现代自然科学所提供的实证研究，我们的宇宙本来就是一个统一整体，从宇宙大爆炸之日起，一方面由于宏观宇宙世界的分化，另一方面又由于微观世界的构成，二者协同作用，于是出现了许多物质的层级，如物理层级、化学层级、生命系统层级、人类社会层级等。如果要细分，单是生命层次就可以划分出生命大分子、细胞、组织、器官、个体、小群体、大群体、生态系统这些亚层次，而物理世界则有基本粒子、原子核、原子、分子、大分子等层级。如不做详细划分，最基本的层次就是物理世界、生命世界和心灵世界。

对于这些层级之间的关系，有下列几种不同的方法论视角。

(1) 还原主义和方法论上的个体主义

还原论认为，由于宇宙的层次是一级一级地构成的，所以要认识一个复杂系统的性质，就必须将它还原化约为它的组成部分及其相互关系。例如要了解生命的遗传，就要将遗传这种性质追索到那个更低层的基本层次，即DNA大分子；研究这些大分子的序列，就可推导出生命个体的遗传特性，甚至生命世界的群体行为、生命世界和社会的"利他主义"行为都可以还原到DNA序列中做出充分的解释和理解。在本书中，我们在许多地方都可以看到对经济、伦理和价值的还原主义见解。例如将人类的生产行为与消费行为还原为"效用的最大化"，而将"效用"还原为心理学的属性，即人的心理偏好；将伦理规范还原为心理上利己的、相互冷漠的个人之间的博弈结果。这些都是还原方法的一种使用，而按照还原论的研究纲领，人们的心理特征，最后连同一切科学都可还原为对物理属性的讨论，在物理学中加以解释。这就是奥本海默所说的，"所有科学词项都还原为一门科学（物理学）的词语"，"所有科学的规律都还原为某一门科学的规律"，前者叫做语言统一，后者叫做规律统一。① 不过如果真的能做到这种还原，则整个伦理学、

---

① Paul Oppenheim and Hilary Putnam, "Unity of Science as a Working Hypothesis". In *Minnesota Sullies in the Philosoplty of Science.* Vol. II, 1958, p. 3.

价值学说、评价学说就将会被消解。说到这里，我们便记起本书有关杜威的价值学说的讨论。我们与杜威有相同的出发点，就是认为必须将价值问题与评价问题放到一个人类行为系统中进行讨论，这样，和科学问题一样，价值问题或评价问题就是经验地可检验的。于是我们便消解了对事实与价值的形而上学的二分。但是再向前走，我们与杜威先生就有了分歧。杜威走的是还原主义的道路。他坚持事实命题与评价命题没有原则的区别，它们的区别只是"价值—事实与其他事实的关系"，就像天文学事实与地质学事实之间的区别一样。① 所以他主张目的、价值等也是一种手段，"作为手段，欲望、兴趣和周围条件都是行为方式，因而可以被设想为能量，借助能量的语言，可以将它们还原成同质、可比较的同类事物"②。这是奥本海默于1958 年提出的科学统一纲领的一个极为重要的预兆。如果杜威的雄心真的实现了，"事实世界"和"价值世界"之间的分离就会从人类信念中绝迹了。③ 这样，世界上就再没有价值问题了，都被还原为事实问题了。他从保卫价值命题开始，以消解价值命题告终。但我们并不采取这种还原主义的极端立场。我们从整体观点出发，从对缠结问题的讨论出发，重构了事实与价值的区别。我们认为事实与价值是不同层次的东西。价值问题是高层次的，是属于人类目的性与社会目的性的问题，是不可以通过还原而消解的，尤其不能还原为一种能量的形式。因此，对科学与价值在评价标准上有根本的区别。在这方面，我们又与杜威明显不同。他认为对科学与价值都适用同一标准："有用就是真理"，对科学的真理和道德的真理有同一个判别标准。但本书采取的研究方法不是还原主义的方法，而是复杂整体论的方法。我们认为科学与价值、科学与信仰的关系不能还原为科学问题来加以解决，这样我们就抗拒了科学霸权主义，给价值、信仰与宗教都留下了空间。所以还原论和还原方法都是有一定适用范围的，不可以片面加以夸大。

由于还原论主张系统的一切性质都可以通过将其还原到低层次的组成部分及其局域性的相互关系来加以完备的解释，所以还原论者在社会科学中就主张方法论的个体主义。所谓方法论个体主义，严格地说，就是主张一

---

① 杜威：《评价理论》，冯平、余泽娜等译，上海译文出版社 2007 年版，第 193 页。
② 同上书，第 61—62 页。
③ 同上书，第 73 页。

切社会现象都应该运用有动机、有意向性的个人的行动来加以解释。这些动机以及这些个人行动是社会现象还原的最后的基石。当然也有更极端的方法论个体主义者,他们认为个人是社会的唯一的真实本体,所谓社会组织、群体不过是一些方便的"名称"与"标签"。共同利益这个东西并不具体存在,存在的只是个体利益的"线性叠加",被称之为公共利益。在语义学方面,他们认为,一切有关整体的术语,如经济萧条、意识形态、宗教之类的术语,都可以通过语义还原论加以消除。而在价值观方面,个人的权利、个人的利益在任何时候都是最高的价值,所以从追求个人效用最大化的"经济人"出发,可以推导出几乎全部社会经济现象和其他社会现象,以及整个价值世界。还原主义和方法论上的个体主义有一个最根本的缺陷,就是它只承认低层次系统的实在性,不承认高层次系统的实在性。他们只承认高层次系统是由低层次组分构成这个方面,没有看到低层次系统本身也是在高层次系统的形成和演化过程中分化发展出来的、是整体生成它们这个事实。在生理上,一个人作为整体固然可以看作是由它的组成部分例如细胞、组织、器官等构成的,但是这些作为人体组成部分并实现着它们对整体的一定功能的细胞、组织、器官等,并不是预先存在的。它是在人体整体的形成过程中发生功能分化而产生出来的。只看到部分对整体的上向因果关系,而不去理会整体对部分的下向因果关系,显然是片面的。当然还原论者可以辩解说,在人体整体的形成过程中,在人的胚胎细胞分裂过程中,的确从整体中分化出了心脏、四肢、肠胃这些组成部分,但它们归根结底是由人的基因决定的。但是如果要追问人的基因组又是怎样来的,回答则是,它是在整个生态大环境对人类基因的淘汰与选择中进化出来的,它的形成必须追索到一个更大的系统。这就引出了关于物质层次的第二种方法论进路:整体主义。

(2)传统的整体主义

整体主义本体论以及方法论上的整体主义强调了另一方面,他们认为系统是一个整体,它的性质是在它自己的发展过程中以及在它与它的环境相互作用中产生出来的,因而是不可以从它的组成部分中得到完全的解释的。在整体的性质域中,有些是不可分解为组成部分的,有些是它的组成部分所没有的,还有一些虽然可以用它的组成部分的相互作用加以解释,但我们已经说过,这种解释必须附加上有关整体的观察数据、观察函数和构型函数,才能够从组成部分的性质与相互关系中推出这些整体性质。至于部分本身,它在很大程度上是由整体来加以决定的。整体论认为,整体是第一性的,部分是第二性的,整体对部分占有优先地位,整体大于部分和。运用这种观点分析社会,社会的风俗、习惯,社会文化传统和文化模式,社会的意识形态以及社会的制度化规范,都会对个人行为及其相互关系起到下向因果作用:(1)社会组织网络对个人的调节控制作用。人们生活在社会中,有一系列行为方式、行为模式是社会预先给定的,这种网络作用在新的一代人进入社会之前就已经存在,是他们无法选择的。文化关系、经济关系、法律制度、社会道德和风俗像"剧本"一样规定着和调节着一个人能做什么、不能做什么,这些都不是个人能建构或能选择的。(2)社会的组织网络规定了个人的功能与角色,使个人行为功能化和角色化。社会和组织是一个有机体,这个有机体本身有它生存的动力学法则,它的相对稳定的秩序规定各个子系统的作用与功能;如果这些子系统不满足它的稳定有序的要求,社会的自适应性和自组织性会将它进行调整,以达到社会整体的生存、发展和有序化的目的,由此,便产生了一个社会分工体系和社会角色体系,附着于每个个体成员的身上。(3)社会关系网络和组织中的关系网络内化为个人的人性、目的,甚至内化为个人的自主性和自我认同。马克思说人的本质"是一切社会关系的总和"[1]、帕森斯说"人性并不是天生的,而是社会过程(起初是家庭)'制造'出来的"[2]。这些主张都是在强调社会组织对于自我的优先性和规定性。

整体论起源于古希腊的巴门尼德,其学说不同于德漠克利特的原子论,认为整个世界就是"一",它是不可分的,整体地连续的,如同一个大圆周一样。17世纪的斯宾诺莎继续发展了这种整体论,认为我们所看到的一切不同的、彼此分离的事物,在基底上不过是同一个实体的不同的方面而已。现在的量子场论支持这种整体论:世界唯一存在的是量子场,我们所看到的一切实物都不过是真空场的激发,是宇宙大海中的一些波纹,都可以从量子场大海中得到解释。

---

[1] 《马克思恩格斯选集》第1卷,人民出版社1995年版,第60页。

[2] Parsons T. *Family*, *Socialization and Interaction Process*. The Free Press; Glencoe, Illinois, 1955, p.16.

（3）复杂整体论

从我们所主张的复杂整体论来看,还原论与整体论是相互补充的,方法论上的个体主义和方法论上的整体主义是相互补充的。所以我们在本书中同时运用整体方法和还原方法来研究伦理、价值与经济问题。我们的复杂整体论最重要的一个观点,就是各个物质层次是协同进化的。我们首先来看一看宇宙演化中各层级的协同进化过程。①

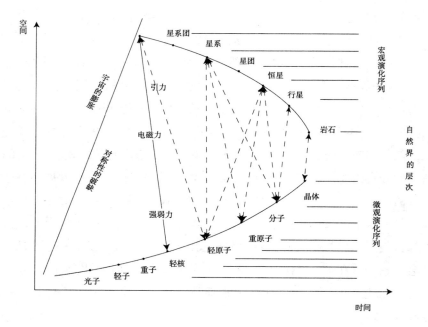

图"后语".1　自然界宏观演化和微观演化的协同作用

在图"后语".1 中,如果只从微观演化序列看,我们看到从轻子构成重子,从重子构成轻原子核再构成重原子,然后构成分子和生命大分子,由此而再构成细胞、复杂生物体等。单从这条进化链来看,似乎高层次的一切特征都可以通过将其还原到低层次的组成部分来加以解释。可是事情还有另一面:如果没有宇观宏观演化链与微观演化链协同进化,上述这个"构成"过程就是不可能的。我们地球今天所具有的重元素,例如我们身体中的不可或

---

① 本章图"后语".1 与"后语".2 引自 Erich Jantsch. *The Self-Oganizing Universe*. Pergamon Press,1980,p. 44、p. 132.

缺的钙元素、铁元素等，是由氧核、氦核在高温条件下合成的。这个合成条件，是在宏观链中由星系演化到星团、再演化到恒星、并在恒星发展的"晚年阶段"形成的。这时由于恒星引力塌缩，甚至引起超新星爆发，才形成可以合成重元素原子的高温。我们可以说，超新星大爆发处于整体变化的优先序列，它是第一位的原因，然后才有钙元素铁元素这些结果。我们现在当然可以说，人的生命也可以通过将其还原为生命大分子的 DNA 链来加以解释。

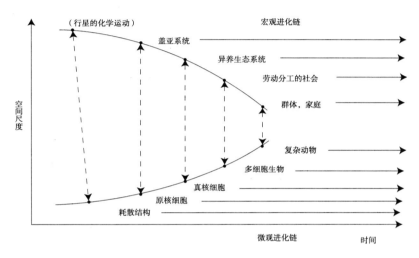

图"后语".2　地球上生命史的个体进化路线和群体进化路线的协同进化

在图"后语".2 中，我们可以看到，它是在形成生命的行星化学系统演化到盖亚系统的过程中出现、又经生态系统长期演化而产生的结果。

复杂整体论同时承认微观、宏观，个体、群体两个层级进化链的作用。孤立地分析微观进化链，就好像一切自然因果力、一切动力学规律都封闭在这条链条里，是微观层次优先、个体优先和占首位，宏观世界由此而推出；而孤立地分析宏观与环境的进化链，又好像一切自然因果力、一切动力学规律都处于高层次，宏观整体层次优先，集体优先。事实上，宏观与微观、集体与个体在发展中都交互地占过主要地位。但总体上说，不是集体或社会优先，也不是个体优先，而是宏观与微观、集体与个体的协同作用优先。有关社会伦理、个人价值和经济系统之间的这种关系，我们已在本书第 11 章第 3 节中充分地讨论清楚了。这里只补充一个哲学世界观和方法论背景，以便我们可以更好地认识这个问题。

道德哲学与经济系统分析

参 考 文 献

一、外文图书

1. A. Rosenblueth & N. Wiener. "Purposeful and Non-Purposeful Behavior". *Philosophy of Science:* Vol. 17, 1950, No. 4.

2. Adler, Martimer et al. (ed.) *Great Books of the western world.* Vol. 7, Vol. 9, Vol. 35, Chicago: Encyclopedia Britannica, Inc., 1952.

3. Amartya Sen (1982). "Description as Choice". In A. Sen (ed.), *Choice, welfare and measurement*.

4. Amartya Sen. *Collective Choice and Social Welfare.* Amsterdam: North-Holland, 1979.

5. Amartya Sen. "Gender and Cooperative Conflicts", In *Persistent Inequalities*, ed. Irene Tinker, New York, Oxford: Oxford University Press, 1990.

6. Amartya Sen. *Rationality and Freedom.* Cambridge, MA: Harvard University Press, 2002. Oxford: Oxford University Press, 1997.

7. Amartya Sen. *The standard of living.* Cambridge University Press, 1987.

8. Ashby, W. R. *An Introduction to Cybernetics.* Chapman Hall LTD.

9. BarKett, Paul. *Marx and Nature: A Red and Green Perspective.* New York: St Martin's Press, 1999.

10. Beveridge Report (1942). *Report on the Social Insurance and Allied Services*, Cmnd 6402, London: HMSO.

11. Climate Change 2001: The Scientific Basis. A Report of Working Group 1 of the Intergovernmental Panel on Climate Change. http://www.grida.no/climate/ipcc_tar/wg1/index.htm.

12. Commoner, Barry. *The Closing Circle- Nature, Man and Technology.* Bantam-Books, New York, 1974. 中译本见巴里·康芒纳《封闭的循环》,侯文蕙译,吉林人民出版社 1997 年版。

13. D. Simonnet. *L'Ecologisme.* Presses Universitaires de France, 1982. 中译本见《生

态主张》,万胂雄译,台北远流出版公司 1989 年版。

14. E. Laszlo. "A Systems Philosophy of Human Value". In *Systems Science and World Order*, E. Laszlo ed. Pergamon Press, 1983.

15. F. Mathews. *The Ecological Self*. Routledge, London, 1991.

16. Fan Dongping. "Towards complex holism ", In *Systems Research and Behavioral Science Syst. Res.* 24. 417 – 430 (2007).

17. Gilbevt, N. and H, Specht. (1986) *Dimension of Social Welfare Policy*. 2nd edition. Englewood cliffs: Prentice Hall.

18. Goldsmith, Edward . *Global climate*. http://www. edwardgoldsmith. org/key6. html.

19. H. R. Varian. *Intermediate Microeconomics*. W. W. Norton & Company, 1996.

20. H. Rolston. "Are Values in Nature Subjective or Objective?" In *Environmental Philosophy*, R. Elliot and Arran. Gare (ed.) Open University Press, 1983.

21. Habermas, Jurgen. Moral Consciousness and Communicative Action. Cambridge, MA: The MIT Press, 1995.

22. Hausmand, D. M. & M. S. Mcpherson. *Economic analysis and moral philosophy*. Cambridge university press, 1998.

23. Hawken, Paul; Lovins, Amory and Hunter. *Natural Capitalism: Creating the next industrial revolution*. 1999 by Little, Brown and Company, Publishers, New York.

24. Heap, Shaun. H. et al. *The Theory of Choice: a critical guide*. Oxford: Blackwell, 1994.

25. Heylighen, Francis. A. "Cognitive-systemic Reconstruction of Maslow's Theory of Self-Actualization". *Behavioral Science*. Vol. 37, 1992.

26. James O'Connon, *Natural Causes: Essay in Ecological Marxism*. New York: Guilford Press, 1998.

27. Janne Bengtsson. " Eco-socialism or eco-capitalism? A critical analysis of humanity's fundamental choices". *Ecological Economics Volume* 40. Issue 1.

28. Jevons, W. S (1970, orig. Pub. 1871). *The Theory of Political Economy*. Black, R. D. C. (Ed). Penguin, London.

29. K. Lorenz. *On Aggression*. Harcourt, Brace and World, New York, 1963.

30. Kant , I. *The Metaphysics of Morals*. M. Gregor, ed. , New York: Cambridge University Press, 1991.

道德哲学与经济系统分析

31. Kovel, Joel. *The Enemy of Nature: The End of Capitalism or the End of the World?* London: Zed Books, 2002.

32. L. Westra and P. Werhane, co-eds., *An Environmental Proposal for ethics.* Rowman & Littefield Pubishers, Inc., 1994.

33. Laplace, P. (1820) "Essai Philosophique sur les Probabilités" forming the introduction to his Théorie Analytique des Probabilités, Paris: V Courcier; repr. F. W. Truscott and F. L. Emory (trans.), *A Philosophical Essay on Probabilities.* New York: Dover, 1951.

34. Laurence. W. Mackomance. *What's Ecology?* Addison-wesley Publishing Company, 1978. 中译本见 L·W ·麦克康门斯、N·罗莎《什么是生态学》,余淑清译,江苏科技出版社 1984 年版。

35. Leilei Qi and Huaxia Zhang. "Reason out Emergence from Cellular Automata Modeling". *Studies in Computational Intelligence* (SCI) 64, 2007.

36. Leopold, Aldo(1966). *A Sand County Almanac.* New York: Oxford University Press. 中译本见奥尔多·利奥波德《《沙乡年鉴》,侯文蕙译,吉林人民出版社 1997 年版。

37. Mackie, J. L." causes and conditions". In E. Sosa, (ed.) *Causation and Conditionals.* London: Oxford University Press, 1976.

38. Mackie, J. L. *Ethics: Inventing Right and Wrong.* Penguin Books, 1977.

39. Mackie, J. L. "The Subjectivity of Values". In J. P. Sterba ed. *Contemporary Ethics,* Prentice-Hall, 1989.

40. Maes, Patlie ed. *Designing Autonomous Agents.* Cambridge, MA: MIT Press, 1990.

41. Meadows, Dennis L. *The Limits to Growth.* Universe Books, New York, 1972.

42. Naess, Arne. "The Deep Ecological Movement: Some Philosophical Aspects". *Philosophical Inquiry.* 1986, vol. VII. no. 1 ~ 2 In *The Ethics of the Environment,* Edited by Andrew Brennan, The University of Western Australia, 1995.

43. Nozick, R. *Anarch, State and utopia.* New York: Basic Books, 1974.

44. Odum, Eugene P. (1971) *Fundamentals of Ecology.* 3rd ed., W. B. Saunders Co., Philadelphia. 中译本见 E. P. 奥德姆《生态学基础》,孙儒泳、林浩然等译,人民教育出版社 1981 年版。

45. Powers, W. T. *The Control of Perception.* Benchmark Publications New Canaan,

Connecticut, USA, 2005.

46. Putnam, H. *The Collapse of the Fact/Value Dichotomy and Other Essays*, Harvard University Press, 2002.

47. Rawls, J. *A Theory of Justic.* Oxford University Press, 1971.

48. Robbins, L. *An Essay on the Nature and Significance of Economic Science.* 2nd edition. London: Mcmillan, 1935.

49. Rolston III, Holmes. "Environmental Ethics: Values in and Duties to the Natural World. " In: *The Broken Circle: Ecology, Economics, Ethics.* F. Herbert Bormann and Stephen R. Kellert, Eds. Yale University Press, New Haven, 1991.

50. Russell, Stuart J. and Peter Norvig. *Artificial Intelligence: A Modern Approach.* Englewood Cliffs. NJ. Prentice Hall, 1995.

51. Sarkar, Saral. *Eco-socialism or eco-capitalism? A critical analysis of humanity's fundamental, choices.* Zed books, London and New York, 1999.

52. Singer, P. *Practical Ethics.* Cambridge University Press, 1997.

53. Sivard, R. L. *World Military and Social Expenditures,* 1987—1988. 12th ed. Washington: World Priorites.

54. Sosa, E. (ed.) *Causation and Conditionals.* London: Oxford University Press, 1976.

55. Summers, Lawrence. "Memorandum". *The Economist*, February 8, 1992. In D. M. Hansmand & M. S. Mepherson, *Economic analysis and moral philosophy* . Cambridge university press.

56. Taylor, Paul (1986). *Respect for Nature: A Theory of Environmental Ethics.* N. J. : Princeton University Press, 1986.

57. Taylor, R. "Comments on a Mechanistic Conception of Purposefulness. " In *Philosophy of Science:* Vol. 17. 1950, No. 4.

58. Varian, H. R. *Intermediate Microeconomics.* W. Norton & Company, 1990, Vol. 54. Encyclopaedia Britannica. INC. William Benton Publisher.

59. Von Saral Sakar. *Eco-socialism or eco-capitalism? A critical analysis of humanity's fundamental, choices.* ZED BOOKS, London and New York, 1999.

60. Von Wright. " Explanation and Understanding". (1971). In J. L. Mackie, *The Cement of the Universe: A Study of Causation.* Oxford, U. K. : Clarendon, 1980.

61. W. T. Blackstone ed. *Philosophy & Environmental Crisis.* University of Georgia

Press, 1974.

62. W. T. Powers (2003). *A brief introduction to perceptual control theory*. http://home. earthlink. net/ ~ powers_w/whatpct. html.

63. Walter Bock. "A free market in roads". In Tibor Machan(ed.) *The libertarian reader*. Totowa, NJ: Rowman and Littlefield, 1982.

64. Whitehead, A. N. *Process and Reality: An Essay in Cosmology*. Cambridge: Cambridge University Press, 1929.

65. William T. Powers (1995). "The Origins of Purpose: the first metasystem transitions". In F. Heylighen, C. Joslyn & V. Turchin (eds): *The Quantum of Evolution*. Gordon and Breach Science Publishers, New York.

66. Wilson, E. O., *On Human Nature*. Cambridge, Mass: Harvard University Press, 1978.

67. World Commission on Environment and Development. *Our Common Future*. Oxford University Press, New York, 1987. 中译本见《我们的共同未来》,王之佳、柯金良等译,吉林人民出版社 1997 年版。

68. Yan Zexian. "A New Approach to Studying Complex Systems". In *Systems Research and Behavioral Science Syst. Res.* 24. 2007.

69. Zhang Huaxia: "Exploring dynamics of emergence". In *Systems Research and Behavioral Science Syst. Res.* 24. 2007.

二、中文文献 *

1. 阿玛蒂亚·森:《伦理学与经济学》,王宇、王文玉译,商务印书馆 2000 年版。

2. 阿玛蒂亚·森:《以自由看待发展》,任赜、于真译,中国人民大学出版社 2002 年版。

3. 安东尼·吉登斯:《第三条道路——社会民主主义的复兴》,郑戈译,北京大学出版社 2000 年版。

4. 奥尔多·利奥波尔德:《沙乡年鉴》,侯文蕙译,吉林人民出版社 1997 年版。

5. 巴里·康芒纳:《封闭的循环》,侯文蕙译,吉林人民出版社 1997 年版。

6. 伯恩斯坦:《社会主义的前提和社会民主党的任务》,舒贻上、杨凡等译,生活·读书·新知三联书店 1958 年版。

---

* 下面的中文参考书目未列入本书写作过程中大量参考的马克思主义经典著作。

7. 伯特尔·奥尔曼编:《市场社会主义——社会主义者之间的争议》,段忠桥译,新华出版社 2000 年版。

8. 保罗·A. 萨缪尔森、威廉·D. 诺德豪斯:《经济学》(第十四版),胡代光等译,首都经济贸易大学出版社 1998 年版。

9. 边沁:《道德与立法的原理绪论》。载于周辅成编《西方伦理学名著选辑》(下卷),商务印书馆 1996 年版。

10. 彼得·德鲁克:《后资本主义社会》,张星岩译,上海译文出版社 1998 年版。

11. 波普尔:《开放社会及其敌人》,第一卷,郑一明等译,中国社会科学出版社 1999 年版。

12. 波普尔:《波普尔思想自述》,赵月瑟译,上海译文出版社 1988 年版。

13. 波普尔:《客观知识》,舒炜光等译,上海译文出版社 1987 年版。

14. 曹天予编:《现代化、全球化与中国道路》,社会科学文献出版社 2003 年版。

15. 陈晓平、杨媛:《"是"与"应该"之间的鸿沟消失了吗? ——评盛庆琜教授关于休谟问题的解决》,《华南师范大学学报》2001 年第 6 期。

16. 陈晓平:《"是—应该"问题及其解答》,《现代哲学》2002 年第 3 期。

17. 陈晓平:《囚徒二难与社会价值取向》,《江汉论坛》1996 年第 10 期。

18. 戴维斯、布朗:《原子中的幽灵》,易心洁译,湖南科技出版社 1992 年版。

19. 德尼·古莱:《发展伦理学》,高铦、温平、李继红译,社会科学文献出版社 2003 年版。

20.《动物权利的世界宣言》(1978 年 10 月 15 日),见(英)约翰·迪金森著《现代社会的科学和科学研究者》,张绍宗译,农村读物出版社 1988 年版。

21. 杜威:《确定性的寻求》(1929),载于周辅成编《西方伦理学名著选辑》(下卷),商务印书馆 1996 年版。

22. 弗兰克·梯利:《伦理学概论》,何意译,中国人民大学出版社 1987 年版。

23. 弗兰克纳:《伦理学》,关键译,三联书店 1987 年版。

24. 弗里蒙特·E. 卡斯特、E. 罗森茨韦克:《组织与管理》,傅严等译,中国社会科学出版社 1985 年版。

25. 福尔默·威斯蒂主编(1981):《北欧式民主》,赵振强等译,中国社会科学出版社 1990 年版。

26. 戈尔巴乔夫、勃兰特等:《未来的社会主义》,中央编译出版社 1994 年版。

27. 哈贝马斯:《交往行动理论》,第一卷,洪佩郁等译,重庆出版社 1994 年版。

28. 哈肯:《协同学及其最新应用领域》,载庞元正、李建华编《系统论、控制论经典文献选编》，求是出版社 1989 年版。

29. 哈耶克：《通往奴役之路》，王明毅、冯兴元等译，中国社会科学出版社 1997 年版。

30. 亨利·西季威克：《伦理学方法》，廖申白译，中国社会科学出版社 1993 年版。

31. 霍布斯：《利维坦》，黎思复等译，商务印书馆 1985 年版。

32. 霍尔姆斯·罗尔斯顿：《环境伦理学——大自然的价值以及人对大自然的义务》，杨通进译，中国社会科学出版社 2000 年版。

33. 黄范章：《瑞典"福利国家"的实践与理论》，上海人民出版社 1987 年版。

34. 怀特海：《科学与近代世界》，何钦译，商务印书馆 1959 年版。

35. 江瑞平、邹建华、金凤德：《国有企业的改革和中国的抉择》，广东人民出版社 1996 年版。

36. 卡尔纳普：《通过语言的逻辑分析清除形而上学》，载洪谦主编《逻辑经验主义》上卷，商务印书馆 1982 年版。

37. 劳丹：《科学与价值——科学的目的及其在科学争论中的作用》，殷正坤、张丽萍译，福建人民出版社，1989 年版。

38. 雷切尔·卡逊：《寂静的春天》，吕瑞兰、李长生译，吉林人民出版社 1997 年版。

39. 李翀：《现代西方经济学原理》，中山大学出版社 1988 年版。

40. 梁小民：《微观经济学》，中国社会科学出版社 1996 年版。

41. 罗尔斯：《正义论》，何怀宏译，中国社会科学出版社 1988 年版。

42. 罗尔斯顿·霍尔姆斯：《哲学走向荒野》，刘耳、叶平译，吉林人民出版社 2000 年版。

43. 罗森勃昌特、维纳、毕格罗：《行为、目的和目的论》，载庞元正、李建华编《系统论，控制论，信息论经典文献选编》，求是出版社 1981 年版。

44. 马克·布劳格：《经济学方法论》，黎明星、陈一民、季勇译，北京大学出版社 1990 年版。

45. 迈克尔·C.杰克逊：《系统思考》，高飞、李萌译，中国人民大学出版社 2005 年版。

46. 米歇尔·阿尔贝尔：《资本主义反对资本主义》，杨祖功、杨齐、海鹰译，社会科学文献出版社 1999 年版。

47. 穆尔：《伦理学原理》，载周辅成编《西方伦理学名著选辑》下卷，商务印书馆 1996 年版。

48. 穆勒:《功利主义》,载周辅成编《西方伦理学名著选辑》下卷,商务印书馆 1996 年版。

49. 钱学森等:《论系统工程》,湖南科学技术出版 1982 年版。

50. 盛庆来:《功利主义新论》,上海交通大学出版社 1996 年版。

51. 盛庆来:《效用主义精解》,台湾商务印书馆 2003 年版。

52. 斯马特、威廉斯:《功利主义:赞成与反对》,中国社会科学出版社 1992 年版。

53. 施特劳斯等:《政治哲学史》,李天然等译,河北人民出版社 1993 年版。

54. 田国强、张帆:《大众市场经济学》,上海人民出版社 1993 年版。

55. 托马斯·S. 库恩:《必要的张力》,纪树立、范岱年、罗慧生译,福建人民出版社 1981 年版。

56. 汪丁丁:《在经济学与哲学之间》,中国社会科学出版社 1996 年版。

57. 王志凯:《比较福利经济分析》,浙江大学出版社 2004 年版。

58. 维·勃兰特、布·克赖斯基、欧·帕尔梅:《社会民主与未来》,丁冬红、白伟译,重庆出版社 1990 年版。

59. 威尔逊:《新的综合——社会生物学》,阳河清编译,四川人民出版社 1985 年版。

60. 威廉·鲍威斯:《感知控制论》,张华夏、范冬萍等译,广东高等教育出版社 2004 年版。

61. 希拉里·普特南:《事实与价值二分法的崩溃》,应奇译,东方出版社 2006 年版。

62. 向文华:《斯堪的纳维亚民主社会主义研究》,中央编译出版社 1999 年版。

63. 休谟:《人性论》(下册),关文运译,商务印书馆 1997 年版。

64. 徐刚:《伐木者,醒来》,吉林人民出版社 1997 年版。

65. 许良英等编:《爱因斯坦文集》第一卷,商务印书馆 1976 年版。

66. 雅克·莫诺:《偶然性和必然性》,上海外国自然科学哲学编译组译,上海人民出版社 1977 年版。

67. 亚里士多德:《尼可马克伦理学》,载周辅成编《西方伦理学名著选辑》上卷,商务印书馆 1996 年版。

68. 颜泽贤、范冬萍、张华夏:《系统科学导论》,人民出版社 2006 年版。

69. 伊格玛·斯托尔:《平等与效率能结合吗?》(1979 年研究报告),见黄范章著《瑞典福利国家的实践与理论》,上海人民出版社 1987 年版。

70. 俞可平:《社群主义》,中国社会科学出版社 1998 年版。

71. 约翰·杜威:《评价理论》,冯平、余泽娜等译,上海译文出版社 2007 年版。

72. 约翰·纳维尔·凯恩斯:《政治经济学的范围与方法》,党国英、刘惠译,华夏出版社 2001 年版。

73. 约翰·斯图亚特·穆勒:《功利主义》,叶建新译,九州出版社 2007 年版。

74. 张华夏:《广义价值论》,《中国社会科学》1998 年第 4 期。

75. 张华夏:《实在与过程》,广东人民出版社 1997 年版。

76. 张华夏:《现代科学与伦理世界》,湖南教育出版社 1999 年版。

77. 张华夏:《因果观念与休谟问题》一书序言,见张志林《因果观念与休谟问题》,湖南教育出版社 1998 年版。

78. 张华夏:《主观价值和客观价值的概念及其在经济学中的应用》,《中国社会科学》2001 年第 6 期。

79. 张华夏:《综合效用主义的理论贡献及其问题》,《开放时代》杂志 2001 年第 1 期。

80. 张华夏:《两种系统思想,两种管理理念》《哲学研究》2007 年 11 期。

81. 张华夏、张志林:《技术解释研究》,科学出版社 2005 年版。

82. 张华夏、颜泽贤、范冬萍:《价值系统控制论》,《广东社会科学》2003 年第 4 期。

83. 张培刚:《农业与工业化》(1945),华中工学院出版社 1984 年版。

84. 张培刚:《微观经济学的产生和发展》,湖南人民出版社 1997 年版。

85. 张志林:《因果观念与休谟问题》,湖南教育出版社 1998 年版。

86. 郑永朝:《冷战后民主社会主义"神奇回归"探析》(2006.1),中国社会科学院网站。

87. 中央编译局世界社会主义研究所:《当代国外社会主义:理论与模式》,中央编译出版社 1998 年版。

88. 周辅成编:《西方伦理学名著选辑》,商务印书馆 1996 年版。

89. 朱葆伟:《机体与价值》,载吴国盛主编《自然哲学》第 1 辑。

术　语　表

阿罗不可能定理（Arrow's Impossibility Theorem）　如果众多的社会成员具有不同的偏好,而社会又有多种备选方案,那么,在民主的制度下就不可能得到让所有人都满意的结果。所以,如果一个社会决策机制满足某种公认的性质,则它必定是一个独裁:所有的社会偏好顺序就是一个人的偏好顺序。

必要的变异度定律（the law of requisite variety）　它是控制论的一个基本定律:只有变异度能克服变异度。这就是说,任何一个复杂系统的控制能力都是有限的,因为系统用以抵消外部环境的干扰的多样性状态和多样性手段（变异度）是有限的,而环境对系统的干扰与破坏的状态多样性则远远超过系统的状态多样性,并且在大多数情况下是不可预测的。所以控制论根本上说是控制能力有限论。

道义论（deontology,又译为义务论）　主张人们的行为或行为准则的正当性或伦理价值不是由行为的后果或结果（功利的或福利的后果）来决定,而是取决于该行为是否符合相应的普遍道德规则,是否体现了一种绝对的义务,是否出自行为者善良意志的动机。

杜威的五步法（Dewey's five-steps of problem-resolve）　杜威将解决问题的探索总结为五个步骤:1. 察觉到困难;2. 确认困难的所在和"目标的定义";3. 对可能的解决方案的设想;4. 运用推理对各种设想的意义与蕴涵所作的发挥;5. 进一步的观察与实验,它导致对设想的接受或拒斥,即做出它们可信或不可信的结论。这是杜威"评价理论"的基础。

多层级控制理论（multilevel control theory）　控制论（cybernetics）一词是 1947 年在美国数学家 N. 维纳在他的奠基著作《控制论——关于机器中和动物中控制与通讯的科学》中首先使用的。控制论的中心概念是反馈,就是将系统的目标状态与当前状态加以比较,将结果通过信号回输到系统过程的输入端,借此控制系统过程,使之达到目标状态。多层级控制是对控制系统进行高阶控制。控制论有一条定律,叫做必要的层级定律:"调节器的平均调节能力愈弱和被控事物的平均不确定性程度愈大,则对同一调节结果,就愈需要更多的必要的调节与控制的组织层级来进行补偿。"所以当一个复杂系统的行动控制系统不能使它适应外界环境时,就会要求一个或进化出一个比它更高一级层级的机制系统来调整它的控制行为。

反思平衡(reflective equilibrium) 反思平衡是一般原理与特殊判断之间通过相互调整而达到协调一致的过程。罗尔斯由"原初状态"中人们所做出的理性选择中导出一些正义的原则,然后将它与日常的道德信念(considered convictions of justice)、正义感(sense of justice)或日常判断(considered judgments)(例如不应有种族歧视等)相比较。如果选择的正义原则及其条件违背人们日常最坚定的道德信念,那么就修正这些原则与条件;而如果我们的原则体现了那些普遍享有和很少偏颇的条件,但导出结论与日常道德信念不一致,就修改调整我们的日常道德信念与道德判断。这样,通过这种相互修正和调整,我们达到了反思平衡。这种方法不是先验的方法,也不是经验方法,而是经验与理性相互调整的方法。

方法论个体主义(methodological individualism) 主张个人是政治分析和伦理分析的基本单元,一切社会现象都应该运用有动机、有意向性的个人的行动来加以解释的方法论。它甚至认为,个人是社会的唯一的真实本体,所谓社会组织、群体不过是一些方便的"名称"与"标签"。共同利益这个东西并不具体存在,存在的只是个体利益的"线性叠加",称之为公共利益;在语义学方面,他们认为,一切有关整体的术语,如经济萧条、意识形态、宗教之类的术语,都可以通过语义还原论加以消除。而在价值观方面,个人的权利、个人的利益在任何时候都是最高的价值,所以从追求个人效用最大化的"经济人"出发可以推导出几乎全部社会经济现象和其他社会现象以及整个价值世界。

方法论整体主义(methodological holism) 认为系统是一个整体,是不可以从它的组成部分中得到完全的解释的,而部分本身在很大程度上是由整体来加以决定的。整体是第一性的,部分是第二性的,整体对部分占有优先地位,整体大于部分和。运用这种观点分析社会,主张社会的风俗、习惯、社会文化传统和文化模式、社会的意识形态以及社会的制度化规范,都会对个人行为及其相互关系起到决定性的作用。

分析、抽象方法(analysis method and abstract method) 指从现象中隔离和排除许多对于研究的目的来说是次要的特征,在"纯粹状态下"分离和抽象出主要的特征,建立一些作为出发点的基本概念,然后一步一步地去解释其他各种具体现象的方法。对于这种方法,马克思称为"抽象法","从具体到抽象"的方法,马克斯·韦伯称为"理想类型",自然科学称为"理想状态"、"思想实验"等。经济学中的"经济人"概念,道德哲学的"原始状态"和"无知之幕",也是这种抽象法的产物。

复杂系统(complex systems) 这个概念在外延上指的是有生命参与或由生命组成的系统,特别是人类大脑的运作系统,人类社会及其文化系统,社会经济组织系统,社会政治结构系统,社会伦理价值系统;在内涵上指的是具有复杂性的系统,这些复杂性包括系统元素及其关系的多样性,这些联系或关系的缠结性、非线性、多层级性和非对称性,以及这些关系处于有序与混沌之间的边缘性等。

复杂系统的自组织(self-organisation of complex systems) 指复杂系统的组成要素,即它的各个自主主体(autonomic agents),通过局域的相互作用而形成高层次总体的结构、功能的有序模式(Pattern)。这种模式的形成是不受外部特定的干预和内部控制者的指令的约束,也不为个体自主主体目标所控制的自发突现的过程。

复杂系统对环境的适应性机制(the adaptive mechanism of complex systems to their environment) 一种广义的达尔文进化论原理,它说明系统会通过随机的和自组织的多样性结构、功能的变异和创新,以多样性形式来应对选择、适应不断变化的环境,通过环境的选择而不断进化与发展。坎贝尔称它为"盲目变异与选择保存"。

复杂整体论(complex Holism) 是研究复杂系统的一种整体论,它不同意整体优于部分或部分优于整体的一般结论,认为虽然系统的所有基本性质不能完全由研究它的组成部分(或个体)的行为及其局域的相互作用来加以解释和确定,但这种还原方法是必要的。不过系统有许多现象必须有自己自主的整体的和宏观的分析与综合和更高层次的分析与综合,而不可还原为个体行为。它主张着重认识整体与部分的多层次协同进化。它是兼容了方法论个体主义和方法论的还原方法的合理要素的整体论。

公民社会(civil societies) 它既不是国家,也不是家庭家族,而是介乎二者之间的社团或社会组合,包括非官办的自组织社团、公司和其他社会共同体。公民社会在时空、参与者、组织制度和自主权力上有着多样性,如慈善团体、非政府组织、公社、妇女团体、学会、商会、自助团体、宗教团体等,它们是围绕一定价值目标而组织起来的。

功利主义(utilitarianism) 是一种效果主义。它认为一种行为、一种政策和一种制度是不是正当的、道德的,唯一的标准就是看它是否有利于提高"最大多数人的最大幸福",以这个后果为转移。

古典经济学(classical economics) 古典经济学是在英国 18、19 世纪由亚当·斯密、李嘉图、穆勒等人发展起来的经济学,主要反对重商主义,特别注意研究经济增长的动力学,强调经济自由、自由竞争、自由放任,认为当市民追求个人利益时,国民财富增长最快。批判地发展古典经济学的有马克思、凯恩斯等人。

厚伦理概念(thick ethical concepts) 这些概念的意义是整体论的,虽然可以将其划分为价值方面与事实方面来进行分析,但这对于理解这些概念的组成与意义是不充分、不完整的。这样的概念包括如"残酷的"、"软弱的"、"野蛮的"、"屠杀"、"谋杀"、"偷盗"、"侵略"这些贬义词;"勇敢"、"高尚"、"强壮"、"慷慨"这一类褒义词;以及诸如"盖娅"(地母)"敬畏自然"之类的有争议词。这些词同时具有事实判断和价值判断的内容,是规范性的又是描述性的,二者缠结在一起而不可分。

环境分析法(analytical method of environment) 主张将系统整体及其元素的运作放到一个更大的环境系统中进行分析和理解,考察环境对它们的作用、选择和控制,它与环境的协同进化。由此产生一系列系统方法:生态方法、进化论方法、上索方法、遗传算法和其他进化算法等。

环境权利(human right of environment) 指人人都享有适宜生活的自然环境的权利。1972 年联合国通过的《人类环境宣言》宣布人类有权利在一种能够过尊严和福利生活的环境中享有自由、平等和充足的生活条件的基本权利,并且负有保护和改善这一代和将来世世代代的环境的庄严责任,将环境权列为基本人权。

基本的善(primary goods) 指那些根源于人类基本需要而具有价值的东西,包括基本的自然善,即健康与活力,智慧与想象力等;也包括基本的社会的善,即权利与自由,权力与机会以及收入与财富等,"它是被假定为理性的人欲求其他什么东西都需要的东西"（罗尔斯）。凡能满足人们基本需要的东西组成社会基本价值。

经济分析（economic analysis） 运用数学分析,运用微分方程、博弈论等工具,从"经济人"的假说中演绎地推出主流的微观经济学、宏观经济学和福利经济学的主要原理。这种研究经济问题的分析方法称为"经济分析"。新古典经济学的经济分析方法主要是对经济问题进行效用分析。

经济人（homoeconomicus） 指在经济生活中,在一定的约束条件下,将人看作是完全利己的人,而且是最大限度地利己的人。人的消费行为被看作是在有限的收入下最大限度地满足个人欲望的行为。人的生产行为被看作是在给定的生产技术条件下选择最佳投入产出组合,最大限度地谋取利润。

经济系统分析（systematic analysis of economics） 经济系统分析的概念不仅包含经济问题的效用分析和经济概念的伦理分析,而且包含经济政策的综合分析和经济系统的控制论分析等。它是系统方法在经济学中的一种应用。

可持续发展（sustainable development） "可持续发展就是既满足现代人的需要,又不对后代人满足其需要的能力构成危害的发展。"（联合国文件:《我们共同的未来》）

量子缠结（quatum entanglement） 是指这样一种量子力学现象:由两个以上的量子成员组成的复合系统有特殊的量子态,它无法分解为成员各自量子态的张量积。例如 π^0 介子系统中衰变为两颗以相同速率等速运动的电子对,它们在时空中"分离开来"向不同方向走去,无论二者相距多远,它们仍保持有特别的关联性;当其中一颗被操作（例如量子测量）而发生状态的变化（例如发生与测量方向相同的自旋）时,另一颗也会"即刻"发生相应的变化（有与测量方向相反的自旋）。

绿色经济学（green economics） 将经济系统看作是生态系统的一个组成部分,从而主张必须依循生态系统物质与能量循环的原理而进行经济活动,使经济系统与生态环境协同进化。绿色经济学的三大公理是:1. 在有限的空间中不可能永久发展下去;2. 在有限的资源中不可能永久索取下去;3. 地球表面的一切都是互相联系的。所以它主张发展就是提高自然资源生产力,创造循环的生产和仿生态的技术,提高生活质量而不是物质享受。

绿色运动（green movement） 是绿党提倡的政治运动,其目标包括对生态主义、可持续发展、非暴力和社会正义的关怀。绿色人士坚持绿色意识形态与生态学、环境保护、女权主义及和平运动有某种共识。

罗尔斯的两个正义原则（Rawls' two principles of justice） "第一个原则:每个人都拥有一种与其他人的类似自由相容的最广泛的基本自由的平等权利";"第二个原则:社会的和经济的不平等应这样安排,使(1)处于最不利地位的人最为有利;(2)依附于机会公平平等条件下的职务和地位向所有人开放"。

民主社会主义（democratic socialism） 是一种渐进的与改良的和调节的社会主义,它提倡通过民主和议会的手段,和平过渡到掌握政权,并进一步促进个人的自由与人权的发展,通过民主使人民掌握政治权力和控制经济,实行社会主义的政治政策和经济政策:部分生产资料由国家经营,倡导混合所有制的市场经济,实行基层工业民主和工人参加私营企业的管理,推行"从摇篮到坟墓"的福利制度和全民义务教育制度。

目的价值（the value of ends） 人们的活动一旦确定了目的或目标,那目的就是人们所想望的东西,它自己首先对于人们有价值,即目的价值。

目的手段链（the chain of ends and means） 手段之下有获得手段的手段,目的之上有目的(作为手段)所要达到的目的,由此组成的链条叫做目的手段链。像自然界中的因果链条一样,目的手段链也可以是一个无限的链条。

内在价值（intrinsic value） 目标手段链的终点就是终极目的,不再去帮助什么、不再作为其他什么东西的手段的目的。对于我们的观察点来说,它不为了别的什么,没有什么进一步可期望的。它是为了自己,是人生的内在价值或叫做终极的善,即"幸福"本身的一个组成部分。所以,不管它是否用于作为手段来达到别的目的,它本身就是具有价值的东西,即有非导出的价值源泉的东西,也就是内在价值。

诺齐克正义的权利理论（Nozick's entitlement theory of justic） 这个理论有三个要点:(1)一个人按照获取的正义原则获得持有物,他对那个持有物是有权利的;(2)一个人按照转让的正义原则从另一个对持有物有权利的人那里获得持有物,他对那个持有物是有权利的;(3)除非是通过对(1)

和(2)的(重复)应用,无人对一个持有物拥有权利。

帕累托改进(Pareto improvement) 是指一种变化:在没有使任何人境况变坏的前提下,使得至少一个人的境况变得更好。一方面,帕累托最优是指没有进行帕累托改进的余地的状态;另一方面,帕累托改进是达到帕累托最优的路径和方法。帕累托最优是公平与效率的"理想王国"。

帕累托最优(Pareto optimality) 是指资源分配的一种状态:在不使任何人境况变坏的情况下,不可能再使某些人的处境变好。

全面而自由的发展观(the viewpoint of the full and free development of each individual) 马克思认为:"大工业的本性决定了劳动的变换职能的更动和工人的全面流动性",于是"全面发展的个人"就成为历史的必然。预计未来社会必定会"使每一个社会成员都能够完全自由地发展和发挥他的全部力量和才能"。这个社会是"一个更高级的、以每个人的全面而自由的发展为基本原则的社会形式"。这样马克思便将每一个人的能力的全面、自由和充分的发展看做是人类福利的最高状态,人类社会发展的最高目标。目前世界上只有千分之一的人口有全面而自由发展的条件,但很自然,达到这个最高指标的程度就应该成为当代社会上个人的安康福利的衡量标准和经济发展的重要指标。马克思的这个观点为马斯洛的自我实现论和阿玛蒂亚·森的能力福利观所证实。

上向因果关系和下向因果关系(upward causation & downward causation) 是表达不同层次的过程之间的因果关系范畴。上向因果关系是一个系统的低层次组分协调地约束和影响整个系统;下向因果关系是高层次系统整体对它的组成部分有一种约束和作用,支配着它的行为。例如系统动力学中"吸引子"对系统组成要素的作用,生物学中环境对生物个体变异的选择和淘汰作用,社会制度、教育及风俗习惯对个人的性格与行为的约束和影响作用,都可以看作是一种下向因果关系。

社会福利(social welfare) 指个人福利的总和或"个人快乐的总和"。边沁的社会福利函数就是:$W(u_1, \cdots, u_n) = \sum_{i=1}^{n} u_i$。有时它被称为古典效用主义或边沁福利函数。

社会伦理人(socially ethical person) 指人要在一定社会关系下担任一定角色,遵循一定的伦理规范。所谓角色就体现在别人对他有什么期望和要求,规定他对别人起到什么样的作用。所以社会学和伦理学将"角色"定义为"对典型期望的典型回答",它的格言是"必须明确我的地位和我的责任是什么"。

社会契约论(social Contract Theory)　认为调整人们之间的相互关系的道德规范和行为规则,是社会或集团的个人之间达成某种有约束性的协议(reading agreement)的结果。这个协议或一致意见被称为社会契约。

社会主义(socialism)　社会主义是一个十分广泛的家族类似概念,它是对资本主义产生的异化、不平等和各种弊端的一种抗衡,是对社会公正、共同富裕和人类自由而全面的发展的一种追求。人们大致是在这个范围里用"社会主义"这个词来指称一种思想、一种价值体系、一种社会运动和一种社会制度。

社群主义(communitarianism)　一种反对个体主义的政治哲学和道德哲学,强调社群(community)在政治生活功能、政治制度的分析与进化和理解个人自我认同、个人价值目标与个性形成中的重要性。它主张社群优先于自我,公共利益优先于个人权利,个人权利包括积极的权利(positive rights),即社会福利权利(如工作权、受教育权、各种医疗、养老、风险的社会保障权利),为利他主义的行为提供了一个理论的根据。

深层生态伦理(deep ecological ethics)　深层生态伦理思想不同于以人类为中心的浅生态伦理,它将人类看作生态系统的一个部分,强调非人类生命物种、各种生态系,进而是生物圈的整体价值和平等的生存权利,由此导出了生态伦理的最高原则:"一事物趋向于保护生物共同体的完整、稳定和优美时,它就是正当的,而当与此相反时,它就是错误的。"

生态系统(ecological System)　一定的物种的个体组成种群,占据一定区域的所有种群之间相互依存、相互竞争组成生物群落。这种生物群落离开一定环境不能生存,生物群落与其非生命环境结合在一起组成的系统叫做生态系统。

生态整体观(ecological holism)　(1)在这个生态系统中,一切息息相关。包括人类在内的各种物种之间以及各种生物与环境之间是相互依存的;(2)在这个协调的生态系统中,一切都有自己的作用。在这种复杂的生态循环中,任何一个环节、任何一种物质形态都是必要的,是不可或缺和不可任意附加的;(3)在整个生态系统中,没有白吃的午餐。吃掉一份资源就损失一份资源,耗掉一份能量就损失一份能源,污染一部分空气就损失一部分新鲜空气,都是要付出代价的。它积累起来,就是对自然界负债,向子孙后代借债。自然界容忍这个负债的能力是有限的。

事实与价值的二分(dichotomy of fact and value) 即任何命题不是属于事实判断就是属于价值判断,或者即使能同时属于二者,即既有事实内容又有伦理意义的命题必定是这样的复合命题,即是事实命题与价值命题二者的合取。事实命题是关于世界内容的"图像式的摹写",而"应"命题或伦理命题是不描述世界的主观态度,因而事实与价值是两个非此即彼的"自然类",每一类都有自己的本质特征而不是家族类似的类。由于价值命题不是经验地可证实的,所以是没有意义的,应该将其从知识的领域清除出去,价值哲学以及伦理学问题就这样被解决(被枪毙)了。

事实与价值在行为控制系统中的划分(the distinguish of fact and value in the control systems of behavior) 在行为控制系统中,若问一种表达是属于事实描述还是属于规范的表达,就要问你的观察点是什么,你要控制的对象是什么。凡是传递环境(被控对象)或行为效果信息的判断就是事实判断,凡是传达要改变被控对象的行为指令或对事态进行评价的判断就是价值判断或规范陈述。表示目的性的判断是事实与价值的缠结判断。三者组成行为的价值系统。

手段价值(value of means) 一切能直接间接帮助人们达到某种特定的目标的东西都具有手段价值。

系统功利主义(systematic utilitarianism) 将某一道德行为的总效用$U_c(x)$看作$U_r(x)$和$U_d(x)$两项效用的函数,即$U_r(x)$表示该行为因符合某种道德准则而获得的效用。$U_d(x)$表示该行为的直接效用。R为准则的功利系数,D为行为的功利系数。这里$R/D=k$为义利系数。则:

$$U_c(x) = f[U_c(x), U_d(x)] = RU_r(x) + DU_d(x)$$

持这种观点的功利主义叫做系统功利主义。

系统控制方法(control method of systems) 将整体中的一些元素与过程放进一个复杂系统控制机制中进行分析和理解,考察一个有目的的行为控制系统怎样规定了它的组成元素、它的个体的各种行为与功能。由此产生一系列系统控制方法:功能主义方法,黑箱方法,系统动力学方法,活系统方法,硬系统方法,软系统方法等。

现代功利主义（modern-utilitarianism） 和古典功利主义不同,现代功利主义完全回避功利(效用)的主观内容(快乐)和客观内容(客观的需要或福利的满足)。不是用功利来解释偏好,而是用偏好来解释功利,将功利看作是偏好的序的数学表示,而个人偏好本身是个心理黑箱,只能通过他的选择才被观察到。这样,偏好就被看作是自反的、完备的、可迁的和连续的效用函数,而社会福利的概念不被了解为个人福利之总和或个人快乐之总和,而是被理解为一般的社会福利函数。设社会成员为 $1,2,\cdots,n$。任一成员 i 对社会状态 x 的偏好为效用函数 $U_i(x)$,则社会福利函数为:$W(x)=W(U_1(x),\cdots\cdots U_n(x))$,而功利主义原则就是求得 $W(x)$ 的最大化,即 $MaxW(U_1(x),\cdots\cdots U_n(x))$。

效果主义（consequentialism） 一种道德哲学,以实践的效果作为好坏的评价标准。

效用（utility） 某个人从消费某种物品或劳务中所得到的好处或满足就称为效用。效用是人的心理感受,即消费某种物品或劳务在心理上的满足。

新古典经济学（neoclassical economics） 是以个人理性和他们的功利效用最大化来解释供需的经济学,认为市场力量将导致资源分配最大合理化和充分就业。它大量使用数学方程来研究经济现象。这种方法进路是 19 世纪末基于杰文斯、门格尔、瓦尔拉斯等人的著作而发展起来的。

新自由主义（neoliberalism） 新自由主义是 20 世纪 60 年代发展起来的政治运动,将古典自由主义运用于社会正义、自由市场和私有化,反对政府干预经济生活,认为福利国家和再分配政策都是违反人权的,因为它侵犯了个人的财产权利。它不仅一般地将自由权利放在价值的首位,而且将个人的人身自由和财产权利看作是不可侵犯的、最基本的伦理价值,是人权中的终极的人权。

休谟问题（Hume's problem） 休谟第一问题是休谟归纳问题:"我们怎样能够从单称陈述中推论出全称陈述是正确的呢?"休谟第二问题是休谟因果问题:"我们有什么理由说因果关系和因果律具有普遍必然性呢?"休谟第三问题即休谟价值问题:"我们有什么理由说实然判断('是'陈述)可以推论出应然判断('应'陈述)呢?"

整体论（holism） 是研究自然科学与人文学科的一种方法论进路,强调整体优于部分,一个系统(生物学的、化学的、社会的、经济的、智力的和语言的等)的特征是不能由它的组成部分所决定的,相反,复杂系统作为整体却以非常重要的方式规定它的组成部分的行为与功能。

准则功利主义(rule-utilitarianism) 准则功利主义主张:"我们的准则建基于功利,而我们的行为建基于准则。"

自然状态(the state of nature) 是一个没有政府的世界、没有法律和治安的世界,也就是一个没有道德的世界,即干什么事也都无所谓有"罪恶"的世界,是一切人反对一切人的战争状态。在这种状态下,没有发展实业的余地,也没有土地的开辟,没有宽阔的建筑,没有推动、搬迁需要极大力量的事物的机器,没有科学,没有艺术,没有文学,也没有社会,最甚的是,人们都在不断的恐惧中,都有暴死的危险,而人类生命是孤独、贫穷、龌龊、凶残、短促的。

自我实现(self-actualization) 从生物的客观进化和人的客观潜能的发挥方面来考察人的生活价值,就是将人之所以为人的功能,即人的理智发挥到尽善尽美的境界。马斯洛说:"一个音乐家必须要作曲,一个美术家必须要绘画,一个诗人必须要写诗,这才能得到终极的幸福。一个人能做什么就必须做什么,这种需要称为自我实现。"

自由主义(liberalism) 一种政治和经济学说。是对强调个人政治自由和财产权利、主张限制政府权力、实行自由市场经济并为此进行理论辩护的诸多哲学学派的总称。

道德哲学与经济系统分析

索　引

责任编辑:喻　阳

装帧设计:肖　辉

图书在版编目(CIP)数据

道德哲学与经济系统分析/张华夏 著. -北京:人民出版社,2010.12

(系统科学与系统管理丛书/颜泽贤 主编)

ISBN 978－7－01－009385－7

Ⅰ.①道… Ⅱ.①张… Ⅲ.①道德-关系-经济学-研究 Ⅳ.①B82-053

中国版本图书馆 CIP 数据核字(2010)第 207232 号

道德哲学与经济系统分析

DAODE ZHEXUE YU JINGJI XITONG FENXI

张华夏　著

人民出版社 出版发行

(100706　北京朝阳门内大街 166 号)

北京龙之冉印务有限公司印刷　新华书店经销

2010 年 12 月第 1 版　2010 年 12 月北京第 1 次印刷

开本:710 毫米×1000 毫米 1/16　印张:23

字数:362 千字　印数:0,001-3,000 册

ISBN 978－7－01－009385－7　定价:39.00 元

邮购地址 100706　北京朝阳门内大街 166 号

人民东方图书销售中心　电话 (010)65250042　65289539